2009 年全国职业院校技能大赛网络综合布线技术赛项指定设备

2010 年全国职业院校技能大赛网络综合布线技术赛项指定设备

企业网搭建与应用赛项指定设备

信息安全技术应用赛项指定设备

2011 年全国职业院校技能大赛

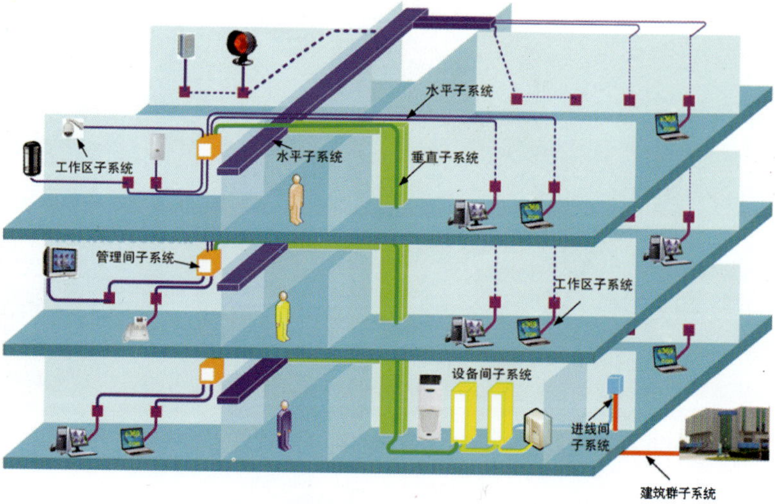

图 1-1　综合布线系统工程各个子系统示意图

图 1-2　综合布线系统教学模型

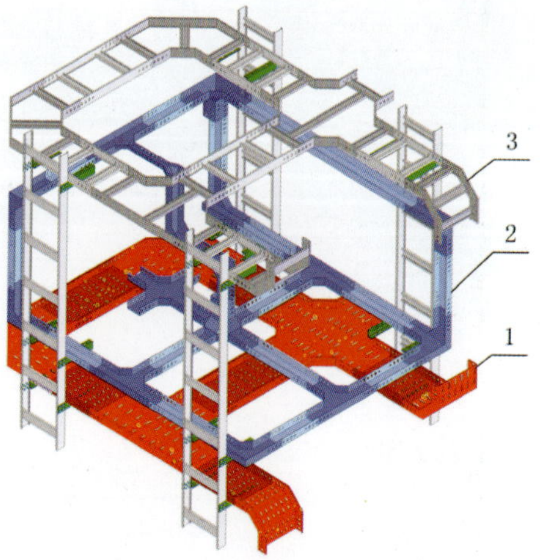

图 3-11　西元桥架展示系统

1—托盘式桥架　2—槽式桥架　3—梯级桥架

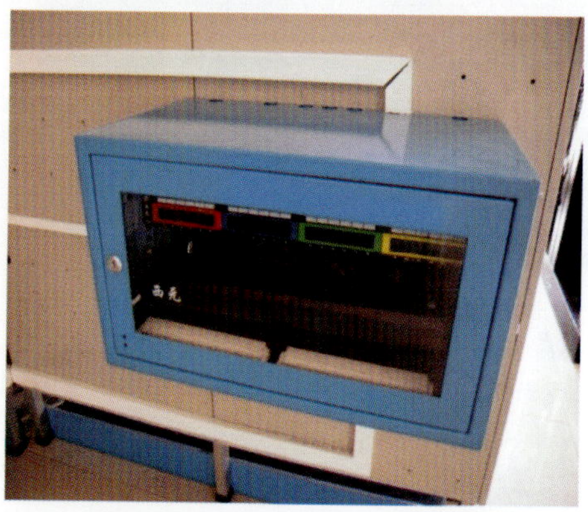

图 3-18　西元壁挂式网络机柜

a） b）

图 3-24　网络综合布线器材展示柜（一）

a）光缆展示柜　b）铜缆展示柜

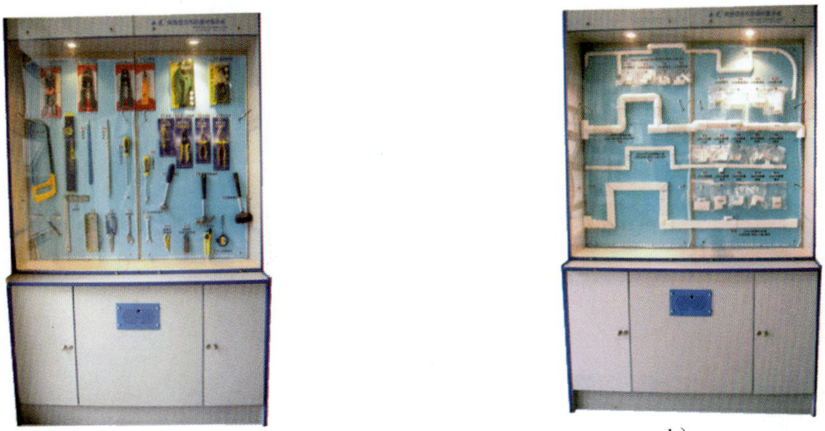

a） b）

图 3-25　网络综合布线器材展示柜（二）

a）工具展示柜　b）配件展示柜

图 4-18 “西元”网络配线实训设备

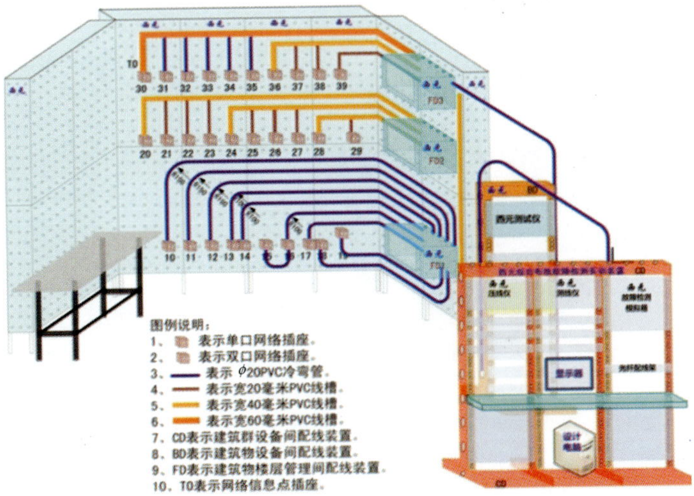

图 5-18　网络综合布线工程示意图

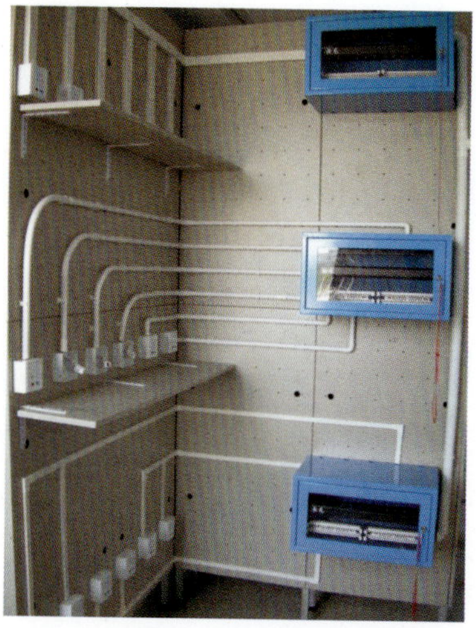

图 6-21　网络综合布线实训装置

图 12-7　综合布线故障检测实训装置

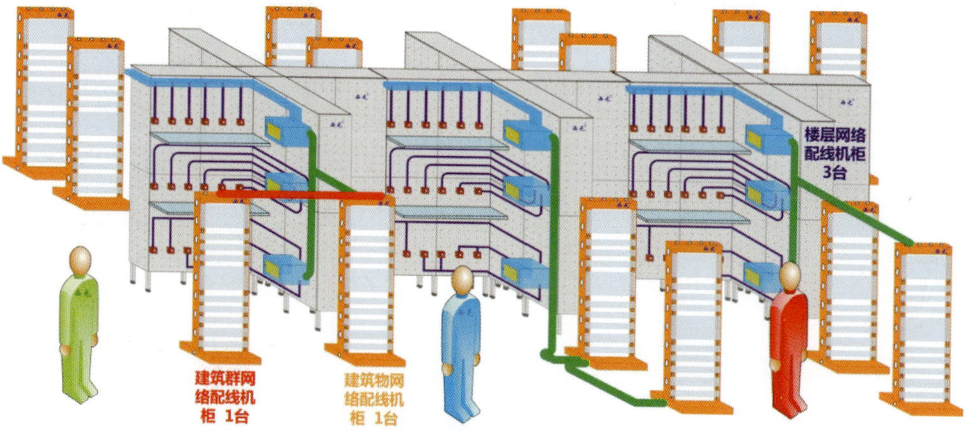

图 6-26　部分永久链路水平布线路径立体图

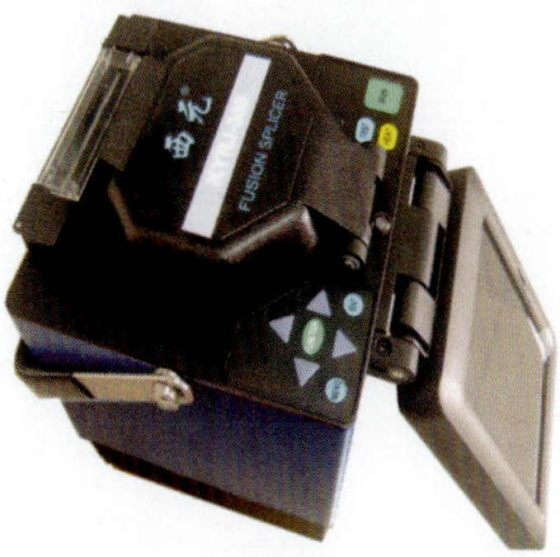

图 11-3　光纤熔接机俯视图

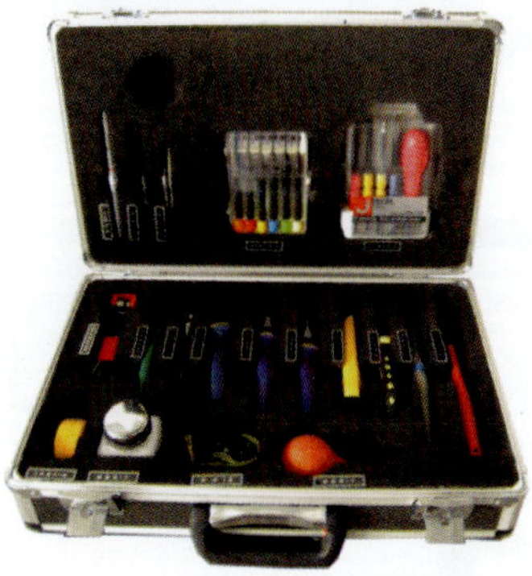

图 11-11　光纤工具箱

计算机网络技术专业职业教育新课改教程
全国职业院校计算机技能大赛推荐教材
教育部高职高专计算机类专业优秀教材

网络综合布线系统工程技术实训教程

第 2 版

主　编　王公儒
副主编　王会林　邹永康　孙　颖
参　编　李隘优　苏文芝　刘红军
　　　　王新权　吕学松　张袖斌
　　　　王　锦　尹　岗　于　琴
　　　　蔡永亮　樊　果

机械工业出版社

本书是2009年出版《网络综合布线系统工程技术实训教程》的修订版，是为了满足综合布线技术教学实训需要，以培养工程设计、施工和管理人员的岗位技能为目的，依据GB 50311—2007《综合布线系统工程设计规范》和GB 50312—2007《综合布线系统工程验收规范》等国家标准以及最新国家标准《信息技术 住宅通用布缆》（报批稿）编写而成的。本书内容按照典型工作任务和工程项目流程以及编者多年从事大型综合布线工程项目的实际经验精心安排，突出项目设计和岗位技能训练，同时列举了大量的工程实例和典型工作任务，提供了大量的设计图样和工程经验，层次清晰、图文并茂、操作实用性强。作为专门的实训教程，每个章节安排了大量的工程技术实训项目，主要有网络配线端接实训、网络跳线制作和测试实训、光纤熔接实训、综合布线各个子系统安装实训等内容。

本书修订时，特别增加了2009年和2010年全国职业院校技能大赛《网络综合布线技术》竞赛题目和参考答案，同时增加了2011年全国职业院校技能大赛《企业网搭建与应用》和《信息安全技术应用》竞赛中涉及的综合布线技术部分。

本书是全国职业院校技能大赛教练员培训班指定教材，也是教育部备案网络综合布线技术师资培训班指定教材。本书还可作为职业院校、高校网络综合布线技术教学实训教材，以及综合布线行业、智能管理系统行业和安全技术防范行业工程设计、施工和管理等专业技术人员的参考书。

本书配有教师授课用电子课件，可联系编辑（liangwei18@gmail.com）索取或登录机械工业出版社教材服务网（www.cmpedu.com）免费注册并下载。

图书在版编目（CIP）数据

网络综合布线系统工程技术实训教程/王公儒主编. —2版. —北京：机械工业出版社，2012.5（2018. 1重印）
计算机网络技术专业职业教育新课改教程

ISBN 978-7-111-37831-0

Ⅰ. ①网… Ⅱ. ①王… Ⅲ. ①计算机网络—布线—职业教育—教材 Ⅳ. ①TP393.03

中国版本图书馆CIP数据核字（2012）第066301号

机械工业出版社（北京市百万庄大街22号 邮政编码100037）
策划编辑：梁 伟 责任编辑：梁 伟 马 超
责任校对：陈立辉 封面设计：鞠 杨
责任印制：李 昂
三河市宏达印刷有限公司印刷
2018年 1月第2版第23次印刷
184mm×260mm · 17.25印张 · 2插页 · 412千字
标准书号：ISBN 978-7-111-37831-0
定价：43.00元

凡购本书，如有缺页、倒页、脱页，由本社发行部调换

电话服务 网络服务
服务咨询热线：010-88379833 机 工 官 网：www.cmpbook.com
读者购书热线：010-88379649 机 工 官 博：weibo.com/cmp1952
教育服务网：www.cmpedu.com
金 书 网：www.golden-book.com

网络综合布线系统工程技术实训教程编审委员会

第 2 版前言 Preface

本书是在 2009 年出版《网络综合布线系统工程技术实训教程》的基础上修订而成的。本书第 1 版自出版以来，深受广大读者喜爱，先后印刷十余次，并被评为 2010 年教育部高职高专计算机类专业优秀教材。本次修订时，继承了原书的优点和主线，更新了部分内容，特别增加了 2009 年和 2010 年全国职业院校技能大赛《网络综合布线技术》竞赛题目和参考答案，以及 2011 年全国职业院校技能大赛《企业网搭建与应用》和《信息安全技术应用》竞赛中涉及的综合布线技术部分。

本书共 15 章。第 1～3 章介绍网络综合布线系统工程技术、常用标准、常用器材和工具；第 4 章介绍综合布线配线端接工程技术；第 5～10 章介绍各个子系统工程技术；第 11 章介绍光纤熔接工程技术；第 12～15 章介绍综合布线系统工程测试、概预算、招投标和管理。在每个章节中首先介绍基本概念，然后突出工程技术和技能实训，每个实训都详细给出了实训目的、实训要求、实训课时、实训步骤、实训报告、实训相关知识等内容，同时也给出了大量工程实际经验和施工技术。根据岗位技能需求，本书还专门增加了“电工技术”附录。

本书突出理论与工程实践相结合、实训与考核相结合的特点，以西安开元电子实业有限公司的实训产品安排了丰富的实训项目，这些实训产品遍布全国 1 200 多所院校，市场占有率超过 90%，连续三年成为全国职业院校技能大赛教育部文件指定的竞赛产品，也是高职高专示范性（骨干）院校和中职示范院校建设必备实训室产品，连续多次中标中央财政支持的职业教育实训基地建设项目，设备相关资料可登录www.s369.com查询。

本书继续采取校企合作方式组建编写队伍，由西安开元电子实业有限公司与全国多所院校教学一线专业课教师合作编写。王公儒任主编，王会林、邹永康、孙颖任副主编。王公儒（西安开元电子实业有限公司）负责全书内容规划和统稿，并且编写了第 2、15 章，邹永康（重庆文理学院）编写了第 1 章，王会林（韩山师范学院）编写了第 3 章，孙颖（沈阳现代制造服务学校）编写了第 4 章，李隘优（闽西职业技术学院）编写了第 5 章，苏文芝（济源职业技术学院）编写了第 6 章，刘红军（明光市职业高级中学）编写了第 7 章，王新权（青海畜牧兽医职业技术学院）编写了第 8 章，吕学松（广州城市职业学院）编写了第 9 章，张袖斌（广州科技贸易职业学院）编写了第 10 章，王锦（玉林市机电工程学校）编写了第 11 章，尹岗（福禄克公司）编写了第 12 章，于琴（西安开元电子实业有限公司）编写了第 13 章及附录，蔡永亮、樊果（西安开元电子实业有限公司）编写了第 14 章。李宏达、刘大明、孙社文、程显林等编委会教师和工程师提供了许多帮助，于琴负责全书的文字整理工作，绘制了大量图样，编写了工程经验部分。

本书配套有《综合布线实训指导书》，详细介绍 27 个实训项目的操作步骤，方便教师教学和学生实训操作。

由于网络综合布线技术是一个新兴的交叉学科，编者力求科学和突出岗位技能，但仍不免有欠妥之处，恳请广大读者指正。

编　者

第 1 版前言 Preface

网络综合布线系统课程是计算机类相关专业的重要基础课程，也是计算机类相关专业的必修课程之一。综合布线是 2009 年全国职业教育技能大赛的比赛项目，为了引导综合布线技术教学，指导全国职业教育综合布线的技能大赛和网络综合布线实训室的正确使用，根据西安开元电子实业有限公司生产的专利产品网络配线端接实训装置、网络综合布线实训装置等实训室设备的功能和特点，编写了本书。

全书共 15 章。第 1 章　网络综合布线系统工程技术；第 2 章　网络综合布线系统工程常用标准；第 3 章　网络综合布线系统工程常用器材和工具；第 4 章　综合布线配线端接工程技术；第 5 章　工作区子系统工程技术；第 6 章　水平子系统工程技术；第 7 章　管理间子系统工程技术；第 8 章　垂直子系统工程技术；第 9 章　设备间子系统工程技术；第 10 章　进线间和建筑群子系统工程技术；第 11 章　光纤熔接工程技术；第 12 章　综合布线系统工程的测试；第 13 章　综合布线系统工程概预算；第 14 章　综合布线系统工程招投标；第 15 章　综合布线系统工程管理。

本书第 4 章～第 10 章介绍了网络综合布线系统各个子系统设计概念，重点介绍了每个子系统的详细实训步骤。主要实训项目有网络配线端接实训、网络跳线制作和测试实训、工作区子系统实训、水平子系统实训、垂直子系统实训、设备间子系统实训等实训内容。在各章中每个实训都详细地给出了实训目的、实训要求、实训设备和工具、实训步骤、实训报告、实训相关知识等内容，同时也给出了大量的网络综合布线工程实际施工技术和经验。

2008 年 7 月本书的编委会作为协办单位参加了在西安举行的“西元”网络综合布线国家标准宣贯和实训室建设研讨会，在研讨会上与来自华东、华南等地区 23 省 100 多所大学、职业院校计算机学院院长、系主任、教研室主任、实训中心主任和网络技术专业的教师进行了专门的研讨，同时吸收部分教师参加了编委会。

本书由王公儒任主编，陈莹、邹永康、于锋、刘向锋、尹岗、于琴参与了部分章节编写工作，王宏政、李宏达、刘大明、孙社文等编委会教师和工程师提供了许多有益的帮助。西安开元电子实业有限公司于琴工程师负责全书的整理工作，绘制了大量图样。王虹、樊果、蔡永亮、王常儒、程大伟、杨海斌等专业工程师参加了资料搜集和协助工作。

在本书的编写过程中，还得到了西安交通大学李盛涛教授、钟力生教授、毕宏彦副教授、罗建军博士等大力支持和指导。

由于网络综合布线技术是一个新兴的交叉学科，加之作者水平有限，书中难免存在不足之处，敬请读者批评指正。

编　者

目 录 Contents

第 1 章

网络综合布线系统工程技术

网络综合布线是一门新发展起来的工程技术，它涉及许多理论和技术问题，是一个多学科交叉的新领域，也是计算机技术、通信技术、控制技术与建筑技术紧密结合的产物。现今，我们生活在一个信息化时代，人们的生活已经离不开计算机网络系统了。人们工作离不开现代化的办公及信息传输系统，而这些系统全部是由网络综合布线系统来支持的。

1.1 网络综合布线技术的发展

1968 年，美国国防部高级研究计划局主持研制的 ARPA 计算机网络的诞生，是计算机网络发展过程中的一个里程碑，自从它投入运行以后，世界各地的计算机网络迅速发展，极大地提高了资源共享的效率。

20 世纪 80 年代，随着计算机的革新，局域网及 Internet 得到了飞速发展，使计算机不再是孤单的机器，而成为连接整个社会的基础设施。现在网络的使用正在被扩展到新的领域，多种系统的横向整合，使以计算机网络为基础的网络综合布线越来越受到人们的关注。

1984 年，世界上第一座智能大厦在美国产生。美国哈特福特市的一座旧式大楼进行改造时，对空调、电梯、照明、防火、防盗系统等采用了计算机网络监控系统，为客户提供了语音通信、文字处理、电子文件以及情报资料等信息服务。

近年来，随着数字化城市和智能化建筑的快速发展和普及，网络综合布线系统已经成为每栋建筑物的重要组成部分。相关技术标准不断完善，促进了综合布线技术的发展和应用。

1985 年初，计算机工业协会（CCIA）提出对大楼布线系统标准化的倡议，美国电子工业协会（EIA）和美国电信工业协会（TIA）开始标准化制定工作。

1991 年 7 月，ANSI/TIA/EIA 568 即《商业大楼电信布线标准》问世，同时，与布线通道及空间、管理、电缆性能及连接硬件性能等有关的相关标准也被推出。

1995 年底，TIA/EIA 568 标准正式更新为 TIA/EIA 568A，同时，国际标准化组织（ISO）推出了相应标准 ISO/IEC/IS11801。

1997 年，TIA 出台 6 类布线系统草案，同期，基于光纤的千兆网络标准被推出。

1999 年到今，TIA 又陆续推出了 6 类布线系统正式标准。

综合布线是 20 世纪 90 年代初传入我国的，随着我国大力加强基础设施的建设，市场需求在不断扩大，庞大的市场需求促进了该产业的快速发展。特别是 2007 年 10 月 1 日开始实施的 GB 50311—2007《综合布线系统工程设计规范》和 GB 50312《综合布线系统工程验收规范》，对综合布线系统工程的设计、施工、验收、管理等提出了具体要求和规定，促进了综合布线系统在中国的应用和发展。同时，中国工程建设标准化协会信息通信专业委员会，已经在2008年开始制定综合布线类技术白皮书，2008年7月制定并颁布了《数据中心布线系统设计与施工技术白皮书》，2010年10月对此进行了修订，正式颁布为《数据中心布线系统工程应用技术白皮书》，2008年10月制定并颁布了《光纤配线系统的设计与施工检测技术白皮书》，2009年6月制定并颁布了《综合布线系统的管理与运行维护技术白皮书》和《屏蔽布线系统设计与施工技术白皮书》。

1.1.1　6类综合布线系统简介

2002年6月17日，前后讨论长达5年的6类布线系统标准终于尘埃落定，综合布线6类双绞线传输标准正式获得了通过。

6类标准对平衡双绞电缆、连接硬件、跳线、通道和永久链路作了详细的要求，提供了1～250MHz频率范围内实验室和现场测试程序的实际性能检验。

6类标准规定了铜缆布线系统应用所能提供的最高性能，规定允许使用的缆线及连接类型为UTP或STP。整个系统包括应用和接口类型都要向下兼容，用户接口应采用8位模块化插座。同5类标准一样，6类布线标准也采用星形拓扑结构，要求的布线距离为：基本链路的长度不能超过90m，信道长度不能超过100m。

6类产品及系统的频率范围应当在1～250MHz之间，最高可达到350MHz，对系统中的缆线、连接硬件、永久链路及信道所有频率点都需测试衰减、回损、延时/失真、功率累加近端串音、功率累加等效远端串音、等效远端串音、平衡等这些技术参数。

1.1.2　7类综合布线系统简介

7类标准是一套在100Ω双绞线上支持最高600MHz带宽传输的布线标准。1997年9月，ISO/IEC确定开始进行7类布线标准的研发。与4类、5类、超5类和6类相比，7类具有更高的传输带宽（至少600MHz）。从7类标准开始，布线历史上出现了“RJ”型和“非－RJ”型接口的划分。

“非－RJ型”7类布线技术完全打破了传统的8芯模块化RJ型接口设计，从RJ型接口的限制脱离出来，不仅使7类的传输带宽达到1.2GHz，还开创了全新的1、2、4对的模块化形式，这是一种新型的拥有线对和线对隔离、紧凑、高可靠性、安装便捷等优点的接口形式。

7类布线有着较大的竞争优势原因如下：

（1）至少600MHz的传输速率

正在制定中的7类标准，不仅要求7类部件的链路和信道标准将提供过去的双绞线布线系统不可比拟的传输速率，而且要求“全屏蔽”的电缆，即每线对都单独屏蔽而且总体也屏蔽的双绞电缆，以保证最好的屏蔽效果。7类系统的强大噪声免疫力和极低的对外辐射性能使得高速局域网不需要更昂贵的电子设备来进行复杂的编码和信号处理。与6类、超5类比较，7类在传输性能上的要求更高。

（2）低成本

7类布线可以达到光纤的传输性能，与一个光纤局域网的全部造价相比较，7类布线具有明显的价格优势。

7类/F级具有光纤所不具备的功能，由于7类/F级的每线对均单独屏蔽，极大地减少了线对之间的串音，这样就允许了SYSTEM7能在同一根电缆内支持语音、数据、视频多媒体等应用。在工作区或电信间，TERA有1对、2对、4对模块连接插头形式，实现了在同一个插座连接多种应用设备的功能。

由于7类布线系统采用"全屏蔽"电缆，因此它能适应那些以屏蔽的双绞线系统为主的区域。全屏蔽解决方案主要应用于严重电磁干扰环境，如一些广播站、电台等。另外，应用于那些出于安全目的，要求电磁辐射极低的环境。采用7类/F级布线系统可以受益于其尖端技术性能，适用于财政、保险和那些信息传输量需求很大的企业。

1.1.3 光纤网络综合布线系统简介

全光纤网络综合布线系统从原理上讲就是网络中一直到终端用户节点之间的信号通道全部保持着光的形式，即端到端的全光路，中间没有光/电转化器。数据从源节点到目的节点的传输过程都在光域内进行。

全光纤网络的基本结构可以分为光网络层和电网络层。光链路相连的部分称为光网络层，该层引入了波分复用技术，可以在一个光网络中传输多个波长的光信号。在网络节点之间采用OXC，通过对光信号进行交叉连接，能灵活有效地管理光纤传输网络。

光纤网络的主要技术是光波传输技术，目前光纤传输的复用技术发展相当快，多数已处于实用化阶段。随着网络技术的快速发展和应用需求的增加，全光纤网络综合布线系统的应用将逐渐向企业和家庭延伸，从窄带业务逐渐向宽带业务升级。

我国接入网当前发展的战略重点已经转向能满足未来宽带多媒体需求的宽带接入领域。在目前宽带接入的各种技术手段中，光纤接入网是最能适应未来发展的解决方案，特别是ATM无源光网络是目前综合宽带接入的经济有效的方式之一。

我国在光宽带网络的研究、开发方面起步较晚，在ASIC芯片工艺、微电子、元器件方面与国际先进水平有一些差距。另外，接入网的规划涉及技术、经济、标准、政策法规等多方面的问题，并非某一商家持有先进技术就能投入市场运营。相对于铜缆布线或光纤+铜缆布线来说，全光纤网络技术领先、安装维护简单、使用环境更广。全光纤网络成为宽带接入方式将是必然趋势。

1.2 综合布线系统的基本概念

综合布线系统指用数据和通信电缆、光缆、各种软电缆及有关连接硬件构成的通用布线系统，它能支持语音、数据、图像和其他信息技术的标准应用系统。

综合布线系统是建筑物或建筑群内的传输网络系统，它能使语音和数据通信设备、交换设备和其他信息管理系统彼此相连接，包括建筑物到外部网络的连接点与工作区的语音或数据终端之间的所有电缆及相关联的布线部件。

综合布线是集成网络系统的基础，它能够满足数据、语音及图像等的传输要求，是计算机网络和通信系统的支撑环境。同时，作为开放系统，综合布线也为其他系统的接入提供了有力的保障。

综合布线系统与智能大厦的发展紧密相关，是智能大厦的实现基础。智能大厦具有舒适性、安全性、方便性、经济性和先进性等特点。智能大厦一般包括中央计算机控制系统、楼宇控制系统、办公自动化系统、通信自动化系统、消防自动化系统、安保自动化系统等。

综合布线系统是生活小区智能化的基础。信息化社会唤起了人们对住宅智能化的要求，业主们开始考虑在舒适的家中了解各种信息，并且非常关注在家办公、在家炒股、互动电视、住宅自控等新生事物。

GB 50311—2007《综合布线系统工程设计规范》规定在智能建筑与智能建筑园区的工程设计中宜将综合布线系统分为基本型、增强型、综合型 3 种常用形式，它们都能支持语音/数据等系统，能随工程的需要转向更高功能的布线系统，主要区别在于支持语音和数据服务所采用的方式，以及在移动和重新布局时实施线路管理的灵活性。

基本型综合布线系统大多数能支持语音/数据，其特点是一种富有价格竞争力的综合布线方案，能支持所有语音和数据的应用，应用于语音、语音/数据或高速数据，便于技术人员管理，能支持多种计算机系统数据的传输。

增强型综合布线系统不仅具有增强功能，而且还可提供发展余地。它支持语音和数据应用，特点是每个工作区有两个信息插座，不仅机动灵活，而且功能齐全，任何一个信息插座都可提供语音和高速数据应用，可统一色标，按需要可利用端子板进行管理，是一个能为多个数据应用部门提供服务的经济有效的综合布线方案。

综合型综合布线系统的主要特点是引入光缆，可适用于规模较大的智能大楼，其余特点与基本型或增强型相同。

1.3 综合布线系统工程的各个子系统

GB 50311—2007《综合布线系统工程设计规范》规定，在综合布线系统工程设计中，宜按照下列 7 个部分进行：工作区子系统、配线子系统、干线子系统、建筑群子系统、设备间子系统、进线间子系统、管理间子系统。

根据近年来中国综合布线工程的应用实际，在本标准中新增加了进线间的规定，能够满足不同运营商接入的需要，同时针对日常应用和管理需要，特别提出了综合布线系统工程的管理问题。

为了教学和实训需要，同时兼顾以前教材中综合布线按照 6 个子系统划分的习惯，将综合布线系统按照以下 7 个子系统介绍：工作区子系统、水平子系统、垂直子系统、管理间子系统、设备间子系统、建筑群子系统、进线间子系统。图 1-1 为综合布线系统工程各个子系统示意图。综合布线系统的管理单独列为一章介绍。

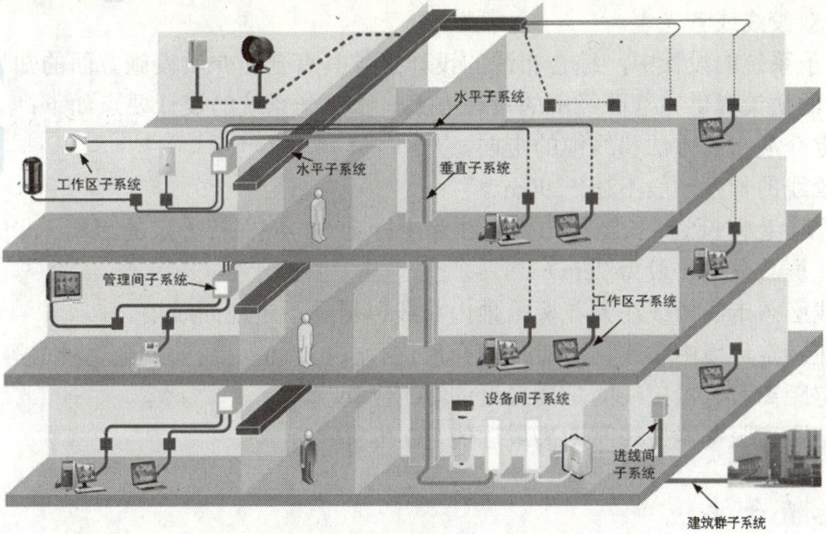

图 1-1　综合布线系统工程各个子系统示意图

1.3.1　工作区子系统

工作区子系统又称为服务区子系统，它由跳线与信息插座所连接的设备组成。其中信息插座包括墙面型、地面型、桌面型等，常用的终端设备包括计算机、电话机、传真机、报警探头、摄像机、监视器、各种传感器件、音响设备等。

在进行终端设备和 I/O 连接时可能需要某种传输电子装置，但这种装置并不是工作区子系统的一部分，如调制解调器可以作为终端与其他设备之间的兼容性设备，为传输距离的延长提供了所需的转换信号，但却不是工作区子系统的一部分。

在工作区子系统的设计方面，必须要注意以下几点：

1）从 RJ45 插座到计算机等终端设备间的连线宜用双绞线，且长度不要超过 5m。

2）RJ45 插座宜首先考虑安装在墙壁上或其他不易被触碰到的地方。

3）RJ45 信息插座与电源插座等应尽量保持 20cm 以上的距离。

4）对于墙面型信息插座和电源插座，其底边距离地面一般应为 30cm。

1.3.2　水平子系统

水平子系统在 GB 50311 国家标准中称为配线子系统，以往资料中也称水平干线子系统。水平子系统应由工作区信息插座模块、模块到楼层管理间连接缆线、配线架、跳线等组成。实现工作区信息插座和管理间子系统的连接，包括工作区与楼层管理间之间的所有电缆、连接硬件（信息插座、插头、端接水平传输介质的配线架、跳线架等）、跳线线缆及附件。一般采用星形拓扑结构，它与垂直子系统的区别：水平子系统总是在一个楼层上，仅与信息插座、楼层管理间子系统连接。

在综合布线系统中，水平子系统通常由 4 对 UTP（非屏蔽双绞线）组成，能支持大多数现代化通信设备，如果有磁场干扰或信息保密时可用屏蔽双绞线，而在高带宽应用时，宜采用屏蔽双绞线或者光缆。

在水平子系统的设计中，综合布线的设计必须具有全面介质设施方面的知识，能够向用户或用户的决策提供完善而经济的设计方案。水平子系统的设计要点如下：

1）确定介质布线方法和线缆的走向。

2）双绞线的长度一般不超过 90m。

3）尽量避免水平线路长距离与供电线路平行走线，应保持一定的距离（非屏蔽缆线一般为 30cm，屏蔽缆线一般为 7cm）。

4）缆线必须走线槽或在天花板吊顶内布线，尽量不走地面线槽。

5）如在特定环境中布线，要对传输介质进行保护，使用线槽或金属管道等。

6）确定距离服务器接线间距离最近的 I/O 位置。

7）确定距离服务器接线间距离最远的 I/O 位置。

1.3.3 垂直子系统

垂直子系统在 GB 50311 国家标准中称为干线子系统，是提供建筑物的干线电缆，负责连接管理间子系统到设备间子系统。它实现了主配线架与中间配线架，计算机、PBX、控制中心与各管理子系统间的连接。该子系统由所有的布线电缆组成，或由导线和光缆以及将此光缆连接到其他地方的相关支撑硬件组合而成。干线传输电缆的设计必须既满足当前的需要，又适合今后的发展，具有高性能和高可靠性，支持高速数据传输。

在确定垂直子系统所需要的电缆总对数之前，必须确定电缆中语音和数据信号的共享原则。对于基本型，每个工作区可选定 2 根双绞线；对于增强型，每个工作区可选定 3 对双绞线；对于综合型，每个工作区可在基本型或增强型的基础上增设光缆系统。

传输介质包括一幢多层建筑物的楼层之间垂直布线的内部电缆或主要单元（如计算机房或设备间）和其他干线接线间的电缆。

为了与建筑群的其他建筑物进行通信，垂直子系统将中继线交叉连接点和网络接口连接起来。网络接口通常放在设备相邻的房间。

垂直子系统布线走向应选择干线缆线最短、最安全和最经济的路由。垂直子系统在系统设计施工时，就预留了一定的缆线作为冗余信道，这一点对于综合布线系统的可扩展性和可靠性来说是十分重要的。干线子系统的设计要点如下：

1）垂直子系统一般选用光缆，以提高传输速率。

2）垂直子系统应为星形拓扑结构。

3）垂直子系统干线光缆的拐弯处不要用直角拐弯，而应该有相当的弧度，以避免光缆受损，干线电缆和光缆布线的交接不应该超过两次，从楼层配线到建筑群配线架之间只应有一个配线架。

4）线路不允许有转接点。

5）为了防止语音传输对数据传输的干扰，语音主电缆和数据主电缆应分开。

6）垂直主干线电缆要防止遭到破坏，确定每层楼的干线要求和防雷电设施。

7）满足整幢大楼的干线要求和防雷击设施。

1.3.4 管理间子系统

管理间子系统也称为电信间或者配线间，一般设置在每个楼层的中间位置。对于综合布线系统设计而言，管理间主要安装建筑物配线设备，是专门安装楼层机柜、配线架、交换机的楼层管理间。管理间子系统也是连接垂直子系统和水平子系统的设备。当楼层信息点很多时，可以设置多个管理间。

管理间子系统应采用定点管理，场所的结构取决于工作区、综合布线系统规模和选用的硬件。在交接区应有良好的标记系统，如建筑物名称、建筑物楼层位置、区号、起始点和功能等标志。管理间的配线设备应采用色标区别各类用途的配线区。

管理间子系统的布线设计要点如下：

1）配线架的配线对数由所管理的信息点数决定。

2）进出线路以及跳线应采用色标或者标签等进行明确标识。

3）配线架一般由光配线盒和铜配线架组成。

4）供电、接地、通风良好、机械承重合适，保持合理的温度、湿度和亮度。

5）有交换机、路由器的地方要配有专用的稳压电源。

6）采取防尘、防静电、防火和防雷击措施。

1.3.5 设备间子系统

设备间在实际应用中一般称为网络中心或者机房，是在每栋建筑物适当地点进行网络管理和信息交换的场地，其位置和大小应该根据系统分布、规模以及设备的数量来具体确定，通常由电缆、连接器和相关支撑硬件组成，通过缆线把各种公用系统设备互连起来。设备间子系统的主要设备有计算机网络设备、服务器、防火墙、路由器、程控交换机、楼宇自控设备主机等，它们可以放在一起，也可分别放置。

在较大型的综合布线中，也可以把与综合布线密切相关的硬件设备集中放在设备间，其他计算机设备、程控交换机、楼宇自控设备主机等可以分别设置单独机房，这些单独的机房应该紧靠综合布线系统设备间。

设备间子系统在设计方面要注意的要点如下：

1）设备间的位置和大小应根据建筑物的结构、布线规模和管理方式，以及应用系统设备的数量综合考虑。

2）设备间要有足够的空间。

3）设备间要具有良好的工作环境：温度应保持为 0～27℃，相对湿度应保持为 60%～80%，亮度适宜。

4）设备间内所有进出线装置或设备应采用色表或色标区分各种用途。

5）设备间具有防静电、防尘、防火和防雷击设施。

1.3.6 进线间子系统

进线间是建筑物外部通信和信息管线的入口部位，并可作为入口设施和建筑群配线设备的安装场地。进线间是 GB 50311 国家标准在系统设计内容中专门增加的，要求在建筑物前期系统设计中要有进线间，满足多家网络运营商业务需要，避免一家网络运营商自建进线间后独占该建筑物的宽带接入业务。进线间一般通过地埋管线进入建筑物内部，宜在土建阶段实施。

建筑群主干电缆和光缆、公用网和专用网电缆、光缆及天线馈线等室外缆线进入建筑物时，应在进线间转换成室内电缆、光缆，并在缆线的终端处可由多家电信业务经营者设置入口设施。入口设施中的配线设备应按引入的电、光缆容量配置。

电信业务经营者在进线间设置安装的入口配线设备应与 BD 或 CD 之间敷设相应的连接电缆、光缆，实现路由互通。缆线类型与容量应与配线设备相一致。

在进线间缆线入口处的管孔数量应满足建筑物之间、外部接入业务及多家电信业务经营者缆线接入的需求，并应留有 2～4 孔的余量。

1.3.7 建筑群子系统

建筑群子系统也称为楼宇子系统，主要实现楼与楼之间的通信连接，一般采用光缆并配置相应设备，它支持楼宇之间通信所需的硬件，包括缆线、端接设备和电气保护装置，设计时应考虑布线系统周围的环境，确定楼间传输介质和路由，并使线路长度符合相关网络标准规定。

中华人民共和国住房和城乡建设部公告第 619 号明确规定，GB 50311—2007《综合布线系统工程设计规范》国家标准第 7.0.9 条为强制性条文，必须严格执行。第 7.0.9 条具体内容为“当电缆从建筑物外面进入建筑物时，应选用适配的信号线路浪涌保护器，信号浪涌保护器应符合设计要求”。配置浪涌保护器的主要目的是防止雷电通过室外线路进入建筑物内部设备间，击穿或者损坏网络系统设备。

在建筑群子系统的室外缆线敷设方式中，一般有架空、直埋、管道和隧道 4 种情况，具体情况应根据现场的环境来决定。表 1-1 是建筑群子系统缆线敷设方式比较表。

表 1-1 建筑群子系统缆线敷设方式比较表

方式	优点	缺点
管道	提供比较好的保护；敷设容易、扩充、更换方便；美观	初期投资高
直埋	有一定保护；初期投资低；美观	扩充、更换不方便
架空	成本低、施工快	安全可靠性低；不美观；除非有安装条件和路径，一般不采用
隧道	保持建筑物的外貌，如有隧道，则成本最低且安全	热量或泄漏的热气会损坏电缆

1.4 综合布线系统工程各个子系统的实际应用

在实际的综合布线系统工程应用中，各个子系统有时会叠加在一起。例如，位于大楼一层的管理间也常常合并到大楼的一层的网络设备间中，进线间子系统也经常设置在大楼一层的网络设备间中。

水平子系统不一定全部水平布线，实际上水平子系统指从信息点到楼层管理间机柜之间的路由和布线系统，如图 1-2 所示。按照 GB 50311 中的系统设计规定，也允许个别管理间 FD 配线架直接到 CD 配线架，而不经过 BD 配线架，如图 1-3 所示，能够节约工程造价，这就要求设计人员必须熟悉综合布线工程各个子系统，灵活应用，在设计中降低工程造价。

图 1-2　综合布线系统教学模型

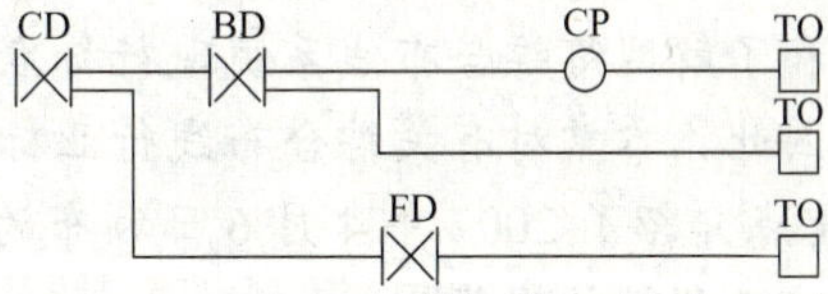

图 1-3　综合布线子系统构成图

习　题

1）简述综合布线系统的发展过程。

2）简述综合布线系统的概念。

3）综合布线系统的 7 个子系统包括哪些？

第2章

网络综合布线系统工程常用标准

熟悉和了解网络综合布线系统现行标准对于系统设计、项目实施、验收和维护是非常重要的，因此，本章对有关综合布线行业标准的发展历史、变更和最新标准作了比较详细的介绍，重点介绍了2007年4月6日颁布的中华人民共和国国家标准GB 50311—2007《综合布线系统工程设计规范》。

2.1 综合布线系统现行标准体系和组织机构

随着综合布线系统技术的不断发展，与之相关的国内和国际标准也更加规范化、标准化和开放化。国际标准化组织和国内标准化组织都在努力制定更新的标准以满足技术和市场的需求，标准的完善也使市场更加规范化。

我国综合布线系统标准的主管部门为工业和信息化部，批准部门为住房和城乡建设部，具体由中国工程建设标准化协会信息通信专业委员会综合布线工作组负责编制。

以下为与综合布线相关的国际标准组织与机构：

ANSI 美国国家标准协会 American National Standards Institute

BICSI 国际建筑业咨询服务 Building Industry Consulting Service International

CCITT 国际电报和电话协商委员会 Consultative Committee on International Telegraphy and Telephony

EIA 电子行业协会 Electronic Industries Association

ICEA 绝缘电缆工程师协会 Insulated Cable Engineers Association

IEC 国际电工委员会 International Electrotechnical Commission

IEEE 美国电气与电子工程师协会 Institute of Electrical and Electronics Engineers

ISO 国际标准化组织 International Standards Organization

ITU-TSS 国际电信联盟——电信标准化分部 International Telecommunications Union — Telecommunications Standardization Section

NEMA 美国国家电气制造商协会 National Electrical Manufacturers Association

NFPA 美国国家防火协会 National Fire Protection Association

TIA 美国电信行业协会 Telecommunications Industry Association

UL 安全实验室 Underwriters Laboratories

ETL 电子测试实验室 Electronic Testing Laboratories

FCC 美国联邦电信委员会 Federal Communications Commission（U.S.）

NEC 美国国家电气规范 National Electrical Code（issued by the NFPA in the U.S.）
CSA 加拿大标准协会 Canadian Standards Association
ISC 加拿大工业技术协会 Industry and Science Canada
SCC 加拿大标准委员会 Standards Council of Canada

2.2 综合布线系统主要国际标准

最早的综合布线标准起源于美国，1991 年美国国家标准协会制定了 TIA/EIA 568 民用建筑缆线标准，经改进后于 1995 年 10 月正式将 TIA/EIA 568 修订为 TIA/EIA 568A 标准。国际标准化组织/国际电工委员会（ISO/IEC）于 1988 年开始，在美国国家标准协会制定的有关综合布线标准基础上进行修改，1995 年 7 月正式公布《ISO/IEC 11801：1995（E）信息技术——用户建筑物综合布线》，作为国际标准，供各个国家使用。随后，英国、法国、德国等国联合，于 1995 年 7 月制定了欧洲标准（EN 50173），供欧洲一些国家使用。

目前常用的综合布线国际标准有：

国际布线标准《ISO/IEC 11801：1995（E）信息技术—— 用户建筑物综合布线》

国际标准 ISO/IEC 11801 是由联合技术委员会 ISO/IEC JTC1 的 SC 25/WG 3 工作组在 1995 年制定并发布的，这个标准把有关元器件和测试方法归入国际标准。目前该标准有 3 个版本：

① ISO/IEC 11801：1995
② ISO/IEC 11801：2000
③ ISO/IEC 11801：2000+

欧洲标准《EN 50173 建筑物布线标准》

美国国家标准协会《TIA/EIA 568A 商业建筑物电信布线标准》

美国国家标准协会《TIA/EIA 569A 商业建筑物电信布线路径及空间距标准》

美国国家标准协会《TIA/EIA TSB—67 非屏蔽双绞线布线系统传输性能现场测试规范》

美国国家标准协会《TIA/EIA TSB—72 集中式光缆布线准则》

美国国家标准协会《TIA/EIA TSB—75 大开间办公环境的附加水平布线惯例》

ISO/IEC 11801 的修订稿 ISO/IEC 11801：2000 修正了对链路的定义。此外，该标准还规定了永久链路和通道的等效远端串音 ELFEXT、综合近端串音、传输延时。而且，修订稿也提高了近端串音等传统参数的指标。

另外，ISO/IEC 推出第 2 版的 ISO/IEC 11801 规范 ISO/IEC 11801：2000+。这个新规范将定义 6 类、7 类布线的标准，将给布线技术带来革命性的影响。第 2 版的 ISO/IEC 11801 规范将把 5 类 D 级的系统按照超 5 类重新定义，以确保所有的 5 类系统均可运行千兆位以太网。更为重要的是，6 类和 7 类链路将在这一版的规范中定义。布线系统的电磁兼容性（EMC）问题也将在新版的 ISO/IEC 11801 中考虑。

ISO/IEC 11801：Draft Amendment 2 to ISO/IEC 11801 ClassD（1995 FDAM2）

这个标准是国际标准化组织对应于 TIA/EIA 568-A-1 和 TIA/EIA 568-A-5 两个增编内容的规范，这个标准将成为下一个新的 D 级链路布线的标准内容。

各国或地区制定的标准侧重不同，美洲一些国家制定的标准没有提及电磁干扰方面内容，国际布线标准提及一部分但不全面，而欧洲一些国家制定的标准很注重解决电磁干扰的问题。因此美洲一些国家制定的标准要求使用非屏蔽双绞线及相关连接器件，而欧洲一些国家制定的标准则要求使用屏蔽双绞线及相关连接器件。

2.3 综合布线系统主要中国标准

2.3.1 中国综合布线系统的应用和标准制定

综合布线系统的技术、标准、产品的推广应用在中国已有很长时间了，从整个发展过程来看，综合布线系统对智能建筑的兴起与发展起到了积极的推动作用。综合布线系统作为建筑物的基础设施，为建筑物内的信息网络及各种机电设备系统信息的传递提供了宽带的传输通道，已成为智能建筑必备的一个重要组成部分。

综合布线系统在中国的整个发展过程，大致经过以下 4 个阶段。

1）第一个阶段为引入、消化吸收时期：1992～1995 年由国际著名通信公司、计算机网络公司推出了结构化综合布线系统，并将结构化综合布线系统的理念、技术、产品带入中国。网络技术有 10Mbit/s 星形以太网、16Mbit/s 令牌环网，以及总线式的粗、细缆同轴网等，采用 TIA/EIA 568 标准。由于当时的工程造价较高，因此应用很少。国内首批使用网络综合布线系统的单位有新华社、华能集团等。

在消化、吸收 TIA/EIA 568 布线标准的基础上，由中国工程建设标准化协会通信工程委员会起草了《建筑与建筑群综合布线系统设计规范》CECS 72:95，这标志着综合布线系统在中国正式开始规范化地应用于智能建筑。

这段时间内，国内有关电缆生产厂家也处在产品的研发阶段。同时这也是布线系统性能等级和标准的初级阶段，布线系统性能等级以 3 类（16MHz）产品为主。

2）第二个阶段为推广应用时期：1995～1997 年开始广泛地推广应用和关注工程质量。网络技术更多地采用 10/100Mbit/s 以太网和 100Mbit/s FDDI 光纤网，基本上淘汰了总线型和环形网络。

中国工程建设标准化协会通信工程委员会起草并颁布了《建筑与建筑群综合布线系统工程设计规范》（修订本）CECS 72:97 和《建筑与建筑群综合布线系统工程施工验收规范》CECS 89:97，这两个标准为中国布线工程的应用配套标准和规范布线市场起到了积极的作用，许多的行业标准和地方标准也相继颁布。

此时，国外标准不断推陈出新，标准以 TIA/EIA 568A、ISO/IEC 11801、EN 50173 等欧美及国际新标准为主。特别是 ISO/IEC 11801：1995（E）的发布，使综合布线系统在抗干扰、防噪声、防污染、防火、防毒等方面的技术有了新的突破和发展。

随着中国网络综合布线工程的大量实施与建设，国外主要厂商纷纷进入中国布线市场，产品发布会和技术研讨会频繁举行，布线产品在建筑物中得到广泛应用，布线行业的队伍也不断壮大，而且屏蔽布线系统的应用呈上升的趋势。

布线系统性能等级和标准随着网络通信技术的发展，也在不断地完善和升级，此阶段布线系统性能等级以 5 类（100MHz）和多模光纤产品为主，并且对有关工程验收及测试仪表的选用给予了关注和重视。另外，由欧洲的标准所提出的屏蔽布线系统所具有的电磁兼容性（EMC）特征及它的应用场合在国内产生了很大的反响和探讨。

3）第三阶段为快速发展期：1997～2000 年，网络技术在 10/100Mbit/s 以太网的基础上，提出 1 000Mbit/s 以太网的概念和标准。人们认识到综合布线系统是智能建筑的基础，与信息网络关系密切，此时主要侧重于电话、数据、图文、图像等多媒体综合网络传输的建设，综合布线工程的应用也从一个建筑物扩展至建筑群和住宅小区。

同时，中国国家标准和行业标准也不断公布，其中，《建筑与建筑群综合布线系统工程设计规范》GB/T 50311 和《建筑与建筑群综合布线系统工程验收规范》GB/T 50312 以及中国通信行业标准 YD/T 926《大楼通信综合布线系统》正式发布和施行，使布线市场更加规范。国内也建立了相应的布线产品检测机构，为布线产品的国产化和国外产品在中国市场中的应用起到了质量把关的作用。

TIA/EIA 568A、ISO/IEC 11801 和 EN 50173 等欧美国际标准已开始包含 6 类（200MHz）布线标准的草案。

4）第四个阶段为高端综合布线系统应用和发展时期：从 2000 年至今，计算机网络技术快速发展，千兆以太网标准公布，超 5 类、6 类布线产品普遍应用，光纤产品也开始广泛应用。

中国综合布线国家标准在 2007 年 4 月 6 日正式颁布，2007 年 10 月 1 日开始执行，分别为 GB 50311—2007《综合布线系统工程设计规范》，GB 50312—2007《综合布线系统工程验收规范》。同时，已经在 2008 年 11 月开始制定综合布线技术白皮书，制定并发布了《综合布线系统管理与运行维护设计白皮书》、《屏蔽布线系统的设计与施工技术白皮书》、《万兆布线系统工程测试技术白皮书》。

国家及行业综合布线标准的制定，使中国综合布线走上了标准化轨道，促进了综合布线在中国的应用和发展。

在进行综合布线设计时，具体标准的选用应根据用户投资金额、用户的安全性需求等多方面来决定，按相应的标准或规范来设计综合布线系统可以减少建设和维护费用。

2.3.2　综合布线其他相关标准

在网络综合布线工程设计中，不但要遵守综合布线相关标准，同时还要结合电气防护及接地、防火等标准进行规划、设计。这里简单介绍一些接地和防火等标准。

1．电气防护、机房及防雷接地标准

在综合布线时，需要考虑缆线的电气防护和接地，在《综合布线系统工程设计规范》GB 50311—2007 中第 7 条规定：

1）综合布线电缆与附近可能产生的高电平电磁干扰的电动机、电力变压器、射频应用设备等电器设备之间应保持必要的间距。

2）综合布线系统缆线与配电箱的最小净距宜为 1m，与变电室、电梯机房、空调机房之间的最小净距宜为 2m。

3）墙上敷设的综合布线缆线及管线与其他管线的间距应符合表 2-1 的规定。当墙壁电缆敷设高度超过 6m 时，与避雷引下线的交叉间距应按下式计算。

$$S \geqslant 0.05L$$

式中　S——交叉间距（mm）；

　　　L——交叉处避雷引下线距地面的高度（mm）。

表 2-1　综合布线缆线及管线与其他管线的间距

其他管线	平行净距/mm	垂直交叉净距/mm	其他管线	平行净距/mm	垂直交叉净距/mm
避雷引下线	1 000	300	热力管（不包封）	500	500
保护地线	50	20	热力管（包封）	300	300
给水管	150	20	煤气管	300	20
压缩空气管	150	20			

4）综合布线系统应根据环境条件选用相应的缆线和配线设备，或采取防护措施，并应符合下列规定：

① 当综合布线区域内存在的电磁干扰场强低于 3V/m 时，宜采用非屏蔽电缆和非屏蔽配线设备。

② 当综合布线区域内存在的电磁干扰场强高于 3V/m 时，或用户对电磁兼容性有较高要求时，可采用屏蔽布线系统和光缆布线系统。

③ 当综合布线路由上存在干扰源，且不能满足最小净距要求时，宜采用金属管线进行屏蔽，或采用屏蔽布线系统及光缆布线系统。

5）在电信间、设备间及进线间应设置楼层或局部等电位接地端子板。

6）综合布线系统应采用共用接地的接地系统，如单独设置接地体时，接地电阻不应大于 4Ω。如布线系统的接地系统中存在两个不同的接地体时，其接地电位差不应大于 1Vr.m.s。

7）楼层安装的各个配线柜（架、箱）应采用适当截面的绝缘铜导线单独布线至就近的等电位接地装置，也可采用竖井内等电位接地铜排引到建筑物共用接地装置，铜导线的截面应符合设计要求。

8）缆线在雷电防护区交界处，屏蔽电缆屏蔽层的两端应做等电位连接并接地。

9）综合布线的电缆采用金属线槽或钢管敷设时，线槽或钢管应保持连续的电气连接，并应有不少于两点的良好接地。

10）当缆线从建筑物外面进入建筑物时，电缆和光缆的金属护套或金属件应在入口处就近与等电位接地端子板连接。

机房及防雷接地标准还可参照以下标准：

《建筑物防雷设计规范》GB 50057—1994

《电子计算机机房设计规定》GB 50174—1993

《计算机场地技术要求》GB 2887—2000

《计算机场站安全要求》GB 9361—1988

《防雷保护装置规范》IEC 1024-1

《防止雷电波侵入保护规范》IEC 1312-1

《商业建筑电信接地和接线要求》J-STD-607-A

J-STD-607-A 标准推出的目的在于帮助需要增加接地系统的技术安装人员，它完整地介绍了规划、设计、安装接地系统的方法，相关技术安装人员都可以参考此标准。

2. 防火标准

缆线是布线系统防火的重点部件，《综合布线系统工程设计规范》GB 50311—2007 中

第 8 条规定：

1）根据建筑物的防火等级和对材料的耐火要求，综合布线系统的缆线选用和布放方式及安装的场地应采取相应的措施。

2）综合布线工程设计选用的电缆、光缆应从建筑物的高度、面积、功能、重要性等方面加以综合考虑，选用相应等级的防火缆线。

对于防火缆线的应用分级，北美、欧洲及国际的相应标准中主要以缆线受火的燃烧程度及着火以后，火焰在缆线上蔓延的距离、燃烧的时间、热量与烟雾的释放、释放气体的毒性等指标，并通过实验室模拟缆线燃烧的现场状况实测取得。

国际上综合布线中电缆的防火测试标准有 UL 910 和 IEC 60332。其中 UL 910 等标准为加拿大、日本、墨西哥和美国使用，UL 910 等同于美国消防协会的 NFPA 262-1999。UL 910 标准则高于 IEC 60332-1 及 IEC 60332-3 标准。

对欧洲、美洲及国际的缆线测试标准进行同等比较以后，建筑物的缆线在不同的场合与安装敷设方式时，建议选用符合相应防火等级的缆线，并按以下几种情况分别列出：

1）在通风空间内（如吊顶内及高架地板下等）采用敞开方式敷设缆线时，可选用 CMP 级（光缆为 OFNP 或 OFCP）或 B1 级。

2）在缆线竖井内的主干缆线采用敞开的方式敷设时，可选用 CMR 级或 B2、C 级。

3）在使用密封的金属管槽做防火保护的敷设条件下，缆线可选用 CM 级或 D 级。

此外，建筑物综合布线涉及的防火方面的设计标准还应依照国内相关标准：《高层民用建筑设计防火规范》GB 50045—1995、《建筑室内装修设计防火规范》GB 50222—1995 等。

3．智能建筑与智能小区相关标准与规范

在国内，综合布线的应用可以分为建筑物、建筑群和智能小区。许多布线项目就与智能大厦集成项目、网络集成项目和智能小区集成项目密切相关，因此集成人员还需要了解智能建筑及智能小区方面的最新标准与规范。目前工业和信息化部、住房和城乡建设部都在加快这方面标准的起草和制定工作，已出台或正在制定中的标准与规范如下：

《智能建筑设计标准》GB/T 50314—2000 推荐性国家标准

《智能建筑弱电工程设计施工图集》97X700，1998 年 4 月 16 日施行，统一编号为 GJBT-471

《城市住宅建筑综合布线系统工程设计规范》CECS 119：2000

《城市居住区规划设计规范》GB 50180—1993

《住宅设计规范》GB 50096—1999

《用户接入网工程设计暂行规定》YD/T 5032-96

《中国民用建筑电气设计规范》JGJ/T 16-92

《绿色生态住宅小区建设要点与技术导则》（试行）

《居住小区智能化系统建设要点与技术导则》

《居住区智能化系统配置与技术要求》CJ/T 174—2003

4．地方标准和规范

《北京市住宅区与住宅楼房电信设施设计技术规定》DB J01-601-99

上海市标准《智能建筑设计标准》DB J08-47-95

《上海市智能住宅小区功能配置试点大纲》

《上海市住宅小区智能化系统工程验收标准》

《深圳市建筑智能化系统等级评定方法》

《江苏省建筑智能化系统工程设计标准》DB 32/181-1998

《天津市住宅建设智能化技术规程》DB29-23-2000

四川省《建筑智能化系统工程设计标准》DB 51/T5019-2000

福建省《建筑智能化系统工程设计标准》DB J13-32-2000

2.4 中国综合布线系统国家标准简介

国内计算机的信息、网络综合布线方面的标准虽然起步稍晚，但现在已逐步在各行业中建立起标准或条例。本节着重介绍 2007 年 4 月 6 日颁布的《综合布线系统工程设计规范》中的第 2 条、第 3 条和第 5 条的主要内容，关于标准中提到的其他内容将分别在以后的章节中详细介绍。

2.4.1 名词术语

在综合布线标准和相关书籍中，往往会用到许多的术语，《综合布线系统工程设计规范》的第 2 条中规范和介绍了一些常用的术语和符号。

1）布线（Cabling）：能够支持信息电子设备相连的各种缆线、跳线、接插软线和连接器件组成的系统。

2）建筑群子系统（Campus Subsystem）：由配线设备、建筑物之间的干线电缆或光缆、设备缆线、跳线等组成的系统。

3）电信间（Telecommunications Room）：放置电信设备、电缆和光缆终端配线设备并进行缆线交接的专用空间。

4）信道（Channel）：连接两个应用设备的端到端的传输通道。信道包括设备电缆、设备光缆和工作区电缆、工作区光缆。

5）CP 集合点（Consolidation Point）：楼层配线设备与工作区信息点之间水平缆线路由中的连接点。

6）CP 链路（CP Link）：楼层配线设备与集合点（CP）之间，包括各端的连接器件在内的永久性的链路。

7）链路（Link）：一个 CP 链路或是一个永久链路。

8）永久链路（Permanent Link）：信息点与楼层配线设备之间的传输线路。它不包括工作区缆线和连接楼层配线设备的设备缆线、跳线，但可以包括一个 CP 链路。

9）建筑物入口设施（Building Entrance Facility）：提供符合相关规范机械与电气特性的连接器件，使得外部网络电缆和光缆引入建筑物内。

10）建筑群主干电缆、建筑群主干光缆（Campus Backbone Cable）：用于在建筑群内连接建筑群配线架与建筑物配线架的电缆、光缆。

11）建筑物主干缆线（Building Backbone Cable）：连接建筑物配线设备至楼层配线设

备及建筑物内楼层配线设备之间相连接的缆线。建筑物主干缆线可为主干电缆和主干光缆。

12）水平缆线（Horizontal Cable）：楼层配线设备到信息点之间的连接缆线。

13）永久水平缆线（Fixed Horizontal Cable）：楼层配线设备到 CP 的连接缆线，如果链路中不存在 CP 点，则为直接连至信息点的连接缆线。

14）CP 缆线（CP Cable）：连接集合点（CP）至工作区信息点的缆线。

15）信息点（Telecommunications Outlet，TO）：各类电缆或光缆终接的信息插座模块。

16）线对（Pair）：一个平衡传输线路的两个导体，一般指一个双绞线对。

17）交接（交叉连接）（Cross-connect）：配线设备和通信设备之间采用接插软线或跳线上的连接器件相连的一种连接方式。

18）互连（Interconnect）：不用接插软线或跳线，使用连接器件把一端的电缆、光缆与另一端的电缆、光缆直接相连的一种连接方式。

2.4.2 符号和缩略词

在综合布线系统工程的图样设计、施工、验收和维护等日常工作中，工程技术人员大量应用许多符号和缩略词，因此掌握这些符号和缩略词对于识图和读懂技术文件非常重要，表 2-2 为 GB 50311 对于符号和缩略词的规定。

表 2-2 GB 50311 对于符号和缩略词的规定

英文缩写	英文名称	中文名称或解释
ACR	Attenuation to Crosstalk Ratio	衰减串音比
BD	Building Distributor	建筑物配线设备
CD	Campus Distributor	建筑群配线设备
CP	Consolidation Point	集合点
dB	dB	电信传输单元：分贝
d.c.	Direct Current	直流
ELFEXT	Equal Level Far End Crosstalk Attenuation（Loss）	等电平远端串音衰减
FD	Floor Distributor	楼层配线设备
FEXT	Far End Crosstalk Attenuation（Loss）	远端串音衰减（损耗）
IL	Insertion Loss	插入损耗
ISDN	Integrated Services Digital Network	综合业务数字网
LCL	Longitudinal to Differential Conversion Loss	纵向对差分转换损耗
OF	Optical Fibre	光纤
PS NEXT	Power Sum NEXT Attenuation（Loss）	近端串音功率和
PS ACR	Power Sum ACR	ACR 功率和
PS ELFEXT	Power Sum ELFEXT Attenuation（Loss）	ELFEXT 衰减功率和
RL	Return Loss	回波损耗
SC	Subscriber Connector（Optical Fibre Connector）	用户连接器（光纤连接器）
SFF	Small Form Factor Connector	小型连接器

（续）

英文缩写	英文名称	中文名称或解释
TCL	Transverse Conversion Loss	横向转换损耗
TE	Terminal Equipment	终端设备
Vr.m.s	Vroot.mean.square	电压有效值

2.4.3 系统设计

《综合布线系统工程设计规范》中的第 3 条系统设计主要包括了以下内容：

1. 系统构成

1）综合布线系统（GCS）应是开放式结构，应能支持语音、数据、图像、多媒体业务等信息的传递。

2）本规范参考 GB 50311—2007《综合布线系统工程设计规范》国家标准的规定，将建筑物综合布线系统分为 7 个子系统：工作区子系统、水平子系统、垂直子系统、设备间子系统、管理子系统、建筑群子系统、进线间子系统。

2. 系统分级与组成

1）综合布线系统应能满足所支持的数据系统的传输速率要求，并应选用相应等级的缆线和传输设备。综合布线铜缆系统的分级与类别划分应符合表 2-3 的要求。

表 2-3 铜缆布线系统的分级与类别

系统分级	支持带宽/Hz	支持应用器件	
		电缆	连接硬件
A	100k		
B	1M		
C	16M	3 类	3 类
D	100M	5/5e 类	5/5e 类
E	250M	6 类	6 类
F	600M	7 类	7 类

注：3 类、5/5e 类（超 5 类）、6 类、7 类布线系统应能支持向下兼容的应用。

2）光纤信道分为 OF-300、OF-500 和 OF-2000 这 3 个等级，各等级光纤信道应支持的应用长度分别不应小于 300m、500m 及 2 000m。

综合布线系统应能满足所支持的电话、数据、电视系统的传输标准要求。

3）综合布线系统信道应由最长 90m 水平缆线、最长 10m 的跳线和设备缆线及最多 4 个连接器件组成，永久链路则由 90m 水平缆线及 3 个连接器件组成。

4）当工作区用户终端设备或某区域网络设备需直接与公用数据网进行互通时，宜将光缆从工作区直接布放至电信入口设施的光配线设备。

3. 缆线长度划分

1）综合布线系统水平缆线与建筑物主干缆线及建筑群主干缆线之和所构成信道的总长度不应大于 2 000m。

2）建筑物或建筑群配线设备之间（FD 与 BD、FD 与 CD、BD 与 BD、BD 与 CD 之间）组成的信道出现 4 个连接器件时，主干缆线的长度不应小于 15m。

3）水平子系统各缆线长度应符合如图 2-1 所示的划分并应符合下列要求。

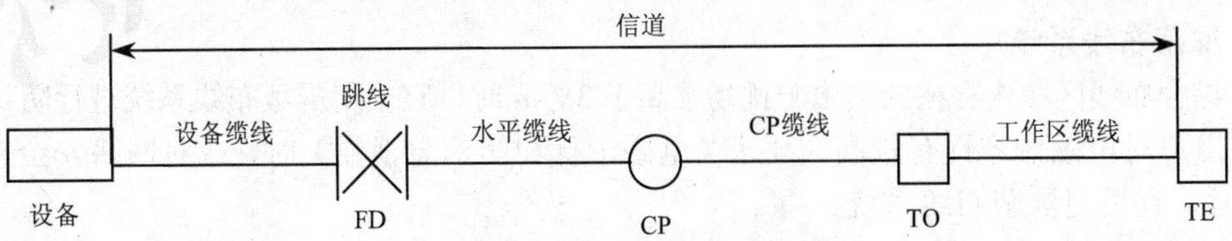

图 2-1　水平子系统缆线划分

说明：

① 水平子系统信道的最大长度不应大于 100m。

② 工作区设备缆线、电信间配线设备的跳线和设备缆线之和不应大于 10m，当大于 10m 时，水平缆线长度（90m）应适当减少。

③ 楼层配线设备（FD）跳线、设备缆线及工作区设备缆线各自的长度不应大于 5m。

4．系统应用

1）同一布线信道及链路的缆线和连接器件应保持系统等级与阻抗的一致性。

2）综合布线系统工程的产品类别及链路、信道等级确定应综合考虑建筑物的功能、应用网络、业务终端类型、业务的需求及发展、性能价格、现场安装条件等因素，应符合表 2-4 的要求。

表 2-4　布线系统等级与类别的选用

业务种类	水平子系统		垂直子系统		建筑群子系统	
	等级	类别	等级	类别	等级	类别
语音	D/E	5e/6	C	3（大对数）	C	3（室外大对数）
数据	D/E/F	5e/6/7	D/E/F	5e/6/7（4 对）		
	光纤（多模或单模）	62.5μm 多模/50μm 多模/<10μm 单模	光纤	62.5μm 多模/50μm 多模/<10μm 单模	光纤	62.5μm 多模/50μm 多模/<10μm 单模
其他应用	可采用 5e/6 类 4 对双绞电缆和 62.5μm 多模/50μm 多模/<10μm 多模、单模光缆					

注：其他应用指数字监控摄像头、楼宇自控现场控制器（DDC）、门禁系统等采用网络端口传送数字信息时的应用。

3）综合布线系统光纤信道应采用标称波长为 850nm 和 1 300nm 的多模光纤及标称波长为 1 310nm 和 1 550nm 的单模光纤。

4）单模和多模光缆的选用应符合网络的构成方式、业务的互通互连方式及光纤在网络中的应用传输距离。楼内宜采用多模光缆，建筑物之间宜采用多模或单模光缆，需直接与电信业务经营者相连时宜采用单模光缆。

5）为保证传输质量，配线设备连接的跳线宜选用产业化制造的电、光各类跳线，在电话应用时宜选用双芯双绞电缆。

6）工作区信息点为电端口时，应采用 8 位模块通用插座（RJ45），光端口宜采用 SFF，即小型光纤连接器件及适配器。

7）FD、BD、CD 配线设备应采用 8 位模块通用插座或卡接式配线模块（多对、25 对及回线型卡接模块）和光纤连接器件及光纤适配器（单工或双工的 ST、SC 或 SFF）。

8）CP（集合点）安装的连接器件应选用卡接式配线模块或 8 位模块通用插座或各类光纤连接器件和适配器。

5．屏蔽布线系统

1）综合布线区域内存在的电磁干扰场强高于 3V/m 时，宜采用屏蔽布线系统进行防护。

2）用户对电磁兼容性有较高的要求（电磁干扰和防信息泄露）时，或对网络安全有保密需要时，宜采用屏蔽布线系统。

3）采用非屏蔽布线系统无法满足安装现场条件对缆线的间距要求时，宜采用屏蔽布线系统。

4）屏蔽布线系统采用的电缆、连接器件、跳线、设备电缆都应是屏蔽的，并应保持屏蔽层的连续性。

6．开放型办公室布线系统

1）对于办公楼、综合楼等商用建筑物或公共区域大开间的场地，由于其使用对象数量的不确定性和流动性等因素，宜按开放办公室综合布线系统要求进行设计，并应符合下列规定：

① 采用多用户信息插座时，每一个多用户插座包括适当的备用量在内，宜能支持 12 个工作区所需的 8 位模块通用插座。各段缆线长度可按表 2-5 选用，也可按下式计算。

$$C=(102-H)/1.2$$

$$W=C-5$$

式中 $C=W+D$——工作区电缆、电信间跳线和设备电缆的长度之和；

D——电信间跳线和设备电缆的总长度；

W——工作区电缆的最大长度，且 $W\leqslant 22$m；

H——水平电缆的长度。

表 2-5 各段缆线长度限值

电缆总长度/ m	水平布线电缆 H/ m	工作区电缆 W/ m	电信间跳线和设备电缆 D/ m
100	90	5	5
99	85	9	5
98	80	13	5
97	75	17	5
97	70	22	5

② 采用集合点时，集合点配线设备与 FD 之间水平线缆的长度应大于 15m。集合点配线设备容量宜以满足 12 个工作区信息点的需求进行设置。同一个水平电缆路由不允许超过一个集合点（CP）。

从集合点引出的 CP 线缆应终接于工作区的信息插座或多用户信息插座上。

2）多用户信息插座和集合点的配线设备应安装于墙体或柱子等建筑物固定的位置。

7．工业级布线系统

1）工业级布线系统应能支持语音、数据、图像、视频、控制等信息的传递，并能应用于高温、潮湿、电磁干扰、撞击、振动、腐蚀气体、灰尘等恶劣环境中。

2）工业布线可应用于工业环境中具有良好环境条件的办公区、控制室和生产区之间的交界场所、生产区的信息点，工业级连接器件也可应用于室外环境中。

3）在工业设备较为集中的区域应设置现场配线设备。

4）工业级布线系统宜采用星形网络拓扑结构。

5）工业级配线设备应根据环境条件确定 IP 的防护等级。

2.4.4 系统指标

本节的系统指标，均参考《综合布线系统工程设计规范》中的第 5 条内容。有关电缆、连接硬件等产品标准也应符合国际标准。

1）在工程的安装设计中，综合布线系统产品应考虑机械性能指标，如缆线结构、直径、材料、承受拉力、弯曲半径等。

2）相应等级的布线系统信道及永久链路、CP 链路的具体指标项目，应包括下列内容：

① 3 类、5 类布线系统应考虑指标项目为衰减、近端串音（NEXT）。

② 5e 类、6 类、7 类布线系统，应考虑指标项目有插入损耗（IL）、近端串音、衰减串音比（ACR）、等电平远端串音（ELFEXT）、近端串音功率和（PS NEXT）、衰减串音比功率和（PS ACR）、等电平远端串音功率和（PS ELFEXT）、回波损耗（RL）、延时、延时偏差等。

③ 屏蔽的布线系统还应考虑非平衡衰减、传输阻抗、耦合衰减及屏蔽衰减。

3）在综合布线系统工程设计中，系统信道的指标值包括以下 12 项：

① 回波损耗（RL）。

② 插入损耗（IL）值。

③ 线对与线对之间的近端串音（NEXT）。

④ 近端串音功率。

⑤ 线对与线对之间的衰减串音比（ACR）。

⑥ ACR 功率。

⑦ 线对与线对之间等电平远端串音（ELFEXT）。

⑧ 等电平远端串音功率。

⑨ 信道直流环路电阻（d.c.）。

⑩ 信道传播延时。

⑪ 信道传播延时偏差。

⑫ 信道非平衡衰减。

4）在综合布线系统工程中，永久链路的指标参数值包括以下 11 项内容：

① 最小回波损耗值。

② 最大插入损耗值。

③ 最小近端串音值。

④ 最小近端串音功率。

⑤ 最小 ACR 值。

⑥ 最小 PS ACR 值。

⑦ 最小等电平远端串音值。

⑧ 最小 PS ELFEXT 值。

⑨ 最大直流环路电阻。

⑩ 最大传播延时。

⑪ 最大传播延时偏差。

5）各等级的光纤信道衰减值应符合表 2-6 中的规定。

表 2-6　信道衰减值

信　道	多　模		单　模	
	850nm	1 300nm	1 310nm	1 550nm
OF-300	2.55dB	1.95 dB	1.80 dB	1.80 dB
OF-500	3.25 dB	2.25 dB	2.00 dB	2.00 dB
OF-2000	8.50 dB	4.50 dB	3.50 dB	3.50 dB

6）光缆标称的波长，每千米的最大衰减值应符合表 2-7 中的规定。

表 2-7　最大光缆衰减值

项　目	OM1、OM2 及 OM3 多模		OS1 单模	
波长	850nm	1 300nm	1 310nm	1 550nm
衰减	3.5 dB/km	1.5 dB/km	1.0 dB/km	1.0dB/km

7）多模光纤的最小模式带宽应符合表 2-8 中的规定。

表 2-8　多模光纤模式带宽

光纤类型	光纤直径/ μm	最小模式带宽/ MHz · km		
		过量发射带宽		有效光发射带宽
		波长		
		850nm	1 300nm	850nm
OM1	50 或 62.5	200	500	
OM2	50 或 62.5	500	500	
OM3	50	1 500	500	2 000

习　题

1）了解和掌握综合布线各个系统的有关标准和规定。

2）简述综合布线系统在我国的各个发展阶段。

3）在综合布线系统工程设计中，系统信道的指标值包括哪些？

4）永久链路的指标参数值包括哪些？

第3章

网络综合布线系统工程常用器材和工具

在网络综合布线系统工程施工中，可能会用到不同的网络传输介质、网络布线配件和布线工具等。本章将详细介绍网络综合布线系统工程中常用的器材和工具。

3.1 网络传输介质

在网络传输数据时，首先遇到的是通信线路和通道传输问题。目前，网络通信分为有线通信和无线通信两种。有线通信是利用电缆、光缆或电话线来充当传输导体的；无线通信是利用卫星、微波、红外线来充当传输导体的。

目前，在通信线路上使用的传输介质有双绞线、大对数双绞线、光缆等。

3.1.1 双绞线

双绞线（Twisted Pair，TP）是一种综合布线工程中最常用的传输介质。双绞线由两根具有绝缘保护层的铜导线组成，把两根具有绝缘保护层的铜导线按一定节距互相绞在一起，可降低信号干扰的程度，每一根导线在传输中辐射出来的电波会被另一根线上发出的电波抵消。

目前，双绞线可分为非屏蔽双绞线（UTP）和屏蔽双绞线（STP），屏蔽双绞线的外层由铝泊包裹，它的价格相对要高一些。

计算机综合布线使用的双绞线的种类如图3-1所示。

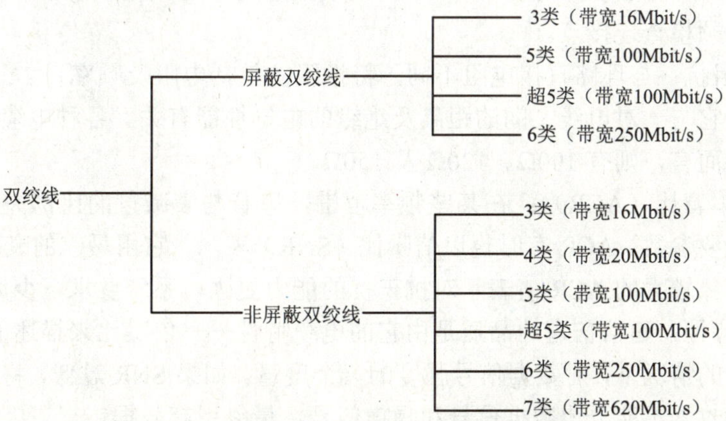

图3-1　计算机综合布线使用的双绞线的种类

计算机综合布线经常使用的 4 对非屏蔽双绞线导线，其物理结构如图 3-2 所示。

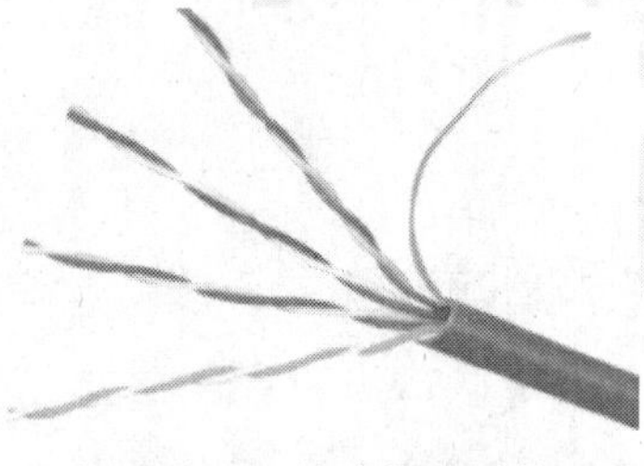

图 3-2　双绞线物理结构

1．非屏蔽双绞线的优点

1）无屏蔽外套，直径小，节省所占用的空间。

2）质量小、易弯曲、易安装。

3）将串音减至最小或加以消除。

4）具有阻燃性。

5）具有独立性和灵活性，适用于结构化综合布线。

2．双绞线的参数

对于双绞线，用户所关心的是衰减、近端串音、特性阻抗、分布电容、直流电阻等。为了便于理解，首先解释以下几个名词。

1）衰减：衰减（Attenuation）是沿链路的信号损失度量。衰减随频率而变化，所以应测量在应用范围内的全部频率上的衰减。

2）近端串音：近端串音（NEXT）损耗是测量一条 UTP 链路中从一对线到另一对线的信号耦合。对于 UTP 链路来说，这是一个关键的性能指标，也是最难精确测量的一个指标，尤其是随着信号频率的增加其测量难度就更大。

串音分近端串音和远端串音（FEXT），测试仪主要是测量 NEXT。由于线路损耗，FEXT 的量值影响较小，在 3 类、5 类系统中忽略不计。NEXT 并不表示在近端点所产生的串音值，它只是表示在近端点所测量到的串音值，这个量值会随电缆长度的不同而变化，电缆越长值越小。同时，发送端的信号也会衰减，对其他线对的串音也相对变小。实验证明，只有在 40m 内测量得到的 NEXT 值较真实，如果另一端是远于 40m 的信息插座，它会产生一定程度的串音，但测试仪可能无法测量到这个串音值。基于这个理由，对于 NEXT，最好在两个端点都要进行测量。现在的测试仪都配有相应设备，使得在链路一端就能测量出两端的 NEXT 值。

3）直流环路电阻：直流环路电阻会消耗一部分信号并转变成热量，它是指一对导线电阻的和，11801 的规格不得大于 19.2Ω，每对间的差异不能太大（小于 0.1Ω），否则表示接触不良，必须检查连接点。

4）特性阻抗：与环路直接电阻不同，特性阻抗包括电阻及频率自 1～100MHz 的电感抗及电容抗，它与一对电线之间的距离及绝缘的电气性能有关。各种电缆有不同的特性阻抗，对双绞线而言，则有 100Ω、120Ω 及 150Ω。

5）衰减串音比（ACR）：在某些频率范围，串音与衰减量的比例关系是反映电缆性能的另一个重要参数。ACR 有时也以信噪比（SNR）表示，它由最差的衰减量与 NEXT 量值的差值计算。较大的 ACR 值表示对抗干扰的能力更强，系统要求至少大于 10dB。

6）电缆特性：通信信道的品质是由它的电缆特性——信噪比来描述的。SNR 是在考虑到干扰信号的情况下，对数据信号强度的一个度量。如果 SNR 过低，将导致数据信号在被接收时，接收器不能分辨数据信号和噪声信号，最终引起数据错误。因此，为了使数据错误限制在一定范围内，必须定义一个最小的可接收的 SNR。

3．双绞线的节距

在双绞线内，不同线对具有不同的节距长度。一般来说，4对双绞线绞距周期在 38.1mm 以内，按逆时针方向扭绞，一线对的扭绞长度在 12.7mm 以内。

4．网络双绞线的生产制造过程

目前，网络综合布线系统工程大量使用超 5 类和 6 类非屏蔽双绞线。这里以超 5 类非屏蔽双绞线为例，介绍双绞线的制造过程。

一般制造流程为：铜棒拉丝→单芯覆盖绝缘层→两芯绞绕→4对绞绕→覆盖绝缘层→印刷标记→成卷。

首先将铜棒拉制成直径为 0.50～0.55mm 的铜导线，然后在铜导线外均匀覆盖塑料绝缘层，然后将两根导线按照一定的节距绞绕在一起，再将 4 对已经绞绕好的单绞线按照一定的节距进行第二次绞绕，最后在已经经过两次绞绕的 4 对双绞线外覆盖保护绝缘外套。

而在工厂专业化大规模生产超 5 类缆线时的工艺流程分为：绝缘、绞对、成缆、护套 4 项。

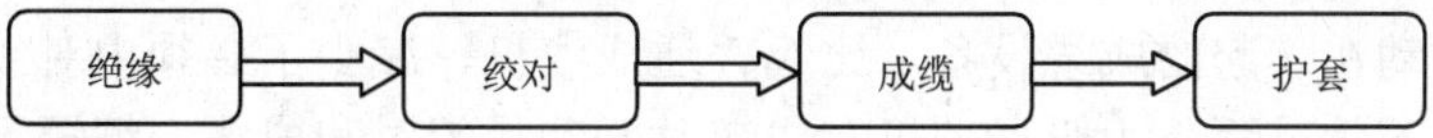

各个制造流程的技术要求如下。

（1）绝缘

绝缘线检测项目、指标和测试方法见表 3-1。

表 3-1　绝缘线检测

序　号	检 查 项 目	指　　标	检 查 方 法
1	导体直径（mm）	0.511	激光测径仪
2	绝缘外径（mm）	0.92	激光测径仪
3	绝缘最大偏心（mm）	≤0.020	激光测径仪
4	导体伸长率（%）	20～25	伸长试验仪
5	同轴电容 pF/m	228	电容测试仪
6	火花击穿数（个）	≤2（DC 3 500V）	火花记录器
7	颜色	孟塞尔色标	比色

在该阶段需要注意导体直径、绝缘外径的测定、绝缘的偏心、导体及绝缘的伸长率，绝缘单线的同轴电容、火花击穿数、绝缘单线的颜色、单线装盘时的排线等各项指标，检验后符合要求的才能进入下个工序，确保下一个工序能正常生产。

（2）绞对

在电缆制造过程中，将绝缘线芯绞合成线组，除了保持回路传输参数稳定，增加电缆弯曲性能便于使用外，还可以减少电缆组间的电磁耦合，利用其交叉效应来减小线对/组间的串音。线对绞对的节距大小及节距的配合情况直接影响电缆的串音指标。可利用线组的绞合节距的相互配合来减少组间的直接系统性耦合，以达到减小串音的目的。

绞对时应注意收、放线张力的控制。避免张力过大放线不均匀，拉伤线对，对线对的电气性能产生影响，同时也应避免张力过小导致放线线盘过于松动产生缠绕、打结的现象。

绞对检测项目、指标和测试方法见表 3-2。

表 3-2 绞对检测

序 号	检查项目	指 标	检查方法
1	节距	白蓝 10mm；白桔 15.6mm；白绿 12.5mm；白棕 18mm	直尺测量
2	绞向	Z 向（右向）	目测
3	绞对线单根导线直流电阻	≤93Ω	电阻表
4	绞对前后电阻不平衡	≤2%	（大电阻值－小电阻值）/（大电阻值＋小电阻值）×100%
5	耐高压	DC 3s，2 000V	

（3）成缆

4 对数据缆线的成缆很简单，束绞或 S-Z 绞都是可以采用的工艺方式，以一定的成缆节距，减小线对间的串音等。

为提高产量、确保生产效率，很多厂家引入群绞设备来完成绞对和成缆工序。群绞是将绞对和成缆联动在一起的成缆设备。比起普通成缆机，减少了必须由对绞机绞对后才由成缆机绞制成缆芯的过程。由于群绞机在成缆时联动了绞对和成缆，缩短了绞对至成缆之间的等待时间，因此缩短了生产周期，提高了生产效率。

（4）护套

护套工序在生产中类似于绝缘工序，该工序为缆线的缆芯统一包一层保护外套，并在护套上喷印生产厂家的产品信息及相关内容。护套类型可分为阻燃、非阻燃，也可分为室内、室外等。

护套检测项目、指标和测试方法见表 3-3。

表 3-3 护套检测

序 号	检测项目	指 标	测试方法
1	外观检测	光滑、圆整、无孔洞、无杂质	目测
2	最小护套厚度（mm）	标称：0.6mm	游标卡尺
3	偏心（mm）	≤0.20（在电缆同一截面上测量）	游标卡尺
4	电缆外径（mm）	标称：5.4mm	纸带法
5	记米长度误差	≤0.5%	卷尺

在生产制造过程中，影响网络双绞线传输速率和距离的主要因素有：

1）铜棒材料质量。

2）铜棒拉丝制成线芯的直径、均匀度、同心度。

3）线芯覆盖绝缘层的厚度和均匀度、同心度。

4）两芯线绞绕节距和松紧度。

5）4 对绞绕节距和松紧度。

6）生产过程中的张紧拉力。

7）生产过程中的卷轴曲率半径。

在工程施工过程中，影响网络双绞线传输速率和距离的主要因素有：

1）网络双绞线配线端接工程技术。

2）布线拉力。

3）布线曲率半径。

4）布线绑扎技术。

5）电磁干扰。

6）工作温度。

3.1.2 大对数双绞线

1．大对数双绞线的组成

大对数双绞线是由 25 对具有绝缘保护层的铜导线组成的。它有 3 类 25 对大对数双绞线、5 类 25 对大对数双绞线，为用户提供更多的可用线对，并被设计为扩展的传输距离上实现高速数据通信应用，传输速率为 100Mbit/s。导线色彩由蓝、橙、绿、棕、灰和白、红、黑、黄、紫编码组成。

2．大对数线品种

大对数线品种分为屏蔽大对数线和非屏蔽大对数线，如图 3-3 所示。

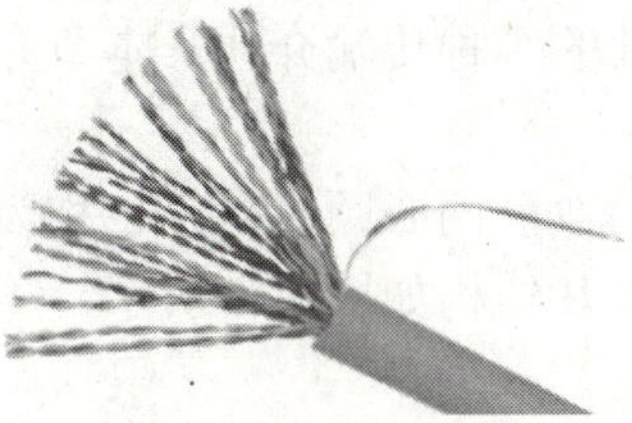

a）

b）

图 3-3 大对数双绞线

a）屏蔽大对数线 b）非屏蔽大对数线

3.1.3 同轴电缆

同轴电缆是由一根空心的外圆柱导体及其所包围的单根内导线所组成，如图 3-4 所示。柱体同导线用绝缘材料隔开，其频率特性比双绞线好，能进行较高速率的数据传输。由于它的屏蔽性能较好，抗干扰能力较强，通常多用于基带传输。

同轴电缆也是局域网中最常见的传输介质之一。它用来传递信息的一对导体是按照一层圆筒式的外导体套在内导体（一根细芯）外面，两个导体间用绝缘材料互相隔离的结构制造的，外层导体和中心轴芯线的圆心在同一个轴心上，所以称做同轴电缆，同轴电缆之所以设计成这样，也是为了防止外部电磁波干扰异常信号的传递。

同轴电缆可分为两种基本类型，基带同轴电缆和宽带同轴电缆。目前基带常用的电缆，其屏蔽线是用铜做成网状的，特征阻抗为 50Ω，如 RG-8、RG-58 等，宽带常用的电缆，其屏蔽层通常是用铝冲压成的，特征阻抗为 75Ω，如 RG-59 等。

同轴电缆根据其直径大小可以分为粗同轴电缆（粗缆）与细同轴电缆（细缆）。

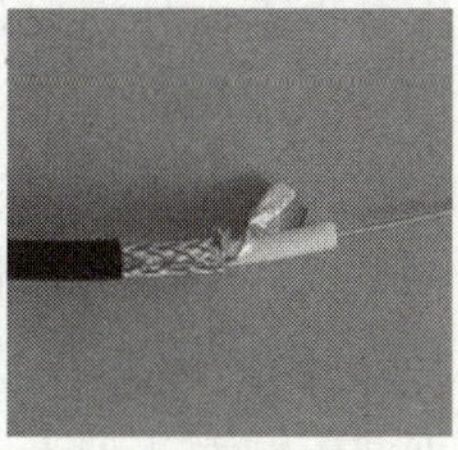

图 3-4 同轴电缆

细缆的直径为 0.26cm，最大传输距离为 185m，使用时可与 50Ω 终端电阻、T 形连接器、BNC 接头连接后再与网卡相连，十分适合架设终端设备较为集中的小型以太网络。缆线总长不要超过 185m，否则信号将严重衰减。细缆的阻抗是 50Ω。

粗缆（RG-11）的直径为 1.27cm，最大传输距离达到 500m。由于粗缆的强度较强，最大传输距离也比细缆长，因此粗缆的主要用途是扮演网络主干的角色，用来连接数个由细缆所连接的网络。粗缆的阻抗是 75Ω。

为了保持同轴电缆正确的电气特性，电缆屏蔽层必须接地，同时两头要有终端来削弱信号反射作用。

无论是粗缆还是细缆均为总线型拓扑结构，即一根缆上接多部机器，这种拓扑适用于机器密集的环境，但是当某一触点发生故障时，故障会串联影响到整根缆上的所有机器，故障的诊断和修复会很麻烦。所以，它逐步被非屏蔽双绞线或光缆取代。

3.1.4 光缆的品种与性能

1. 光缆

光导纤维是一种传输光束的细而柔韧的介质。光导纤维电缆由一捆光导纤维组成，简称为光缆，如图 3-5 所示。光缆是数据传输中最有效的一种传输介质。本节介绍光纤的结构、种类、光纤通信系统的简述和基本构成。

光纤通常是由石英玻璃制成，其横截面积很小的双层同心圆柱体，也称为纤芯，它质地脆，易断裂，由于这一缺点，需要外加一保护层，其结构如图 3-6 所示。

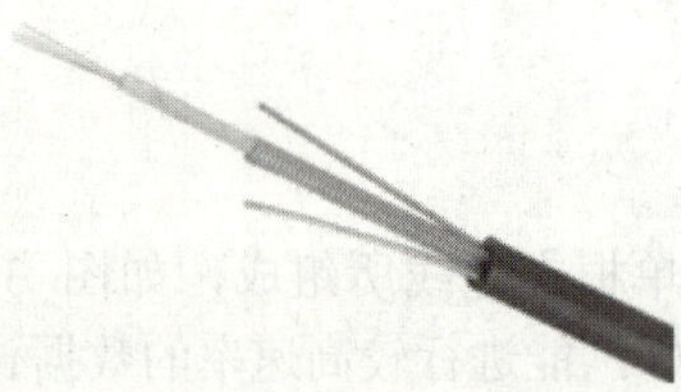

图 3-5　光缆

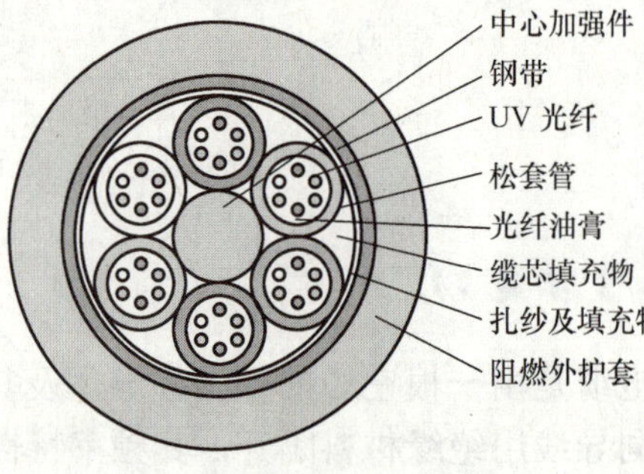

图 3-6　光缆结构

光缆有以下几个优点：

1）较宽的频带。

2）电磁绝缘性能好。光纤电缆中传输的是光束，而光束是不受外界电磁干扰影响的，而且本身也不向外辐射信号，因此它适用于长距离的信息传输以及要求高度安全的场合。

3）衰减较小。

4）中继器的间隔距离较大，因此整个通道中继器的数目可以减少，这样可以降低成本。而同轴电缆和双绞线在长距离使用中就需要接中继器。

2. 光纤的种类

光纤主要有两大类，即单模光纤和多模光纤。

（1）单模光纤

单模光纤的纤芯直径很小，在给定的工作波长上只能以单一模式传输，传输频带宽，传输容量大。光信号可以沿着光纤的轴向进行传播，因此光信号的损耗很小，离散也很小，传播的距离较远。单模光纤 PMD 规范建议芯径为 8～10μm，包括包层直径为 125μm。

（2）多模光纤

多模光纤是在给定的工作波长上，能以多个模式同时传输的光纤。多模光纤的纤芯直径一般为 50～200μm，而包层直径的变化范围为 125～230μm，计算机网络用纤芯直径为 62.5μm，包层为 125μm，也就是通常所说的 62.5μm。与单模光纤相比，多模光纤的传输性能要差。在导入波长上分单模 1 310nm、1 550nm；多模 850nm、1 300nm。

（3）纤芯分类

1）按照纤芯直径可划分为以下几种：

- 50/125（μm）缓变型多模光纤。
- 62.5/125（μm）缓变增强型多模光纤。
- 10/125（μm）缓变型单模光纤。

2）按照纤芯的折射率分布可分为以下几种：

- 阶跃型光纤（Step Index Fiber，SIF）。
- 梯度型光纤（Griended Index Fiber，GIF）。
- 环形光纤（Ring Fiber）。
- W 型光纤。

3．光纤通信系统简述

（1）光纤通信系统

光纤通信系统是以光波为载体、光导纤维为传输介质的通信方式，起主导作用的是光源、光纤、光发送机和光接收机。

1）光源：光源是光波产生的根源。

2）光纤：光纤是传输光波的导体。

3）光发送机：光发送机负责产生光束，将电信号转变成光信号，再把光信号导入光纤。

4）光接收机：光接收机负责接收从光纤上传输过来的光信号，并将它转变成电信号，经解码后再作相应处理。

（2）光纤通信系统的主要优点

1）传输频带宽、通信容量大，短距离传输时可达几千兆的传输速率。

2）线路损耗低、传输距离远。

3）抗干扰能力强，应用范围广。

4）线径细、质量小。

5）抗化学腐蚀能力强。

6）光纤制造资源丰富。

（3）光端机

图 3-7　光端机

光端机是光通信的一个主要设备，其外观如图 3-7 所示，主要分两大类：模拟信号光端机和数字信号光端机。

模拟信号光端机主要分为调频式光端机和调幅式光端机。由于调频式光端机比调幅式光端机的灵敏度高约 16dB，所以市场上模拟信号光端机是以调频式 FM 光端机为主导的，调幅式光端机是很少见的。光端机一般按方向分为发射机（T）、接收机（R）、收发机（X）。作为模拟信号的 FM 光端机，现行市场上主要有以下几种类型。

1）单模光端机/多模光端机：光端机根据系统的传输模式可分为单模光端机和多模光端机。一般来说，单模光端机光信号传输距离可达几十千米，模拟光端机有些型号可无中继地传输 100km，而多模光端机光信号一般传输为 2～5km。

2）数据/视频/音频光端机：光端机根据传输信号又可分为数据光端机、视频光端机、音频光端机、视频/数据光端机、视频/音频光端机、视频/数据/音频光端机以及多路复用光端机，并且可作为 10～100Mbit/s 以太网（IP）数据传输使用。

3）独立式/插卡式/标准式光端机：

- 独立式光端机可独立使用，但需要外接电源。它主要应用于系统远程设备比较分散的场合。
- 插卡式光端机中的模块可插入插卡式机箱中工作。插卡式机箱为 19in 机架，具有 18 个插槽，插卡式光端机主要应用在系统的控制中心，便于系统安装和维护。
- 标准式光端机可独立使用，为标准 19in 1U 机箱，可安装在系统远程设备及控制中心 19in 机柜中。

在网络工程中，一般是 62.5μm/125μm 规格的多模光纤，有时用 50μm/125μm 规格的多模光纤。户外布线大于 2km 时可选用单模光纤。

4．光缆的种类和机械性能

（1）单芯互连光缆

单芯互连光缆的主要应用范围包括：跳线、内部设备连接、通信柜配线面板、墙上出口到工作站的连接和水平拉线直接端接。

单芯互连光缆的主要性能及优点如下：

1）高性能的单模和多模光纤符合所有的工业标准。

2）900μm 紧密缓冲“外衣”易于连接与剥除。

3）Aramid 抗拉线增强组织提高对光纤的保护。

4）UL/CAS 验证符合 OFNR 和 OFNP 的要求。

（2）双芯互连光缆

双芯互连光缆主要应用范围包括：交连跳线、水平走线、直接端接、光纤到桌面、通信柜配线面板和墙上出口到工作站的连接。

双芯互连光缆除具备单芯互连光缆主要的性能及优点外，还具有光纤之间易于区分的优点。

（3）室外光缆 4～12 芯铠装型与全绝缘型

它的主要应用范围包括：

1）园区中楼宇之间的连接。

2）长距离网络。

3）主干线系统。

4）本地环路和支路网络。

5）严重潮湿、温度变化大的环境。

6）架空连接、地下管道或直埋。

它的主要性能及优点包括：

1）高性能的单模和多模光纤符合所有的工业标准。

2）900μm 紧密缓冲“外衣”易于连接与剥除。

3）套管内具有独立彩色编码的光纤。

4）轻质的单通道结构节省了管内空间，管内灌注防水凝胶，以防止水渗入。

5）设计和测试均根据 BellcoreGR-20-CORE 标准。

6）扩展级别 62.5/125 符合 ISO/IEC 11801 标准。

7）抗拉线增强组织提高对光纤的保护。

8）聚乙烯“外衣”在紫外线或恶劣的室外环境中有保护作用。

9）低摩擦的“外皮”使之可轻松穿过管道，完全绝缘或铠装结构，撕剥线使剥离外表更方便。

室外光缆有 4 芯、6 芯、8 芯、12 芯，又分铠装型和全绝缘型。

（4）室内/室外光缆（单管全绝缘型）

它的主要应用范围包括：

1）在不需任何互连的情况下，由户外延伸入户内，缆线具有阻燃特性。

2）园区中楼宇之间的连接。

3）本地线路和支路网络。

4）严重潮湿、温度变化大的环境。

5）架空连接时。

6）地下管道或直埋。

7）悬吊缆/服务缆。

它的主要性能及优点包括：

1）高性能的单模和多模光纤符合所有的工业标准。

2）设计符合低毒、无烟的要求。

3）套管内具有独立 TLA 彩色编码的光纤。

4）轻质的单通道结构节省了管内空间，管内灌注防水凝胶，以防止水渗入；注胶芯完全由聚酯带包裹。

5）符合 ISO/IEC 11801 标准。

6）Aramid 抗拉线增强组织提高对光纤的保护。

7）聚乙烯“外衣”在紫外线或恶劣的室外环境有保护作用。

8）低摩擦的“外皮”使之可轻松穿过管道，完全绝缘或铠装结构，撕剥线使剥离外表更方便。

室内/室外光缆有 4 芯、6 芯、8 芯、12 芯、24 芯、32 芯。

3.1.5 吹光纤铺设技术

近年来，随着数据通信网络的迅速发展，用户出于对传输带宽、安全性等方面的考虑，越来越多地采用了光纤，这里介绍一种全新的光纤布线方式——吹光纤布线。所谓“吹光纤”即预先在建筑群中铺设特制的管道，在实际需要采用光纤进行通信时，再将光纤通过压缩空气吹入管道。

1. 吹光纤系统的组成

吹光纤系统由微管和微管组、吹光纤、附件和安装设备组成。

（1）微管和微管组

吹光纤的微管有两种规格：5mm 和 8mm（外径）管。所有微管外皮均采用阻燃、低烟、不含卤素的材料，在燃烧时不会产生有毒气体，符合国际标准的要求。

8mm 管内径较粗，因此吹制距离较远。每一个微管组可由 2、4 或 7 根微管组成，并按应用环境分为室内及室外两类。

在进行楼内或楼间光纤布线时，可先将微管在所需线路上布置但不将光纤吹入，只有当实际真正需要光纤通信时，才将光纤吹入微管并进行端接。采用直径 5mm 微管，吹制距离在路由多弯曲的情况下超过 300m，在直路中可超过 500m。采用 8mm 微管，吹制距离在路由多弯曲的情况下超过 600m，在直路中可超过 1 000m，垂直安装高度（由下向上）超过 300m。在室内环境中单微管的最小弯曲半径为 25mm，可充分适应楼内布线环境的要求。微管路由的变更也非常简便，只需将要变更的微管切断，再用微管连接头进行拼接，即可方便地完成对路由的修改、封闭和增加。

（2）吹光纤

吹光纤有多模 62.5/125、50/125 和单模 3 类，每一根微管最多可容纳 4 根不同种类的光纤，由于光纤表面经过特别处理并且重量极轻，每芯每米 0.23g，因而吹制的灵活性极强。在吹光纤安装时，对于最小弯曲半径 25mm 的弯度，在允许范围内最多可有 300 个 90° 弯曲。吹光纤表面采用特殊涂层，在压缩空气进入空管时光纤可借助空气动力悬浮在空管内向前飘行。另外，由于吹光纤的内层结构与普通光纤相同，因此光纤的端接程序和设备与普通光纤一样。

（3）附件

包括 19in 光纤配线架、跳线、墙上及地面光纤出线盒、用于微管间连接的陶瓷接头等。

（4）安装设备

早期的吹光纤安装设备全重超过 130kg，设备的移动较为复杂，不易于吹光纤技术的推广。1996 年，英国 BICC 公司在原设备的基础上进行了大量改进，推出了改进型设备 IM2000，如图 3-8 所示。IM2000 由两个手提箱组成，总重量不到 35kg，便于携带。该设备通过压缩空气将光纤吹入微管，吹制速度可达到每分钟 40m。

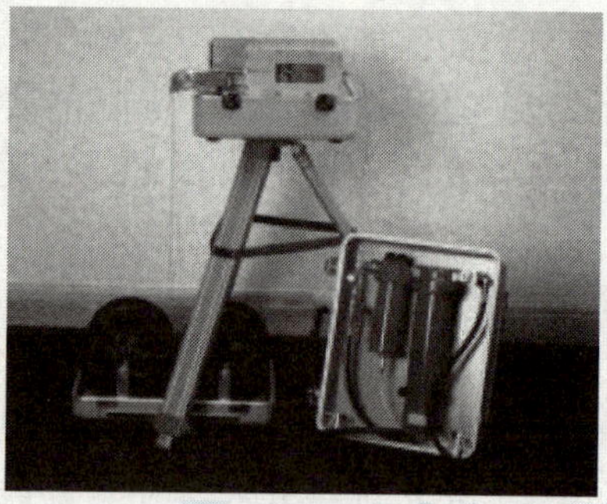

图 3-8 吹光纤设备 IM2000

2. 吹光纤系统的性能特点及其优越性

吹光纤系统与传统光纤系统的区别主要在于其铺设方式。光纤本身的衰减等指标与普通光纤相同，同样可采用 ST、SC 型接头端接，而且吹光纤系统的造价亦与普通光纤系统相差无几，但采用吹光纤系统具有以下 4 个优势：

（1）分散投资成本

目前，许多用户在光纤系统设计时出于对光纤系统成本的考虑（包括相关的光缆、端接、配线架、光电转换设备及布放难度等），不能全面采用光纤布线。而在吹光纤系统中，由于微管成本极低，所以设计时可以尽可能地敷设光纤微管，在以后的应用中用户可根据实际需要吹入光纤，从而分散投资成本，减轻用户负担。

（2）安装安全、灵活、方便

作为一个典型的传统光纤布线系统，在入楼处和楼层分配线架处均需做光纤接续，这样不仅增加了成本及路由光损耗，而且使安装变得较为复杂。另外，工程现场施工环境较为复杂，建筑施工人员很可能因误操作而导致光纤损坏，造成光损耗加大，甚至光纤折断。

在吹光纤系统安装时只需安装光纤外的微管，由楼外进入楼内和在楼层分配线架时只需用特制陶瓷接头将微管拼接即可，无须做任何端接。当所有微管连接好后，将光纤吹入即可。由于路由上采用的是微管的物理连接，因此，即使出现微管断裂，也只需简单地用另一段微管替换即可，对光纤不会造成任何损坏。另外，在传统的光纤布线系统中，光缆一旦铺设，网络结构也相应固定，无法更改，而吹光纤系统则不同，它只需更改微管的物理走向和连接方式就可轻而易举地改变光纤网络的结构。

（3）便于网络升级换代

网络及网络设备的发展对于光纤本身也提出了越来越严格的要求，在最新的千兆以太网规范中，由于差模延时（DMD）等因素，多模光纤的支持距离已较原来的 2km 大大减少，越来越多的用户开始选择单模光纤作为网络主干。可以预见，随着网络技术的高速发展，光纤本身亦将不断发展。而吹光纤技术的另一特点就是它既可以吹入，也可以吹出，当将来网络升级需要更换光纤类型时，用户可以将原来的光纤吹出，再将所需类型的光纤吹入，从而充分保护用户投资的安全性。

（4）节省投资，避免浪费

根据美国 FIA 协会统计，有 72%的用户在光纤安装之后闲置。由于大量的写字楼、办公楼在初期投入使用时就采用了光纤主干，然而许多租/用户目前尚无对光纤的需求，从而造成大量的财力浪费。对于少数需要光纤的用户来说，现有的光纤数量、类型和光纤网络结构又未必满足他们的需求，常常需要修改。采用吹光纤系统，在大楼建设时只需布放微管和部分光纤，随用户的不断搬入，根据用户需要再将光纤吹入相应管道，当用户需要进行网络修改时，还可将光纤吹出，再吹入新的光纤。

3.2 线槽管规格、品种和器材

在布线系统中，除了缆线外，槽管也是一个重要的组成部分，可以说，金属槽、塑料线槽、金属管、塑料管是综合布线系统的基础性材料。在综合布线系统中主要使用的线管有以下几种情况。

3.2.1 金属线槽和塑料线槽

1. 金属线槽

金属线槽由槽底和槽盖组成，每根槽一般长度为 2m，槽与槽连接时使用相应尺寸的铁板和螺丝固定。线槽的外形如图 3-9 所示。

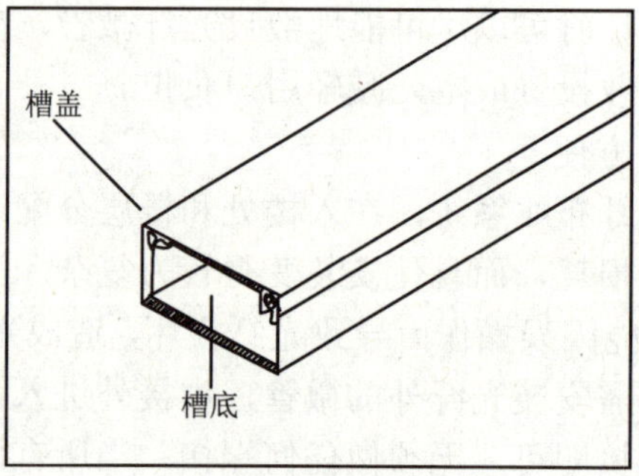

图 3-9 线槽外形

综合布线系统中一般使用的金属线槽有 50mm×100mm、100mm×100mm、100mm×200mm、100mm×300mm、200mm×400mm 等多种规格。

2. 塑料线槽

塑料线槽的外形与如图 3-9 所示类似，但它的品种规格更多，从型号上划分，有 PVC-20 系列、PVC-25 系列、PVC-25F 系列、PVC-30 系列、PVC-40 系列、PVC-40Q 系列等。从规格上划分，有 20mm×12mm、25mm×12.5mm、25mm×25mm、30mm×15mm、40mm×20mm 等。

与塑料线槽配套的附件有阳角、阴角、直转角、平三通、左三通、右三通、连接头、终端头、接线盒（暗盒、明盒）等。

3.2.2 金属管和塑料管

1. 金属管

金属管用于分支结构或暗埋的线路，它的规格也有多种，以外径为标准，单位为 mm。管的外形如图 3-10 所示。

工程施工中常用的金属管有 D16、D20、D25、D32、D40、D50、D63、D25、D110 等规格。

在金属管内穿线比在线槽布线难度更大一些，在选择金属管时要注意管径，尽量选择大一点的，一般管内填充物占 30%左右，以便于穿线。金属管还有一种即为软管（俗称蛇皮管），供弯曲的地方使用。

图 3-10 管的外形

2. 塑料管

塑料管产品分为两大类：PE 阻燃导管和 PVC 阻燃导管。

PE 阻燃导管是一种塑制半硬导管，按外径划分，有 D16、D20、D25、D32 这 4 种规格。它的外观为白色，具有强度高、耐腐蚀、挠性好、内壁光滑等优点，明、暗装穿线兼用，它还以盘为单位，每盘重为 25kg。

PVC 阻燃导管是以聚氯乙烯树脂为主要原料，加入适量的助剂，经加工设备挤压成型的刚性导管。小管径 PVC 阻燃导管可在常温下进行弯曲，便于用户使用。按外径划分，有 D16、D20、D25、D32、D40、D45、D63、D25、D110 等规格。

与塑料管安装配套的附件有：接头、螺圈、弯头、弯管弹簧；一通接线盒、二通接线盒、三通接线盒、四通接线盒、开口管卡、专用截管器、PVC 粘合剂等。

3.2.3 桥架

桥架是布线行业的一个术语，是建筑物内布线不可缺少的一个部分。桥架按照形式可以分为托盘式桥架、槽式桥架、梯级桥架，如图 3-11 所示。

在托盘式桥架中，主要有以下配件供组合：

直通托盘式桥架、水平弯通、水平三通、水平四通、垂直凹弯通、垂直凸弯通和配套连接片。

在槽式桥架中，主要有以下配件供组合：

直通槽式桥架、水平等径弯通、水平等径三通、水平等径四通、垂直等径上弯通、垂直等径下弯通、垂直等径右下弯通、垂直等径左上弯通、垂直等径右上弯通、上角垂直等径三通、下角垂直等径三通、下角垂直等径五通、水平变径三通和垂直变径上弯通及配套连接片。

在梯级桥架中，主要有以下配件供组合：

直通梯级桥架、水平弯通、水平三通、水平四通、垂直凹弯通、垂直凸弯通和配套连接片。

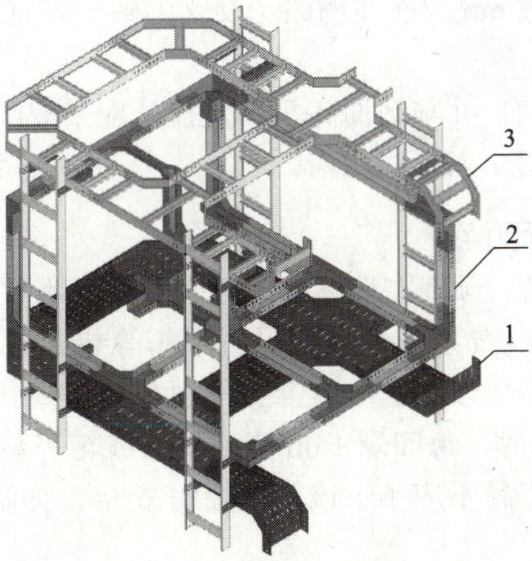

图 3-11 西元桥架展示系统

1—托盘式桥架 2—槽式桥架 3—梯级桥架

3.2.4 缆线的槽、管铺设方法

槽的缆线铺设一般有 4 种方法。

1．采用电缆桥架或线槽和预埋钢管结合的方式

1）电缆桥架宜高出地面 2.2m 以上，桥架顶部距顶棚或其他障碍物不应小于 0.3m，桥架宽度不宜小于 0.1m，桥架内横断面的填充率不应超过 50%。

2）在电缆桥架内缆线垂直敷设时，在缆线的上端应每间隔 1.5m 左右固定在桥架的支架上；水平敷设时，在缆线的首、尾、拐弯处每间隔 2～3m 处进行固定。

3）电缆线槽宜高出地面 2.2m。在吊顶内设置时，槽盖开启面应保持 80mm 的垂直净空，线槽截面利用率不应超过 50%。

4）水平布线时，布放在线槽内的缆线可以不绑扎，槽内缆线应顺直，尽量不交叉，缆线不应溢出线槽，在缆线进出线槽部位，拐弯处应绑扎固定。垂直线槽布放缆线应每间隔 1.5m 固定在缆线支架上。

5）在水平、垂直桥架和垂直线槽中敷设线时，应对缆线进行绑扎。绑扎间距不宜大于 1.5m，间距应均匀，松紧适度。

设置缆线桥架和缆线槽支撑保护要求如下：

1）桥架水平敷设时，支撑间距一般为 1～1.5m，垂直敷设时固定在建筑物体上的间距宜小于 1.5m。

2）金属线槽敷设时，在下列情况下设置支架或吊架：线槽接头处；间距 1～1.5m；离开线槽两端口 0.5m 处；拐弯转角处。

3）塑料线槽槽底固定点间距一般为 0.8～1m。

2．预埋金属线槽支撑保护方式

1）在建筑物中预埋线槽可视不同尺寸，按一层或两层设置，应至少预埋两根以上，线槽截面高度不宜超过 25mm。

2）线槽直埋长度超过 6m 或在线槽路由交叉、转变时宜设置拉线盒，以便于布放缆线和维修。

3）拉线盒盖应能开启，并与地面齐平，盒盖处应采取防水措施。

4）线槽宜采用金属管引入分线盒内。

3．预埋暗管支撑保护方式

1）暗管宜采用金属管，预埋在墙体中间的暗管内径不宜超过 50mm；楼板中的暗管内径宜为 15～25mm。在直线布管 30m 处应设置暗箱等装置。

2）暗管的转弯角度应大于 90°，在路径上每根暗管的转弯点不得多于两个，并不应有 S 弯出现。在弯曲布管时，每间隔 15m 应设置暗线箱等装置。

3）暗管转变的曲率半径不应小于该管外径的 6 倍，如暗管外径大于 50mm 时，不应小于 10 倍。

4）暗管管口应光滑，并加有绝缘套管，管口伸出部位应为 25～50mm。

4．格形线槽和沟槽结合的保护方式

1）沟槽和格形线槽必须沟通。

2）沟槽盖板可开启，并与地面齐平，盖板和插座出口处应采取防水措施。

3）沟槽的宽度宜小于 600mm。

4）铺设活动地板，敷设缆线时，活动地板内净空不应小于 150mm，活动地板内如果作为通风系统的风道使用时，地板内净高不应小于 300mm。

5）采用公用立柱作为吊顶支撑时，可在立柱中布放缆线，立柱支撑点宜避开沟槽和线槽位置，支撑应牢固。

6）不同种类的缆线布线在金属槽内时，应同槽分隔（用金属板隔开）布放。金属线槽接地应符合设计要求。

垂直子系统缆线敷设支撑保护应符合下列要求：

- 缆线不得布放在电梯或管道竖井中。
- 干线通道间应沟通。
- 竖井中缆线穿过每层楼板孔洞宜为矩形或圆形。矩形孔洞尺寸不宜小于 300mm×100mm。

圆形孔洞处应至少安装 3 根圆形钢管，管径不宜小于 100mm。

7）在工作区的信息点位置和缆线敷设方式未定的情况下，或在工作区采用地毯下布放缆线时，宜设置交接箱，每个交接箱的服务面积约为 $80cm^2$。

3.2.5 信息模块

信息模块是网络工程中经常使用的一种器材，分为 3 类、超 5 类、6 类，且有屏蔽和非屏蔽之分。信息模块如图 3-12 所示。

信息模块满足 T568A 超 5 类传输标准，符合 T568A 和 T568B 线序，适用于设备间与工作区的通信插座连接。信息模块采用免工具型设计，便于准确、快速地完成端接，扣锁式端接帽确保导线全部端接并防止滑动。芯针触点材料为 50μm 的镀金层，耐用性为 1 500 次可插拔。

图 3-12 信息模块

打线柱外壳材料为聚碳酸酯，IDC 打线柱夹子为磷青铜，适用于 22、24 及 26AWG（0.64、0.5 及 0.4mm）缆线，耐用性为 350 次可插拔。

在 100MHz 下测试传输性能：近端串音 44.5dB、衰减 0.17dB、回波损耗 30.0dB，平均 46.3dB。

3.2.6 面板、底盒

1．面板

常用面板分为单口面板和双口面板，面板外形和尺寸符合国标 86 型、120 型。

86 型面板的宽度和长度均是 86mm，通常采用高强度塑料材料制成，适合安装在墙面，具有防尘功能，如图 3-13 所示。

图 3-13　86 型面板

120 型面板的宽度和长度均是 120mm，通常采用铜等金属材料制成，适合安装在地面，具有防尘、防水功能，如图 3-14 所示。

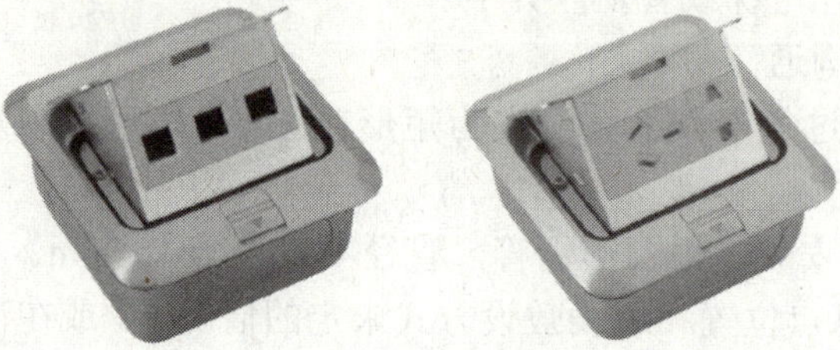

图 3-14　120 型面板

此面板应用于工作区的布线子系统，表面带嵌入式图表及标签位置，便于识别数据和语音端口，并配有防尘滑门用以保护模块、遮蔽灰尘和污物。

2. 底盒

常用底盒分为明装底盒和暗装底盒，如图 3-15 所示。明装底盒通常采用高强度塑料材料制成，而暗装底盒有塑料材料也有金属材料。

a）　　　　b）

图 3-15　底盒

a）明装底盒　b）暗装底盒

3.2.7　配线架

配线架是管理间子系统中最重要的组件，是实现垂直干线和水平布线两个子系统交叉连接的枢纽，一般放置在管理区和设备间的机柜中。配线架通常安装在机柜内，通过安装附件，配线架可以全线满足 UTP、STP、同轴电缆、光纤、音/视频的需要。

网络工程中常用的配线架有双绞线配线架和光纤配线架。

双绞线配线架的作用是在管理子系统中将双绞线进行交叉连接，用在主配线间和各分配线间。双绞线配线架的型号很多，每个厂商都有自己的产品系列，并且对应 3 类、5 类、超 5 类、6 类和 7 类缆线，分别有不同的规格和型号，在具体项目中，应参阅相关产品手册，根据实际情况进行配置。双绞线配线架如图 3-16 所示。

超5类24口配线架　　超5类48口配线架　　超5类110型配线架

图 3-16　双绞线配线架

用于端接传输数据缆线的配线架采用 19in RJ45 口 110 型配线架，此种配线架背面进线采用 110 端接方式，正面全部为 RJ45 口，用于跳线配线，主要分为 24 口、48 口等，全部为 19in 机架/机柜式安装。

光纤配线架的作用是在管理间子系统中将光缆进行连接，通常在主配线间和各分配线间进行。

3.2.8　机柜

机柜是存放设备和缆线交接的地方。机柜以 U 为单元区分（1U=44.45mm）。

标准的机柜：尺寸为 19in，宽度为 600mm。在一般情况下，服务器机柜的深≥800mm，而网络机柜的深≤800mm。机柜的具体规格见表 3-4。

表 3-4　机柜规格表

产品名称	用户单元	规格型号/mm（宽×深×高）	产品名称	用户单元	规格型号/mm（宽×深×高）
普通墙柜系列	6U	530×400×300	普通网络机柜系列	18U	600×600×1 000
	8U	530×400×400		22U	600×600×1 200
	9U	530×400×450		27U	600×600×1 400
	12U	530×400×600		31U	600×600×1 600
普通服务器机柜系列（加深）	31U	600×800×1 600		36U	600×600×1 800
	36U	600×800×1 800		40U	600×600×2 000
	40U	600×800×2 000		45U	600×600×2 200

网络机柜可分为以下两种：

（1）常用服务器机柜

1）安装立柱尺寸为 19in。内部安装设备的空间高度一般为 1 850mm（42U），如图 3-17 所示。

2）采用优质冷轧钢板制造，具有独特的表面静电喷塑工艺，耐酸碱，耐腐蚀，保证可靠接地，防雷击。

3）前后及左右面板均可快速拆卸，方便各种设备的走线。

4）上部安装有两个散热风扇，下部安装有 4 个转动轱辘和 4 个固定地脚螺栓。

5）适用于 IBM、HP、DELL 等各种品牌导轨式上安装的机架式服务器，也可以安装普通服务器和交换机等标准 U 设备。一般安装在网络机房或者楼层设备间。

（2）壁挂式网络机柜

壁挂式网络机柜主要用于摆放轻巧的网络设备，外观轻巧美观，全柜采用全焊接式设计，牢固可靠。机柜背面有 4 个挂墙的安装孔，可将机柜挂在墙上以节省空间，如图 3-18 所示。

图 3-17　常用服务器机柜

图 3-18　西元壁挂式网络机柜

壁挂式机柜体积小，广泛应用于计算机数据网络、布线、音响系统、金融等领域。

3.3　布线工具

在网络布线系统中，进行缆线端接要借助于施工工具——布线工具。

1. 5 对 110 型打线钳

5 对 110 型打线钳是一种简便快捷的 110 型连接端子打线工具，如图 3-19 所示，是 110 配线（跳线）架卡接连接块的最佳手段，一次最多可以接 5 对的连接块，操作简单，省时省力，适用于缆线、跳接块及跳线架的连接作业。

2. 单对 110 型打线钳

单对 110 型打线钳适用于缆线、110 型模块及配线架的连接作业，使用时只需要简单地在手柄上推一下，就能完成将导线卡接在模块中的工作，即完成端接过程，如图 3-20 所示。

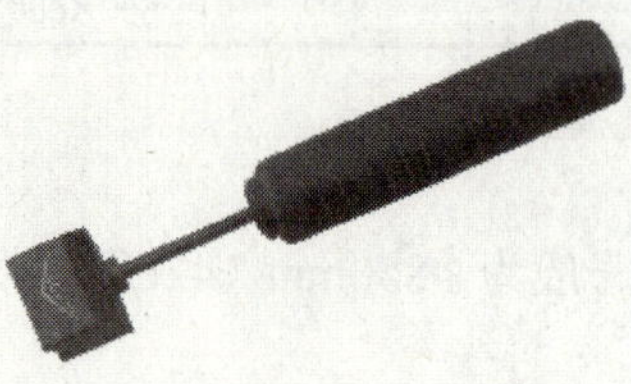

图 3-19　5 对 110 型打线钳

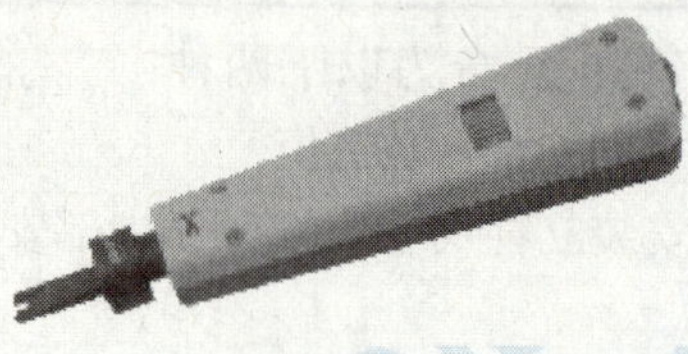

图 3-20　单对 110 型打线钳

使用打线工具时，必须注意以下事项：

1）用手在压线口按照线序把线芯整理好，然后开始压接，压接时必须保证打线钳方向正确，有刀口的一边必须在线端方向，正确压接后，刀口会将多余线芯剪断。否则，会剪断或者损伤要用的网线铜芯。

2）打线钳必须保证垂直，突然用力向下压，听到“咔嚓”声后，配线架中的刀片会划破线芯的外包绝缘外套，与铜线芯接触。

3）如果压接时不突然用力，而是均匀用力，则不容易一次将线压接好，可能出现半接触状态。

4）如果打线钳不垂直，则容易损坏压线口的塑料芽，而且不容易将线压接好。

3. RJ45＋RJ11 双用压线钳

RJ45＋RJ11 双用压线钳适用于 RJ45、RJ11 水晶头的压接。一把压线钳包括双绞线切割、剥离外护套、水晶头压接等多种功能，如图 3-21 所示。

4. RJ45 单用压线钳

在双绞线制作过程中，RJ45 单用压线钳是最主要的制作工具，如图 3-22 所示。一把压线钳包括双绞线切割、剥离外护套、水晶头压接等多种功能。

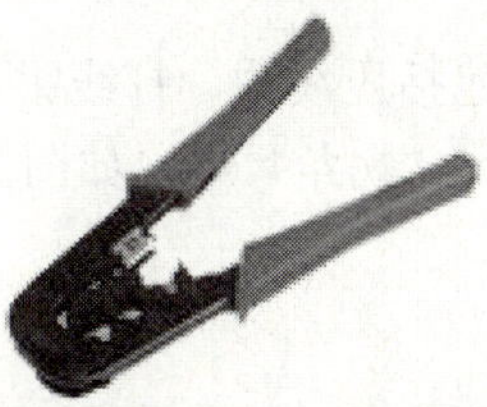

图 3-21　RJ45＋RJ11 双用压线钳

图 3-22　RJ45 单用压线钳

因压线钳针对不同的线材会有不同的规格，在购买时一定要注意选对类型。

5. 剥线器

剥线器不仅外形小巧且简单易用，如图 3-23 所示，而且只需要一个简单的步骤就可除去缆线的外护套：把线放在相应尺寸的孔内并旋转 3～5 圈，即可除去缆线的外护套。

图 3-23　剥线器

3.4　网络综合布线器材展示柜

在目前各种网络综合布线类的书籍中，往往会介绍以上布线材料和工具，但是很难给人们留下深刻的印象，需要结合实物进行介绍。这里介绍西安开元电子实业有限公司专门为教学实训设计和销售的 4 款带智能语音系统的网络综合布线器材展示柜，语音介绍方便学习。

1. 光缆展示柜

光缆展示柜用实物详细展示了常用光缆器材，包括各种光缆、各种跳线、耦合器、熔接盒、架空缆线、拉攀、收线器、紧线器、挂钩等，其中还有光缆链路等，如图 3-24 a 所示。

2．铜缆展示柜

铜缆展示柜用实物详细地展示了常用铜缆器材，包括各种非屏蔽电缆、屏蔽电缆、地毯电缆、各种跳线、模块、面板、网络配线架、110 型通信跳线架、连接块、线标环等，如图 3-24 b 所示。

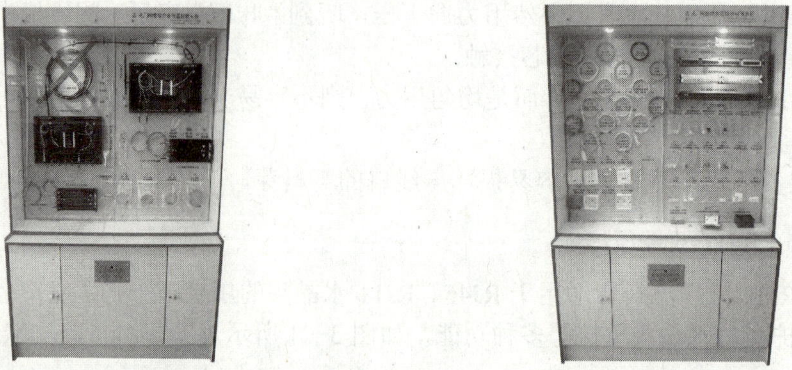

a）　　　　　　　　　　b）

图 3-24　网络综合布线器材展示柜（一）

a）光缆展示柜　b）铜缆展示柜

3．工具展示柜

工具展示柜利用实物展示了综合布线工程的常用专业工具，包括压线钳、打线钳、剥线器、弯管器、线管剪、活扳手、呆扳手、棘轮扳手、锯弓、水平尺、拐角尺等，如图 3-25 a 所示。

4．配件展示柜

配件展示柜利用实物展示了网络综合布线系统工程中常用的配件，包括各种塑料线槽、线管、阴角、阳角、直角、堵头、三通、管卡、支架、钢制桥架阴角/阳角/直角/三通、钢缆、U 形卡、线扎、膨胀螺栓、螺丝等，如图 3-25 b 所示。

a）　　　　　　　　　　b）

图 3-25　网络综合布线器材展示柜（二）

a）工具展示柜　b）配件展示柜

网络综合布线器材展示柜的产品类别和技术规格见表 3-5。

表 3-5 产品类别和技术规格

序 号	类 别	技术规格
1	产品型号	KYSYZ-01-12
2	外形尺寸	长 1.25m，宽 0.35m，高 2m
3	产品规格	光缆展示柜、铜缆展示柜、工具展示柜、配件展示柜

网络综合布线器材展示柜的产品特点如下：

1）上下组合板式结构，上部展柜，下部储物柜。

2）密度板外框+全钢多功能螺孔展板+亚克力玻璃门结构。

3）全钢展板预置多种安装螺丝孔，拆装方便、快速无痕布展、万种展示方式。

4）亚克力玻璃门为有机合成透明材料，螺丝固定，安全结实。

5）配套智能语音系统，语音介绍方便学习。

习 题

1）综合布线系统常用的传输介质有哪些？

2）双绞线的种类有哪几种？制作流程是什么？

3）大对数双绞线有哪些组成和种类？

4）什么是同轴电缆？

5）光纤有哪几类？其概念是什么？

6）吹光纤系统具有哪些优越性？

7）在综合布线系统中，主要使用的线槽有哪几种？

8）在综合布线系统中，与塑料线槽配套使用的附件有哪些？

9）在综合布线系统中，缆线槽的铺设方式主要有哪几种？

10）网络综合布线器材展示柜有哪些？

第4章
综合布线配线端接工程技术

4.1 网络配线端接的意义和重要性

随着计算机应用的普及和数字化城市的快速发展，智能化建筑和综合布线系统已经非常普遍，同时深入影响着人们的生活。综合布线系统是一个非常重要且复杂的系统工程。因此，综合布线系统的设计和施工技术就显得非常重要，特别是配线端接技术直接影响网络系统的传输速率，从而影响网络的稳定性和可靠性，也直接决定综合布线系统永久链路和信道链路的测试结果。

网络配线端接是连接网络设备和综合布线系统的关键施工技术，通常每个网络系统管理间有数百甚至数千根网络线。一般，每个信息点的网络线从设备跳线→墙面模块→楼层机柜通信配线架→网络配线架→交换机连接跳线→交换机级联线等，需要平均端接10～12次，每次端接8个芯线，因此，在工程施工中，每个信息点大约平均需要端接80芯或者96芯，因此熟练掌握配线端接技术非常重要。

例如，如果进行1 000个信息点的小型综合布线系统工程施工，按照每个信息点平均端接12次计算，该工程总共需要端接12 000次，端接线芯96 000次，如果操作人员端接线芯的线序和接触不良错误率按照1%计算，将会有960个线芯出现端接错误，假如这些错误平均出现在不同的信息点或者永久链路，其结果是这个项目可能有960个信息点出现链路不通，这样一来，这个有1 000个信息点的综合布线工程竣工后，仅仅链路不通这一项错误将高达96%，同时各个永久链路的这些线序或者接触不良错误很难及时发现和维修，往往需要花费几倍的时间和成本才能解决，将造成非常大的经济损失，严重时会直接导致该综合布线系统无法通过验收和正常使用。

按照GB 50311—2007《综合布线系统工程设计规范》和GB 50312—2007《综合布线系统工程验收规范》的规定，对于永久链路需要进行11项技术指标测试。除了上面提到的线序和电气接触直接影响永久链路测试指标外，还有网线外皮剥离长度、拆散双绞长度、拉力、曲率半径等也直接影响永久链路技术指标，特别在6、7类综合布线系统工程施工中，配线端接技术是非常重要的。

4.2 配线端接技术原理

因为每根双绞线有8芯，每芯都有外绝缘层，如果像电气工程那样将每芯线剥开外绝缘层直接拧接或者焊接在一起时，不仅工程量大，而且将严重破坏双绞节距，因此在网络施工中坚决不能采取电工式接线方法。

综合布线系统配线端接的基本原理是，将线芯用机械力量压入两个刀片中，在压入过程中刀片将绝缘护套划破并与铜线芯紧密接触，同时金属刀片的弹性将铜线芯长期夹紧，从而实现长期稳定的电气连接，如图 4-1 所示。

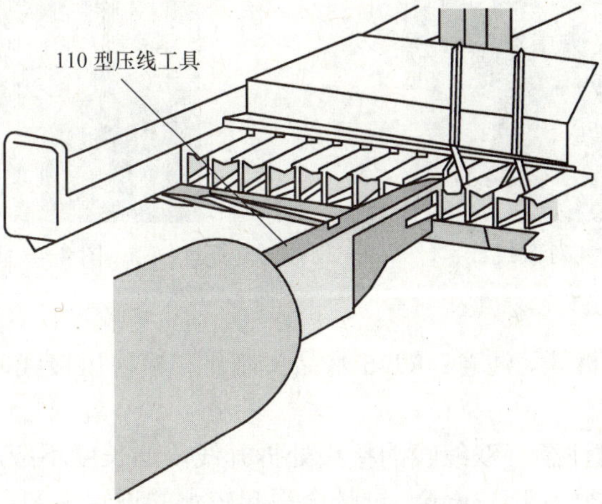

图 4-1　使用 110 型压线工具将线对压入线槽内

4.3　网络双绞线剥线基本方法

网络双绞线配线端接的正确方法和程序如下：

1）剥开外绝缘护套。

首先剪裁掉端头破损的双绞线，使用专门的剥线工具将需要端接的双绞线端头剥开外绝缘护套。端头剥开长度尽可能短一些，能够方便地端接线即可，如图 4-2a 所示。在剥外绝缘护套过程中不能对线芯的绝缘护套或者线芯造成损伤，如图 4-2b 所示。

特别注意不能损伤 8 根线芯的绝缘层，更不能损伤任何一根铜线芯。

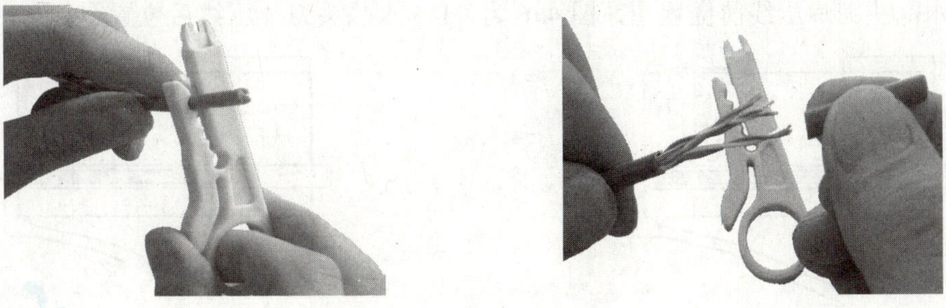

a）　　　　b）

图 4-2　剥开外绝缘护套

a）使用剥线工具剥线　b）剥开外绝缘护套

2）拆开 4 对双绞线。

将端头已经剥去外绝缘护套的双绞线按照对应颜色拆开成为 4 对双绞线。拆开 4 对双绞线时，必须按照绞绕顺序慢慢拆开，同时保护 2 根双绞线不被拆开和保持比较大的曲率半径，如图 4-3 所示是正确的操作结果。不能强行拆散或者硬折线对，会形成比较小的曲率半径。如图 4-4 所示为已经将一对绞线硬折成很小的曲率半径。

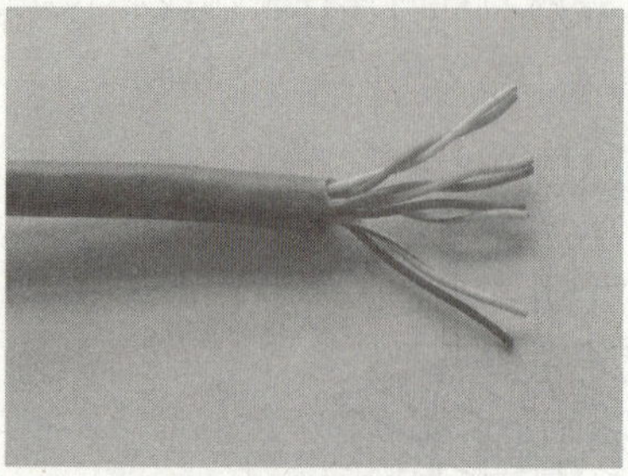

图 4-3　拆开 4 对双绞线

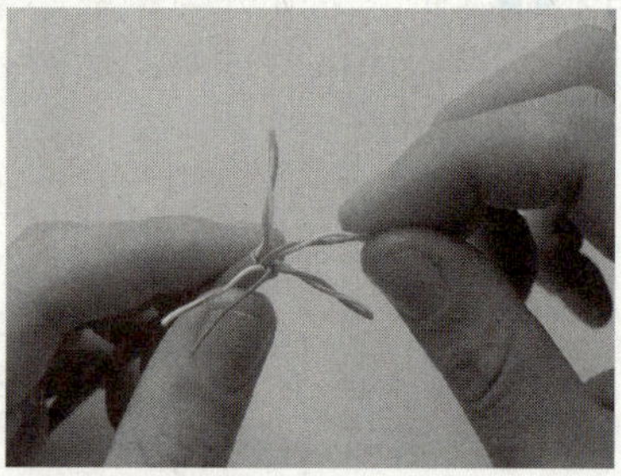

图 4-4　硬折线对

3）拆开单绞线。

将 4 对双绞线分别拆开。注意：RJ45 水晶头制作和模块压接线时线对拆开方式和长度不同。

RJ45 水晶头制作时注意，双绞线的接头处拆开线段的长度不应超过 20mm，压接好水晶头后拆开线芯长度必须小于 13mm，过长会引起较大的近端串音。

模块压接时，双绞线压接处拆开线段长度应该尽量短，能够满足压接即可，不能为了压接方便拆开线芯很长，过长会引起较大的近端串音。

4）配线端接。

4.4　RJ45 水晶头端接原理和方法

RJ45 水晶头的端接原理：利用压线钳的机械压力使 RJ45 水晶头中的刀片首先压破线芯绝缘护套，然后再压入铜线芯中，实现刀片与线芯的电气连接。每个 RJ45 水晶头中有 8 个刀片，每个刀片与 1 个线芯连接。注意观察，发现压接后的 8 个刀片比压接前低。图 4-5 为 RJ45 水晶头刀片压线前位置图，图 4-6 为 RJ45 水晶头刀片压线后位置图。

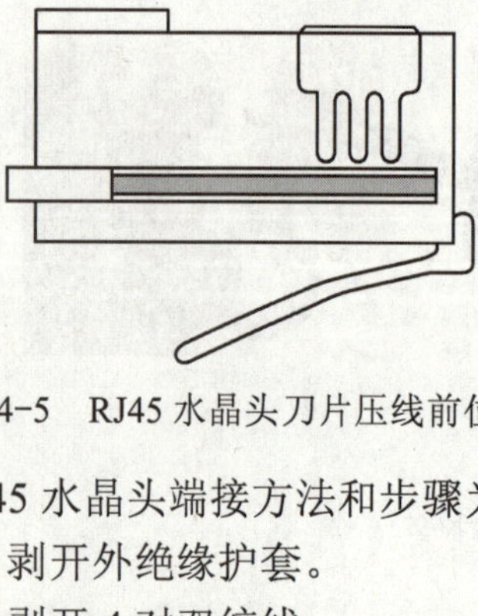

图 4-5　RJ45 水晶头刀片压线前位置图

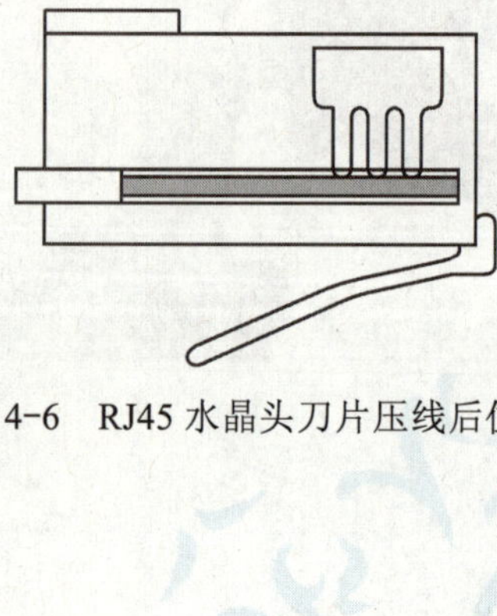

图 4-6　RJ45 水晶头刀片压线后位置图

RJ45 水晶头端接方法和步骤为：

1）剥开外绝缘护套。

2）剥开 4 对双绞线。

3）剥开单绞线。

4）8 根线排好线序。

5）剪齐线端。

先将已经剥去外绝缘护套的 4 对双绞线分别拆开相同长度，将每根线轻轻捋直，同时按照 T568B 线序（白橙，橙，白绿，蓝，白蓝，绿，白棕，棕）水平排好，如图 4-7 a 所示。将 8 根线端头一次剪掉，留约 13mm 长度，从线头开始，至少 10mm 导线之间不应有交叉，如图 4-7 b 所示。

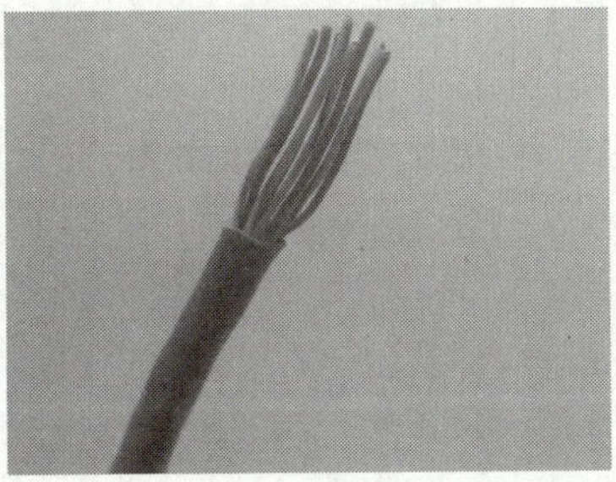

a）

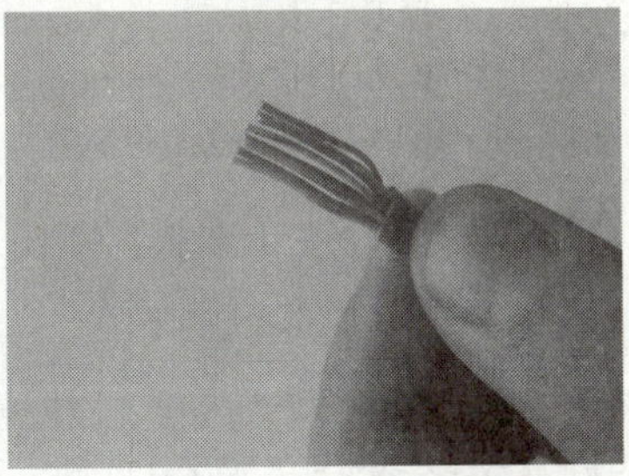

b）

图 4-7　剥开外绝缘护套

a）剥开排好的双绞线　b）剪齐的双绞线

6）插入 RJ45 水晶头。

将双绞线插入 RJ45 水晶头内，如图 4-8 a 所示。注意：水晶头一定要插到底，如图 4-8 b 所示。

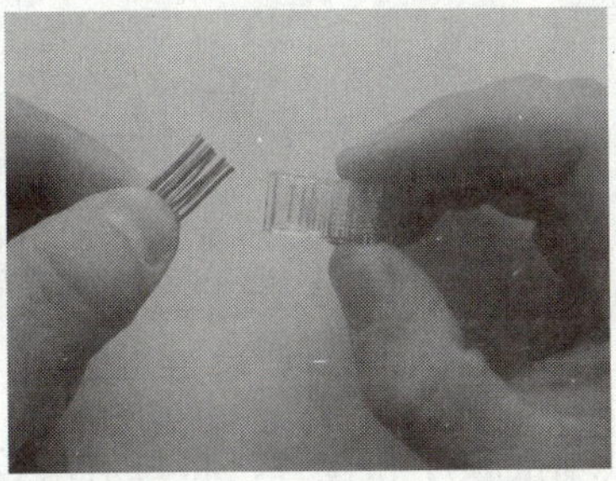

a）

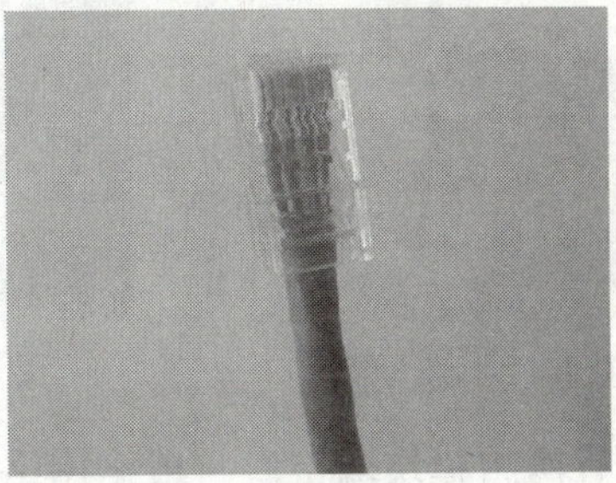

b）

图 4-8　双绞线插入 RJ45 水晶头

a）将双绞线插入 RJ45 水晶头　b）双绞线全部插入 RJ45 水晶头

7）压接。

8）测试。

4.5　网络模块端接原理和方法

网络模块端接原理：利用压线钳的压力将 8 根线逐一压接到模块的 8 个接线口，同时裁剪掉多余的线头。在压接过程中刀片首先快速划破线芯绝缘护套，与铜线芯紧密接触实现刀片与线芯的电气连接，这 8 个刀片通过电路板与 RJ45 口的 8 个弹簧连接。如图 4-9 所示为模块刀片压线前位置图，如图 4-10 所示为模块刀片压线后位置图。

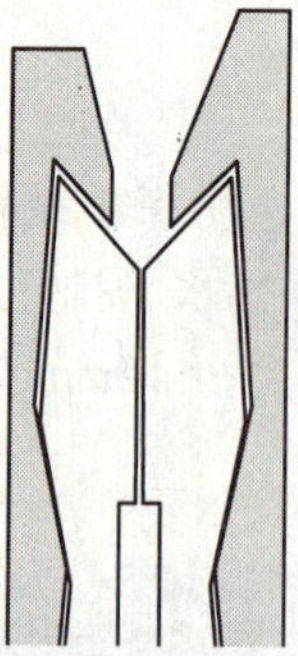

图 4-9　模块刀片压线前位置图

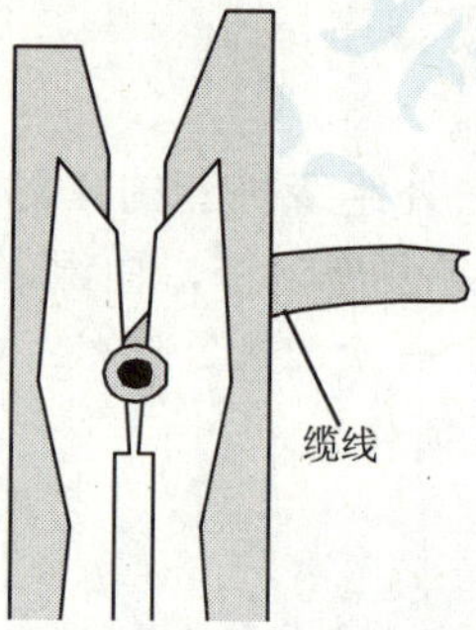

图 4-10　模块刀片压线后位置图

网络模块端接方法和步骤：

1）剥开外绝缘护套。

2）拆开 4 对双绞线。

3）拆开单绞线。

4）按照线序放入端接口，如图 4-11 所示。

5）压接和剪线，如图 4-12 所示。

6）盖好防尘帽，如图 4-13 所示。

7）永久链路测试。

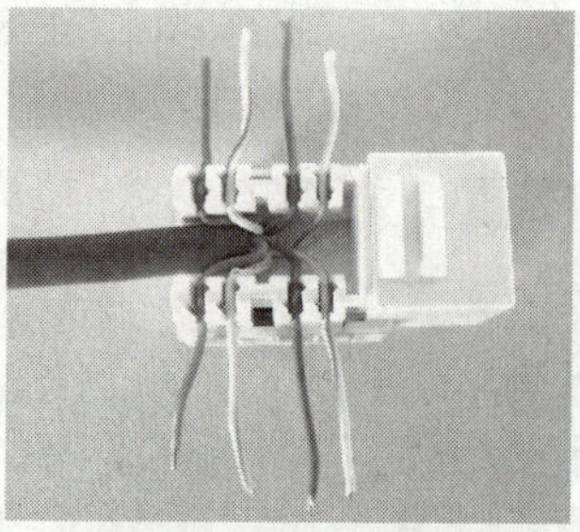

图 4-11　放入端接口

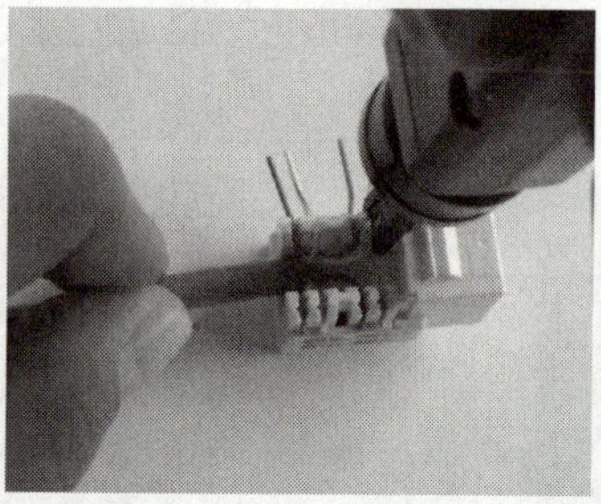

图 4-12　压接和剪线

图 4-13　盖好防尘帽

进行网络模块端接时，根据网络模块的结构，按照端接顺序和位置，将每对双绞线拆开并且端接到对应的位置，每对双绞线拆开绞绕的长度越小越好，不能为了端接方便将线对拆开很长，特别在 6 类、7 类系统端接时非常重要，直接影响永久链路的测试结果和传输速率。

4.6　5 对连接块端接原理和方法

通信配线架一般使用 5 对连接块，5 对连接块中间有 10 个双头刀片，每个刀片两头分别压接一根线芯，实现两根线芯的电气连接。

5 对连接块的端接原理为：在连接块下层端接时，将每根线在通信配线架底座上对应的接线口放好，用力快速将 5 对连接块向下压紧，在压紧过程中刀片首先快速划破线芯绝缘护套，然后与铜线芯紧密接触，实现刀片与线芯的电气连接。

5 对连接块上层端接与模块原理相同。将线逐一放到上部对应的端接口，在压接过程中刀片首先快速划破线芯绝缘护套，然后与铜线芯紧密接触实现刀片与线芯的电气连接，这样 5 对连接块刀片两端都压好线，实现了两根线的可靠的电气连接，同时裁剪掉了多余的线头。如图 4-14 所示为 5 对连接块压线前结构，如图 4-15 所示为 5 对连接块压线后结构。

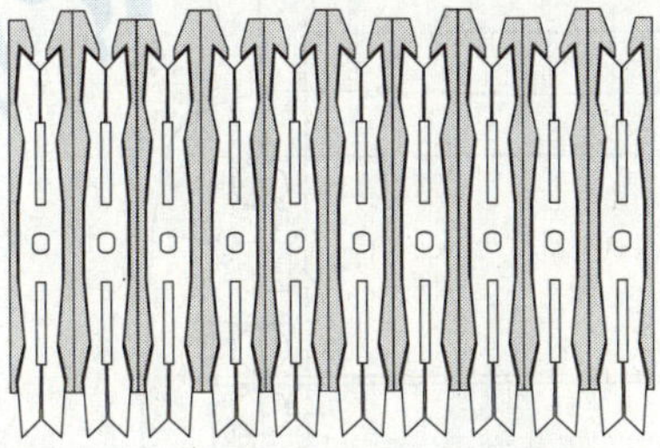

图 4-14　5 对连接块在压线前的结构

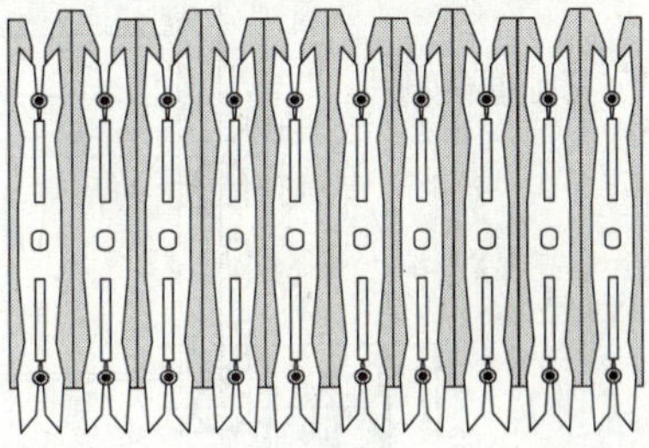

图 4-15　5 对连接块在压线后的结构

5 对连接块下层端接方法和步骤：

1）剥开外绝缘护套。

2）剥开 4 对双绞线。

3）剥开单绞线。

4）按照线序放入端接口。

5）将 5 对连接块压紧并且裁线。

5 对连接块上层端接方法和步骤：

1）剥开外绝缘护套。

2）剥开 4 对双绞线。

3）剥开单绞线。

4）按照线序放入端接口。

5）压接和剪线。

6）盖好防尘帽。

4.7　网络机柜内部配线端接

在楼层配线间和设备间内，模块化配线架和网络交换机一般安装在 19in 的机柜内。为了使安装在机柜内的模块化配线架和网络交换机美观大方且方便管理，必须对机柜内设备的安装进行规划，具体遵循以下原则：

1）一般配线架安装在机柜下部，交换机安装在其上方。

2）每个配线架之间安装一个理线架，每个交换机之间也要安装理线架。

3）正面的跳线从配线架中出来全部要放入理线架内，然后从机柜侧面绕到上部的交换机间的理线器中，再接插进入交换机端口。

一般网络机柜的安装尺寸执行中国 YD/T 1819—2008《通信设备用综合集装架》标准，具体安装尺寸如图 4-16 所示。

常见的机柜内配线架安装实物图，如图 4-17 所示。

机柜内部配线端接根据设备的安装进行，一般网络缆线进入到机柜内是直接将缆线按照顺序压接到网络配线架上，然后从网络配线架上做跳线与网络交换机连接。

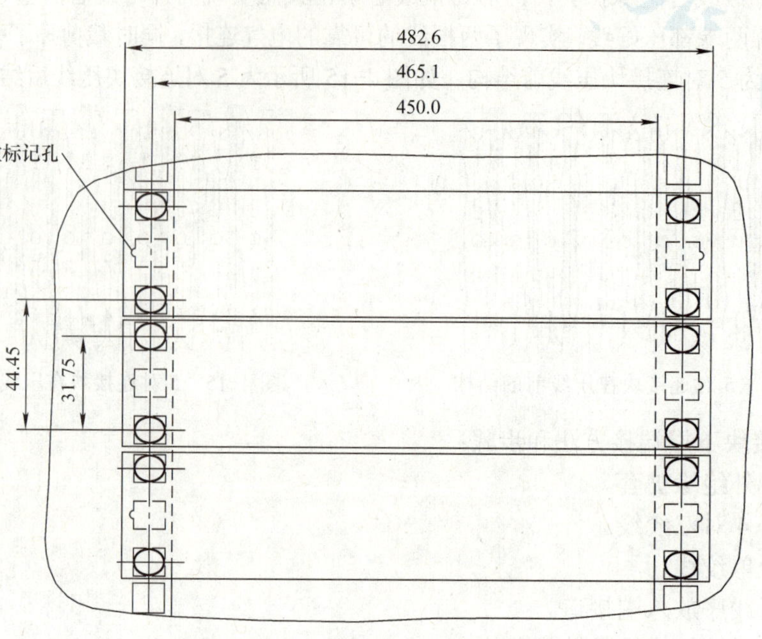

图 4-16　网络机柜的安装尺寸

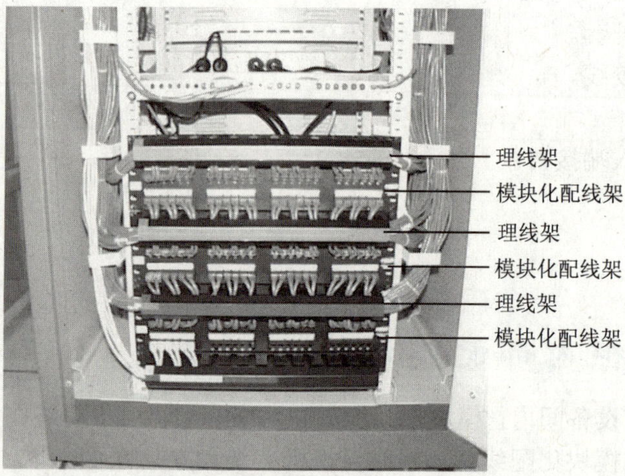

图 4-17　机柜内配线架安装实物图

4.8 配线端接工程技术实训

4.8.1 实训项目一　标准网络机柜和设备安装实训

【实训目的】

1）掌握标准网络机柜和设备的安装。

2）认识常用网络综合布线系统工程器材和设备。

3）掌握网络综合布线常用工具和操作技巧。

【实训要求】

1）设计网络机柜内设备的安装施工图。

2）完成开放式标准网络机架的安装。

3）完成 1 台 19in 7U 网络压接线实验仪的安装。

4）完成 1 台 19 in 7U 网络跳线测试实验仪的安装。

5）完成 2 个 19 in 1U 24 口标准网络配线架的安装。

6）完成 2 个 19 in 1U 110 型标准通信跳线架的安装。

7）完成 2 个 19 in 1U 标准理线环的安装。

8）完成电源的安装。

【实训设备、材料和工具】

1）开放式网络机柜底座 1 个、立柱 2 个、顶帽 1 个，电源插座和配套螺丝。

2）1 台 19 in 7U 网络压接线实验仪。

3）1 台 19 in 7U 网络跳线测试实验仪。

4）2 个 19 in 1U 24 口标准网络配线架。

5）2 个 19 in 1U 110 型标准通信跳线架。

6）2 个 19 in 1U 标准理线环。

7）配套螺丝、螺母。

8）配套十字头螺钉旋具、活扳手、内六方扳手。

【实训步骤】

1）设计网络机柜施工安装图。参考如图 4-18 所示的“西元”网络配线实训设备的结构，用 Visio 软件设计机柜设备安装位置图，如图 4-19 所示。

2）器材和工具准备。把设备开箱，按照装箱单检查数量和规格。

3）机柜安装。按照“西元”开放式机柜的安装图样把底座、立柱、顶帽、电源等进行装配，保证立柱安装垂直牢固。

4）设备安装。按照第一步设计的施工图样安装全部设备。保证每台设备位置正确、左右整齐和平直。

5）检查和通电。设备安装完毕后，按照施工图样仔细检查，确认全部符合施工图样后接通电源测试。

图 4-18 “西元”网络配线实训设备

【实训报告】

1）完成网络机柜设备安装施工图设计。

2）总结机柜设备安装流程和要点。

3）写出标准 U 机柜和 1U 设备的规格和安装孔尺寸。

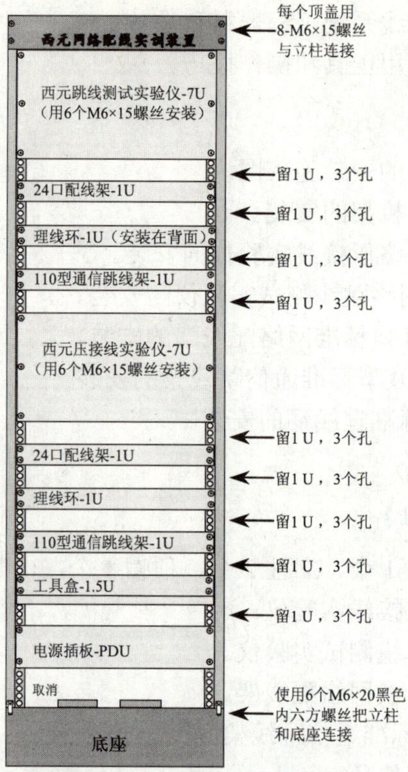

图 4-19　机柜设备安装位置图

4.8.2　实训项目二　网络模块原理端接实训

【实训目的】

1）掌握网线的色谱、剥线方法、预留长度和压接顺序。

2）掌握通信配线架模块的端接原理和方法，以及常见端接故障的排除方法。

3）掌握常用工具的使用方法和操作技巧。

【实训要求】

1）完成 6 根网线的两端剥线，不允许损伤线缆铜芯，长度合适。

2）完成 6 根网线的两端端接，共端接 96 芯线，端接正确率 100%。

3）排除端接中出现的开路、短路、跨接、反接等常见故障。

4）2 人一组，2 课时完成。

【实训设备、材料和工具】

1）“西元”牌网络配线实训装置，型号 KYPXZ- 01- 05，如图 4-18 所示。

2）实训材料包 1 个。内装长度为 500mm 的网线 6 根。

3）剥线器 1 把，打线钳 1 把，钢卷尺 1 个。

【实训步骤】

1）实训材料和工具准备。取出网线。

2）剥开外绝缘护套。利用剥线器将双绞线一端剥去外绝缘护套 2cm，在剥护套过程中不能对线芯的绝缘层或者线芯造成损伤。

3）拆开 4 对双绞线。按照对应颜色拆开 4 对双绞线，拆开 4 对双绞线时，必须按照绞绕顺序慢慢拆开，同时保护 2 根双绞线不被拆开和保持比较大的曲率半径，不能强行拆散或者硬折线对，会造成比较小的曲率半径。

4）拆开双绞线。将 4 对双绞线分别拆开。

5）打开网络压接线实验仪电源。

6）按照线序放入端接口并且端接。首先将网线一端的 8 根线放入网络压接线实验仪下边对应接线口，然后逐一压接到连接块的刀口中，实现电气连接。

端接顺序按照 T568B 线序，即从左到右依次为“白橙、橙、白绿、蓝、白蓝、绿、白棕、棕”。

7）另一端端接。重复 6)，将网线另一端 8 芯线逐一压接到网络压接线实验仪上边对应的连接块刀口中，实现电气连接，如图 4-20 所示。

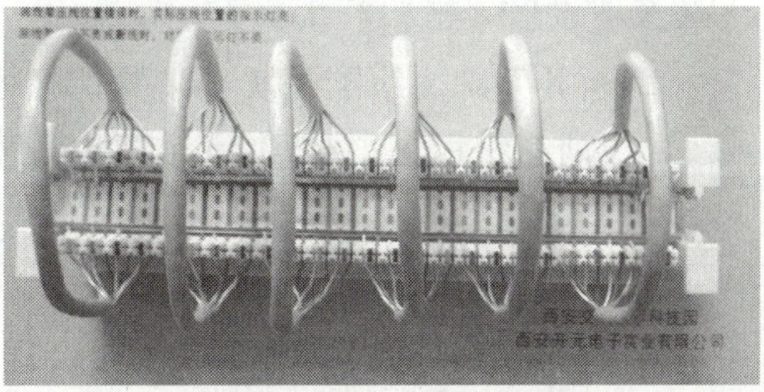

图 4-20 模块

8）故障模拟和排除。在端接每根线时，注意观察对应的指示灯，如果端接正确，则对应的指示灯会直观显示，如果出现错误，则对应的指示灯也会立即显示，这样可以及时排除端接过程中出现的故障。为了加深理解，实验过程中也可以人为模拟故障。

9）重复以上操作完成全部 6 根网线的端接。

在压接过程中，必须仔细观察对应的指示灯，如果压接完线芯，对应指示灯不亮，则说明在上、下两排中，有 1 芯线没有压接好，必须重复压接，直到指示灯亮为止。

压接完线芯，若对应指示灯不亮，而有错位的指示灯亮时，表明在上、下两排中，有 1 芯线序压错位，必须拆除错位的线芯，在正确位置上压接，直到对应的指示灯亮为止，如图 4-21 所示。

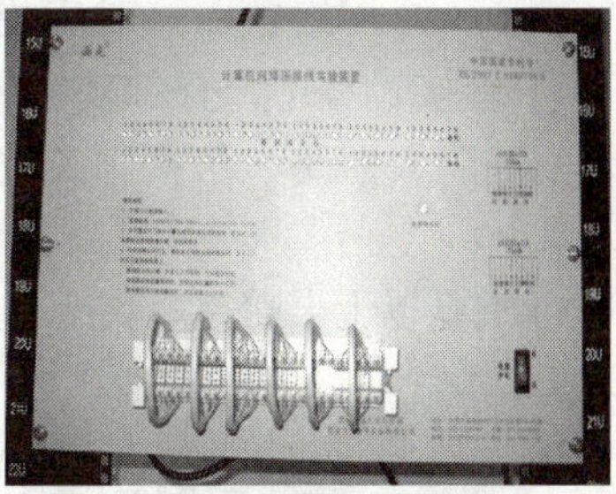

图 4-21 端接测试

【实训报告】

1）写出网络线 8 芯色谱和 T568B 端接线序。

2）写出模块端接原理。

3）写出压线钳操作注意事项。

4.8.3 实训项目三 RJ45 网络配线架端接实训（RJ45 网络配线架+西元压接线实验仪）

【实训目的】

1）熟练掌握 RJ45 网络配线架模块端接方法。

2）掌握通信跳线架模块端接原理和方法。

3）掌握常用工具的使用方法和操作技巧。

【实训要求和课时】

1）完成 6 根网线的端接：一端为 RJ45 水晶头的端接，另一端为通信配线架模块的端接。

2）完成 6 根网线的端接：一端为 RJ45 网络配线架模块的端接，另一端为通信跳线架模块的端接。

3）排除端接中出现的开路、短路、跨接、反接等常见故障。

4）2 人一组，2 课时完成。

【实训设备、材料和工具】

1）“西元”牌网络配线实训装置，型号 KYPXZ-01-05。

2）实训材料包 1 个，500mm 网线 12 根，RJ45 水晶头 6 个。

3）剥线器 1 把，打线钳 1 把，钢卷尺 1 个。

【实训步骤】

1）从实训材料包中取出 2 根网线，打开压接线实验仪电源。

2）完成第一根网线端接，网线一端进行 RJ45 水晶头端接，另一端完成与通信跳线架模块的端接，如图 4-22 所示。

3）完成第二根网线端接，形成链路：把网线一端与配线架模块端接，另一端与通信跳线架模块端接，这样就形成了一个网络链路，对应指示灯直观显示线序。

4）端接过程中，仔细观察指示灯，及时排除端接中出现的开路、短路、跨接、反接等常见故障，如图 4-23 所示。

5）重复以上步骤完成其余 5 根网线的端接，如图 4-24 所示。

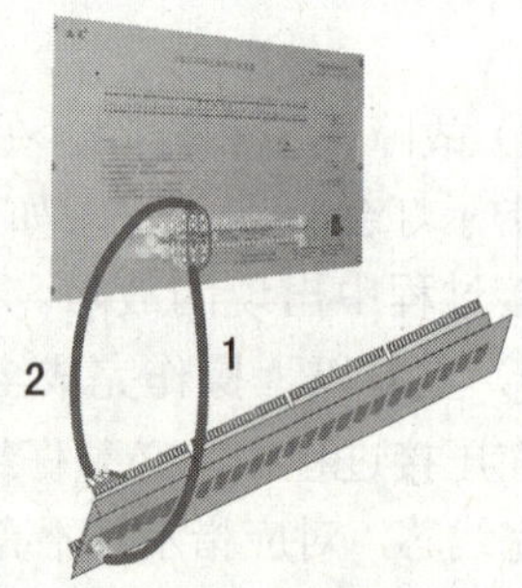

图 4-22　网线端接

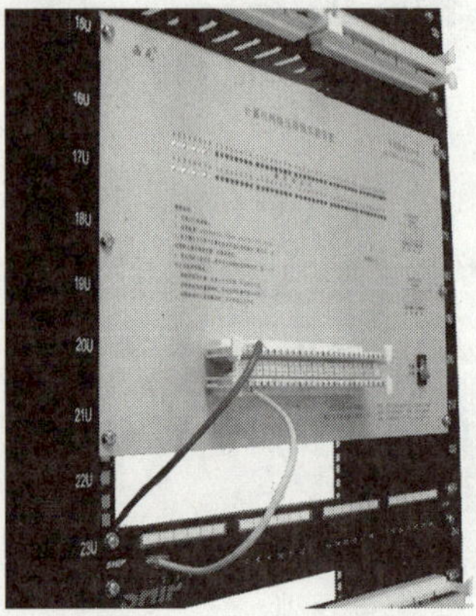
图 4-23　观察指示灯

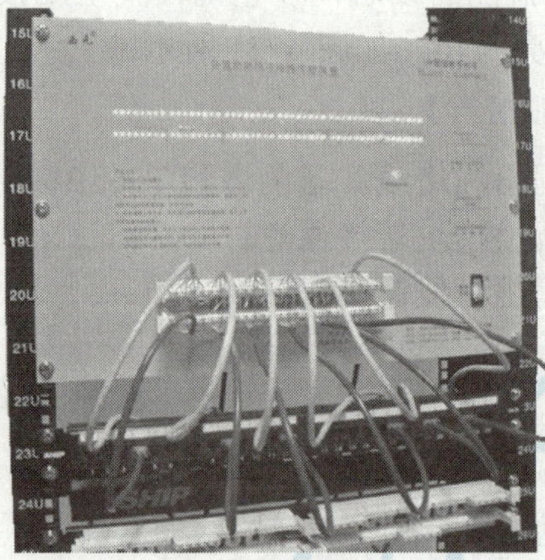
图 4-24　网线全部端接

【实训报告】

1）写出 T568A 和 T568B 端接线序。

2）写出网络配线架模块端接线的原理。

3）总结出网络配线架模块端接方法和注意事项。

4.8.4 实训项目四 110 型通信跳线架端接实训（110 型通信跳线架+RJ45 配线架+压接线实验仪）

【实训目的】

1）熟练掌握通信跳线架模块的端接方法。

2）掌握网络配线架模块的端接方法。

3）掌握常用工具的使用方法和操作技巧。

【实训要求和课时】

1）完成 6 根网线端接，一端与 RJ45 水晶头端接，另一端与通信跳线架模块端接。

2）完成 6 根网线端接，一端与网络配线架模块端接，另一端与通信跳线架模块下层端接。

3）完成 6 根网线端接，两端与两个通信跳线架模块上层端接。

4）排除端接中出现的开路、短路、跨接、反接等常见故障。

5）2 人一组，2 课时完成。

【实训设备、材料和工具】

1）“西元”牌网络配线实训装置，型号 KYPXZ-01-05。

2）实训材料包 1 个，500mm 网线 18 根，RJ45 水晶头 6 个。

3）剥线器 1 把，打线钳 1 把，钢卷尺 1 个。

【实训步骤】

1）从实训材料包中取出 3 根网线，打开压接线实验仪电源。

2）完成第一根网线端接，一端与 RJ45 水晶头端接，另一端与通信跳线架模块端接。

3）完成第二根网线端接，一端与网络配线架模块端接，另一端与通信跳线架模块下层端接。

4）完成第三根网线端接，两端分别与两个通信跳线架模块的上层端接，这样就形成了一个有 6 次端接的网络链路，对应的指示灯直观显示线序，如图 4-25 所示。

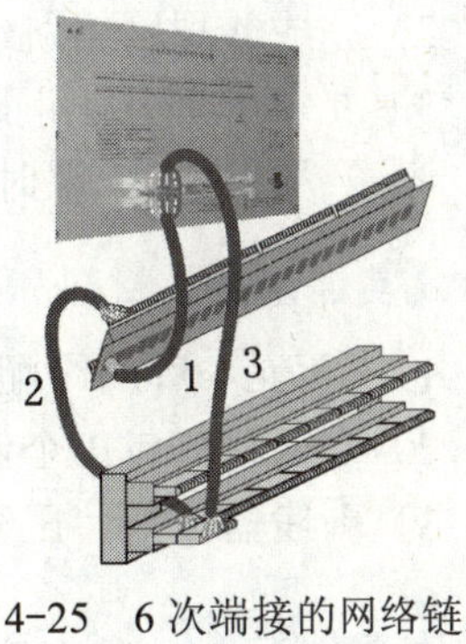

图 4-25　6 次端接的网络链路

5）端接过程中，仔细观察指示灯，及时排除端接中出现的开路、短路、跨接、反接等常见故障，如图 4-26 所示。

6）重复以上步骤完成其余 5 根网线的端接，如图 4-27 所示。

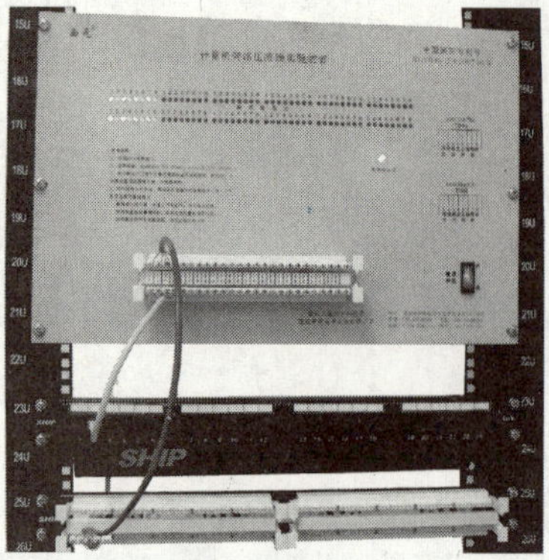

图 4-26　观察指示灯

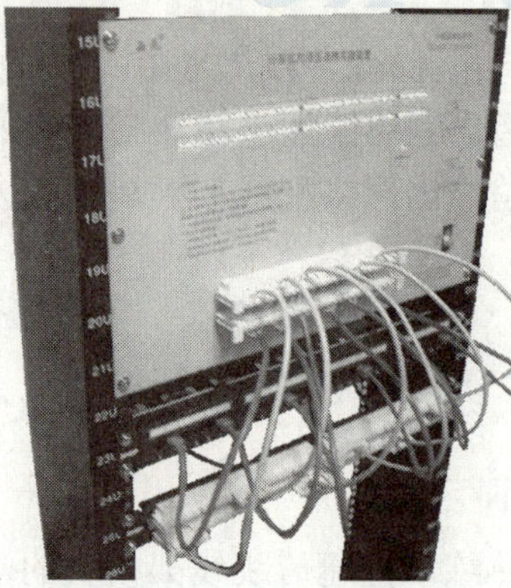

图 4-27　完成其余网线的端接

【实训报告】

1）写出通信跳线架模块端接线方法。

2）写出网络配线架模块端接线方法。

3）总结出通信跳线架模块和网络配线架模块的端接经验。

4.8.5　实训项目五　RJ45 水晶头端接和跳线制作及测试实训

【实训目的】

1）掌握 RJ45 水晶头和网络跳线的制作方法和技巧。

2）掌握网线的色谱、剥线方法、预留长度和压接顺序。

3）掌握各种 RJ45 水晶头和网络跳线的测试方法。

4）掌握网线压接常用工具的使用方法和操作技巧。

【实训要求和课时】

1）完成网线的两端剥线，不允许损伤线缆铜芯，长度合适。

2）完成 4 根网络跳线制作实训，共计压接 8 个 RJ45 水晶头。

3）要求压接方法正确，每次压接成功，压接线序检测正确，正确率 100%。

4）2 人一组，2 课时完成。

【实训设备、材料和工具】

1）“西元”牌网络配线实训装置，型号 KYPXZ-01-05。

2）实训材料包 1 个，RJ45 水晶头 8 个，500mm 网线 4 根。

3）剥线器 1 把，压线钳 1 把，钢卷尺 1 个。

【实训步骤】

1）剥开双绞线外绝缘护套。首先剪裁掉端头破损的双绞线，使用专门的剥线剪或者压线钳沿双绞线外皮旋转一圈，剥去约 30mm 的外绝缘护套，如图 4-28 和图 4-29 所示。

特别注意不能损伤 8 根线芯的绝缘层，更不能损伤任何一根铜线芯。

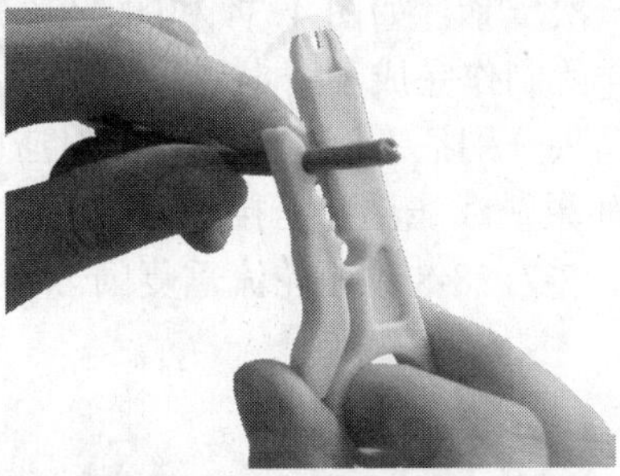

图 4-28　剥开双绞线外绝缘护套

图 4-29　抽取双绞线外绝缘护套

2）拆成 4 对双绞线。将端头已经抽去外皮的双绞线按照对应颜色拆开成为 4 对双绞线。拆开 4 对双绞线时，必须按照绞绕顺序慢慢拆开，同时保护两根单绞线不被拆开和保持比较大的曲率半径，如图 4-30 所示是正确的操作结果。不允许硬拆线对或者强行拆散，那样会形成比较小的曲率半径，如图 4-31 所示为已经将 1 对双绞线硬折成很小的曲率半径的示意图。

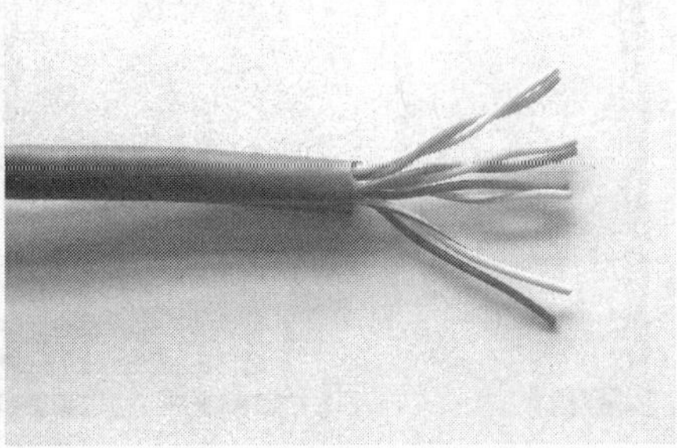

图 4-30　拆开 4 对双绞线的正确结果

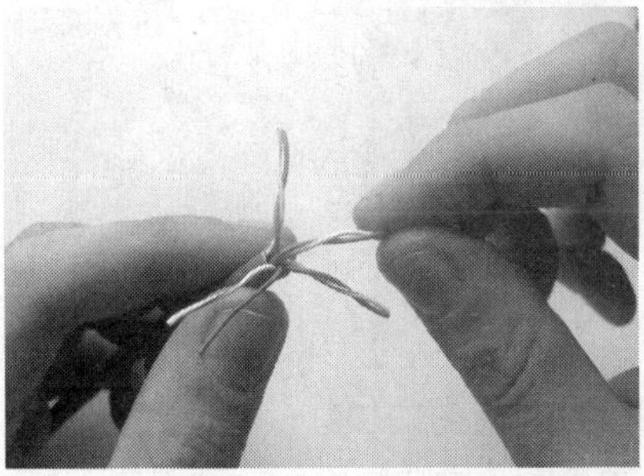

图 4-31　1 对双绞线硬折成很小的曲率半径

3）拆开双绞线。将双绞线分别拆开。注意：在 RJ45 水晶头制作和模块压接线时，线对拆开方式和长度不同。

RJ45 水晶头制作时注意，双绞线的接头处拆开线段的长度不应超过 20mm，压接好水晶头后，拆开线芯长度必须小于 13mm，过长会引起较大的近端串音。

在模块压接时，双绞线压接处拆开线段长度应该尽量短，能够满足压接就可以了，不能为了压接方便而拆开线芯过长，否则会引起较大的近端串音。

4）排好线序。把 4 对双绞线分别拆开后，将每根线轻轻捋直，按照 T568B 线序排好，在排线过程中注意从线端开始，至少 10mm 导线之间不应有交叉或者重叠。T568B 线序为白橙，橙，白绿，蓝，白蓝，绿，白棕，棕，如图 4-32 所示。

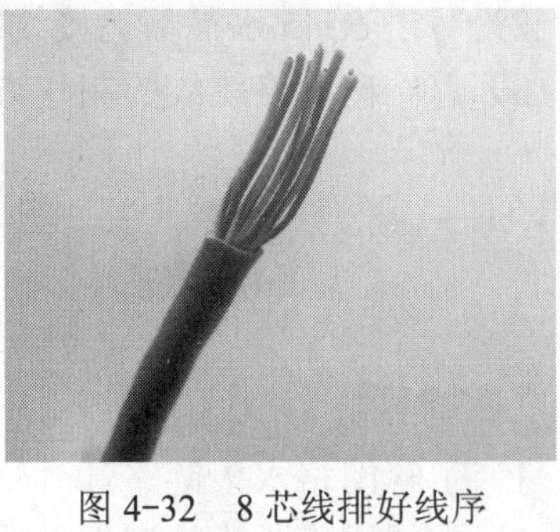

图 4-32　8 芯线排好线序

5）剪齐线端。把整理好线序的 8 根线端头一次剪掉，留 13mm 长度，如图 4-33 所示。

6）插入 RJ45 水晶头和压接。把水晶头刀片一面朝自己，将白橙线对准第一个刀片插入 8 芯双绞线，每芯线必须对准一个刀片，插入 RJ45 水晶头内，保持线序正确，而且一定要插到底，然后放入压线钳对应的刀口中，用力一次压紧，如图 4-34 和图 4-35 所示。

重复以上步骤，完成另一端水晶头的制作，这样就制作完成了一根网络跳线。

7）网络跳线测试。把网络跳线两端的 RJ45 水晶头分别插入测试仪上、下对应的插口中，观察测试仪指示灯闪烁顺序，如图 4-36 所示。如果跳线线序和压接正确，上、下对应的 8 组指示灯会按照 1-1，2-2，3-3，4-4，5-5，6-6，7-7，8-8 顺序轮流重复闪烁。

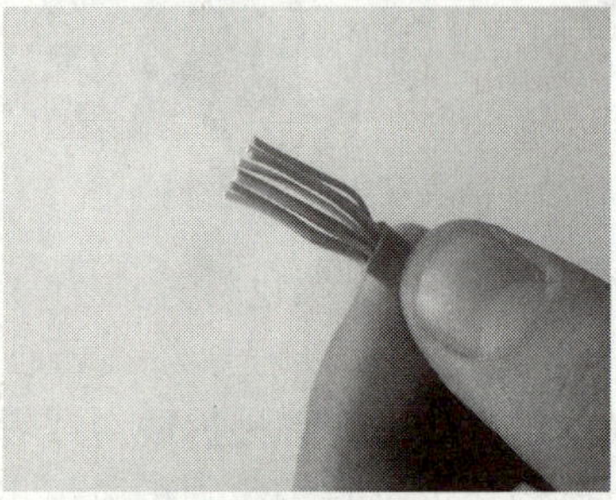

图 4-33　剪齐线端

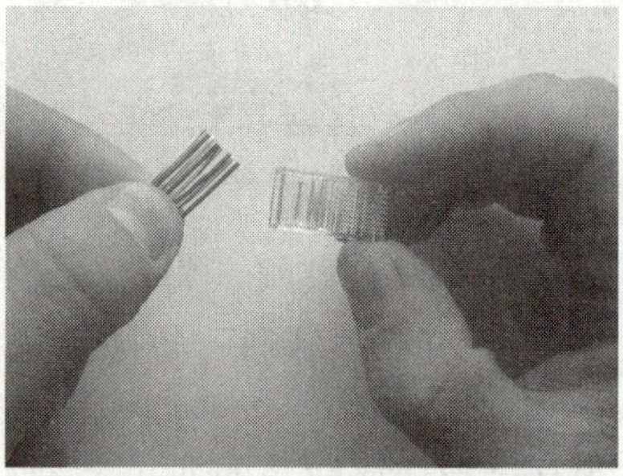

图 4-34　插入 RJ45 水晶头

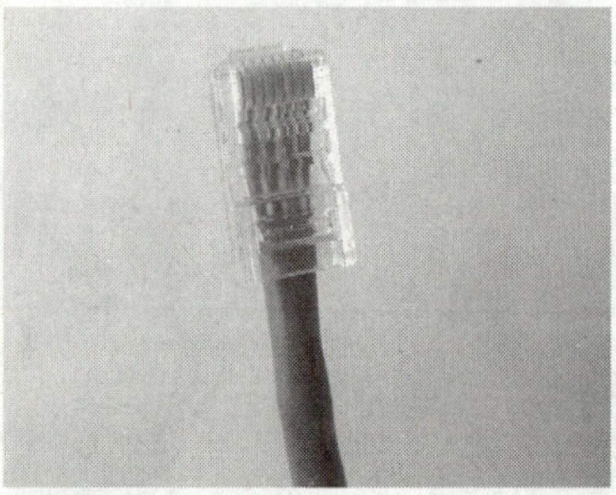

图 4-35　压接后的 RJ45 水晶头

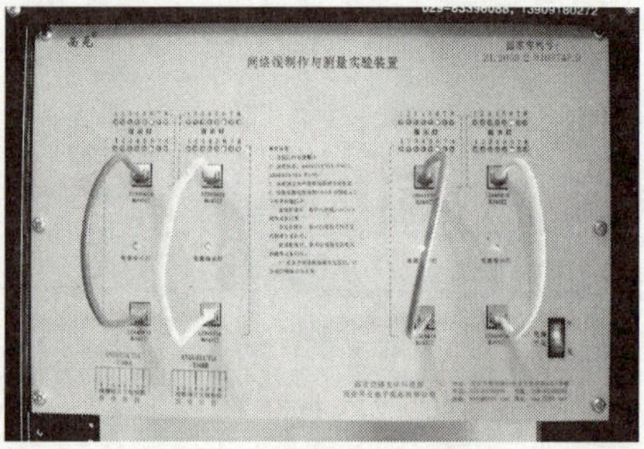

图 4-36　网络跳线测试

如果有一芯或者多芯没有压接到位，对应的指示灯不亮。

如果有一芯或者多芯线序错误，对应的指示灯将显示错误的线序。

【实训报告】

1）写出网线 8 芯色谱和 T568B 端接线序。

2）写出 RJ45 水晶头端接线的原理。

3）总结出网络跳线的制作方法和注意事项。

4.8.6　实训项目六　基本永久链路实训（RJ45 网络配线架+跳线测试仪）

【实训目的】

1）了解网络永久链路。

2）掌握网络跳线的制作方法和技巧。

3）掌握网络配线架的端接方法。

4）熟悉并掌握网络端接过程中常用的工具和操作技巧。

【实训要求和课时】

1）完成 4 根网络跳线的制作，一端插在跳线测试仪的 RJ45 口中，另一端插在配线架 RJ45 口中。

2）完成 4 根网线端接，一端 RJ45 水晶头端接并且插在跳线测试仪中，另一端在网络配线架模块端接。

3）完成 4 个网络永久链路，每个链路端接 4 次 32 芯线，端接正确率 100%。

4）2 人一组，2 课时完成。

【实训设备、材料的工具】

1）“西元”牌网络配线实训装置，型号 KYPXZ-01-05。

2）实训材料包 1 个，RJ45 水晶头 12 个，500mm 网线 8 根。

3）剥线器 1 把，压线钳 1 把，打线钳 1 把，钢卷尺 1 个。

【实训步骤】

1）从实训材料包中取出 3 个 RJ45 水晶头、2 根网线。

2）打开网络配线实训装置上的网络跳线测试仪电源。

3）按照 RJ45 水晶头的制作方法，制作第一根网络跳线，完成两端 RJ45 水晶头端接，测试合格后将一端插在跳线测试仪 RJ45 口中，另一端插在配线架 RJ45 口中。

4）把第二根网线一端首先按照 T568B 线序做好 RJ45 水晶头，然后插在跳线测试仪 RJ45 口中。

5）把第二根网线另一端剥开，将 8 芯线拆开，按照 T568B 线序端接在网络配线架模块中，这样就形成了一个 4 次端接的永久链路，如图 4-37 所示。

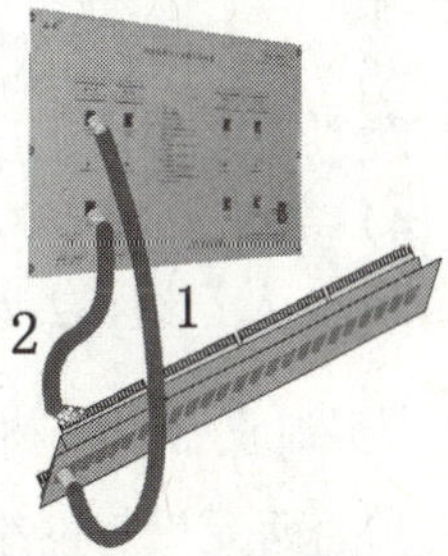

图 4-37　永久链路端接

6）测试。压接好模块后，这时对应的 8 组 16 个指示灯依次闪烁，显示线序和电气连接情况，如图 4-38 所示。

7）重复以上步骤，完成 4 个网络永久链路及其测试，如图 4-39 所示。

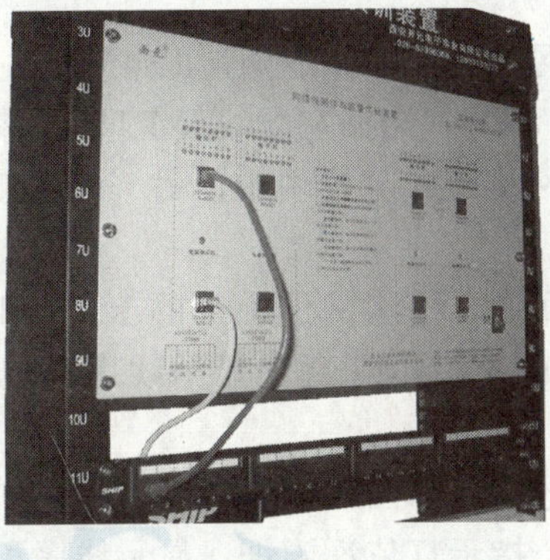
图 4-38　指示灯

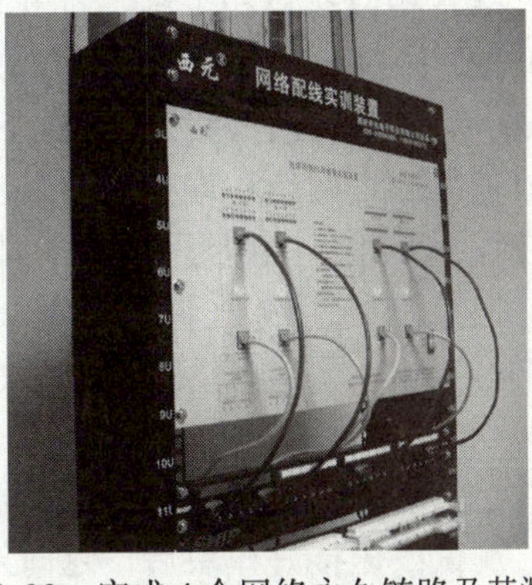

图 4-39　完成 4 个网络永久链路及其测试

【实训报告】

1）设计 1 个带 CP（集合点）的综合布线永久链路图。

2）总结永久链路的端接技术，如 T568A 和 T568B 端接线序和方法。

3）总结 RJ45 模块和 5 对连接模块端接方法。

4.8.7 实训项目七 复杂永久链路实训（110 型通信跳线架+RJ45 配线架+跳线测试仪）

【实训目的】

1）设计复杂永久链路图。

2）熟练掌握 110 型通信跳线架和 RJ45 网络配线架的端接方法。

3）掌握永久链路的测试技术。

【实训要求和课时】

1）完成 4 根网络跳线的制作，一端插在跳线测试仪的 RJ45 口中，另一端插在配线架的 RJ45 口中。

2）完成 4 根网线端接，一端端接在配线架模块中，另一端端接在通信跳线架连接块下层。

3）完成 4 根网线端接，一端 RJ45 水晶头端接并且插在跳线测试仪中，另一端端接在通信跳线架连接块上层。

4）完成 4 个网络永久链路，每个链路端接 6 次 48 芯线，端接正确率 100%。

5）2 人一组，2 课时完成。

【实训设备、材料和工具】

1）“西元”牌网络配线实训装置，型号 KYPXZ-01-05。

2）实训材料包 1 个，RJ45 水晶头 12 个，500mm 网线 12 根。

3）剥线器 1 把，压线钳 1 把，打线钳 1 把，钢卷尺 1 个。

【实训步骤】

1）准备相应材料和工具，打开相应设备电源开关。

2）按照 RJ45 水晶头的制作方法，制作第一根网络跳线，完成两端 RJ45 水晶头端接，测试合格后将一端插在跳线测试仪下部的 RJ45 口中，另一端插在配线架 RJ45 口中。

3）把第二根网线一端按照 T568B 线序端接在网络配线架模块中，另一端端接在 110 型通信跳线架下层，并且压接好 5 对连接块。

4）把第三根网线一端端接好 RJ45 水晶头，插在跳线测试仪上部的 RJ45 口中，另一端端接在 110 型通信跳线架模块上层，端接时对应指示灯直观显示线序和电气连接情况。

完成上述步骤就形成了有 6 次端接的一个永久链路，如图 4-40 所示。

5）测试：压接好模块后，这时对应的 8 组 16 个指示灯依次闪烁，显示线序和电气连接情况，如图 4-41 所示。

6）重复以上步骤，完成 4 个永久链路及其测试，如图 4-42 所示。

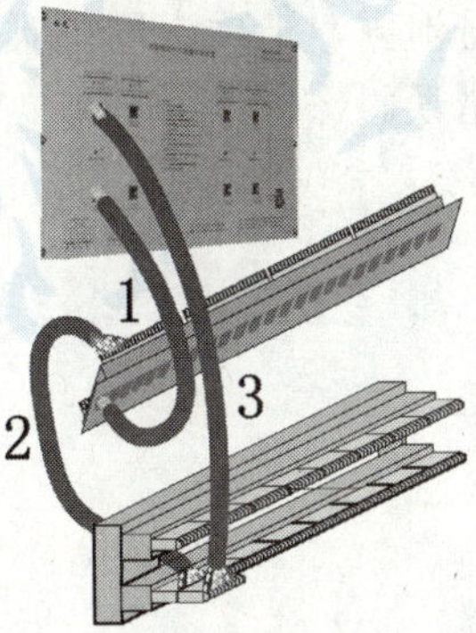

图 4-40　6 次端接的一个永久链路

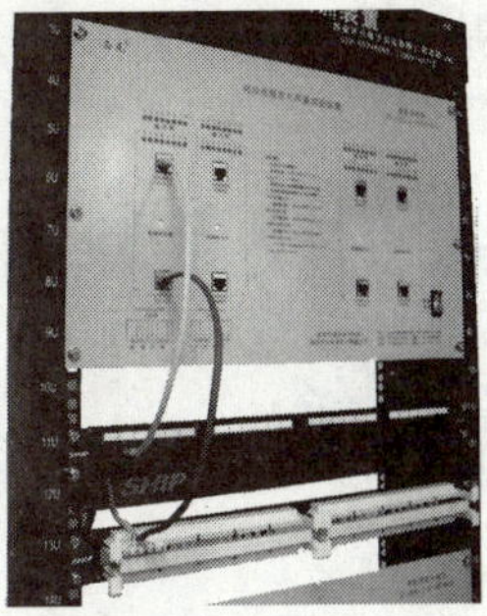

图 4-41　指示灯

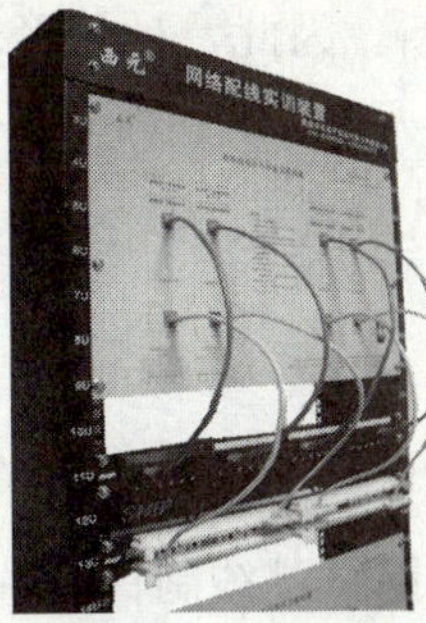

图 4-42　完成 4 个永久链路及其测试

7）永久链路技术指标测试。把永久链路的两个 RJ45 水晶头插入专业的网络测试仪器中，能够直接测量出这个链路的各项技术指标。

GB 50311 中规定的永久链路的 11 项技术参数如下：

①最小回波损耗值；②最大插入损耗值；③最小近端串音值；④最小近端串音功率；⑤最小 ACR 值；⑥最小 PSACR 值；⑦最小等电平远端串音值；⑧最小 PS ELFEXT 值；⑨最大直流环路电阻；⑩最大传播延时；⑪最大传播延时偏差。

【实训报告】

1）设计 1 个复杂永久链路图。

2）总结永久链路的端接和施工技术。

3）总结网络永久链路端接的种类和方法。

4.9　工程经验

1. 工程经验一　在配线架打线之后一定要记着做好标记

在施工中，若有几个信息点在安装配线架打线完成后，没有及时做标记，等开通网络的时候，端口怎么也对不上，这时可能需要工程师花费很大精力才能弄好。这样不但延长了施工工期，而且还增加了工程的成本。

2. 工程经验二　制作跳线不通

在制作跳线 RJ45 水晶头时，往往会遇到制作好后有些线芯不通的问题，主要的原因有两点：

1）网线线芯没有完全插到位。

2）在压线的时候没有将水晶头压紧。

3. 工程经验三　打线方法要规范

有些施工工人在打线的时候，并不是按照 T568A 或者 T568B 的打线方法进行打线的，而是按照 1、2 线对打白色和橙色，3、4 线对打白色和绿色，5、6 线对打白色和蓝色，7、8 线对打白色和棕色，这样打线在施工的过程中是能够保证线路畅通的，但是它的线路指标却是很差的，特别是近端串音指标特别差，会导致严重的信号泄露，造成上网困难和间接性中断。因此，项目经理一定要提醒制作工人不要犯这样的错误。

4.10 2010年全国职业院校技能大赛中职组《网络综合布线技术》竞赛分析

1. 网络跳线制作

按照要求制作网络跳线5根，具体要求如下：

1）1根超5类非屏蔽铜缆跳线，T568B-T568B线序，长度600 mm。

2）1根超5类非屏蔽铜缆跳线，T568A-T568B线序，长度550 mm。

3）1根超5类屏蔽铜缆跳线，T568B-T568B线序，长度550 mm。

4）1根6类非屏蔽铜缆跳线，T568B-T568B线序，长度500 mm。

5）1根6类非屏蔽铜缆跳线，T568A-T568B线序，长度450 mm。

其他要求：跳线长度误差控制在±5mm，线序正确，压接护套到位，剪掉牵引线，符合GB 50312规定，跳线测试合格。

评判要点：

1）长度按照要求制作，误差必须控制在±5mm。

2）线序正确。

3）压接护套到位。

4）两端剪掉牵引线。

5）两端线标清楚。

竞赛作品如图4-43所示。

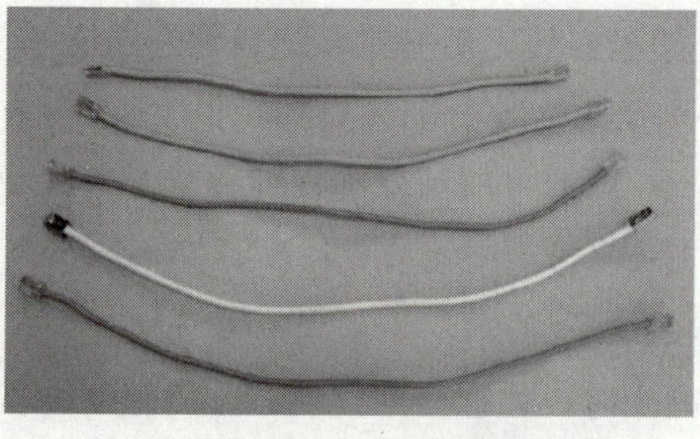

图4-43　竞赛作品

2. 测试链路端接

按照图4-44所示的路由和端接位置，在西元网络配线实训装置上，完成4组测试链路布线和端接。每组链路有3根跳线，端接6次。

每组链路的路由：仪器RJ45口→配线架RJ45口→配线架网络模块→通信跳线架模块（上排）下层→通信跳线架模块（上排）上层→仪器RJ45口。

要求链路端接正确，每段跳线长度合适，端接处拆开线对长度合适，剪掉牵引线。

该部分的评判要点：

1）链路端接正确，包括电气连通、路由正确。

2）长度合适。

3）线序和端接正确，包括剥开长度合适、位置居中无偏心。

4）两端剪掉牵引线。

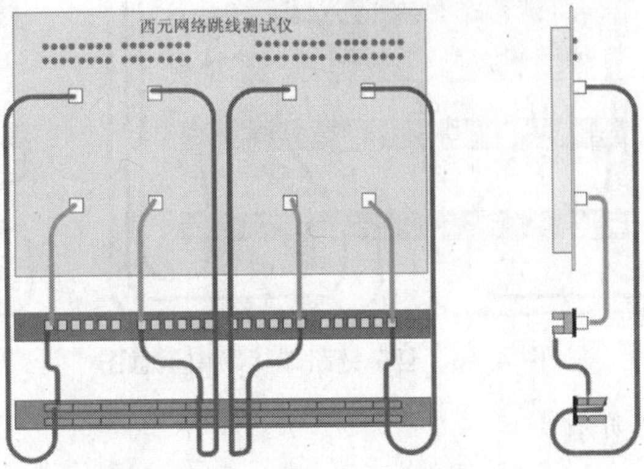

图 4-44　测试链路端接路由示意图

竞赛作品如图 4-45 所示。

a）　b）

图 4-45　竞赛作品

3．复杂链路端接

按照图 4-46 所示的路由和端接位置，在西元网络配线实训装置上，完成 6 组复杂链路布线和端接，每组链路有 3 根跳线，端接 6 次。

每组链路的路由：仪器面板网络模块（下排）→配线架 RJ45 口→配线架网络模块→通信跳线架模块（上排）下层→通信跳线架模块（上排）上层→仪器面板网络模块（上排）。

要求链路端接正确，每段跳线长度合适，端接处拆开线对长度合适，剪掉牵引线。

评判要点：

1）链路端接正确，包括电气连通、路由正确。

2）长度合适。

3）线序和端接正确，包括剥开长度合适、位置居中无偏心。

4）两端剪掉牵引线。

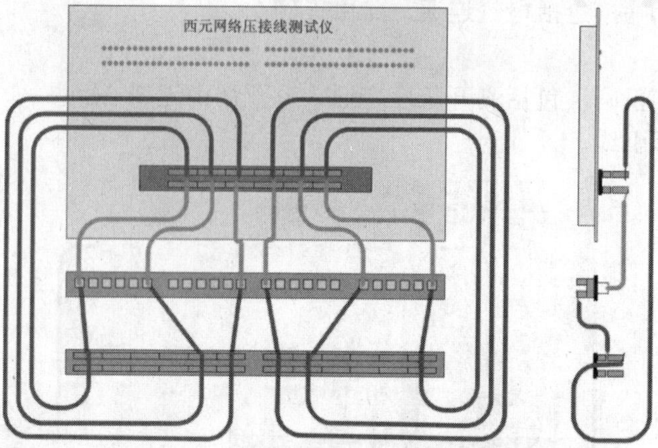

图 4-46　复杂链路端接路由示意图

竞赛作品如图 4-47 所示。

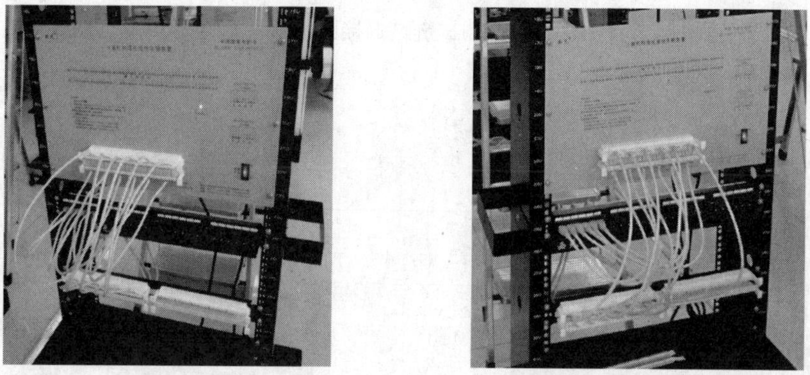

a）　　　　　　　　　　b）

图 4-47　竞赛作品

第 5 章

工作区子系统工程技术

5.1 工作区子系统概述

5.1.1 工作区子系统的概念

工作区子系统是指从信息插座延伸到终端设备的整个区域，即一个独立的需要设置终端的区域划分为一个工作区。工作区域可支持电话机、数据终端、计算机、电视机、监视器及传感器等终端设备。它包括信息插座、信息模块、网卡和连接所需的跳线，并在终端设备和输入/输出（I/O）之间搭接，相当于电话配线系统中连接话机的用户线及话机终端部分。典型的工作区子系统如图 5-1 所示。

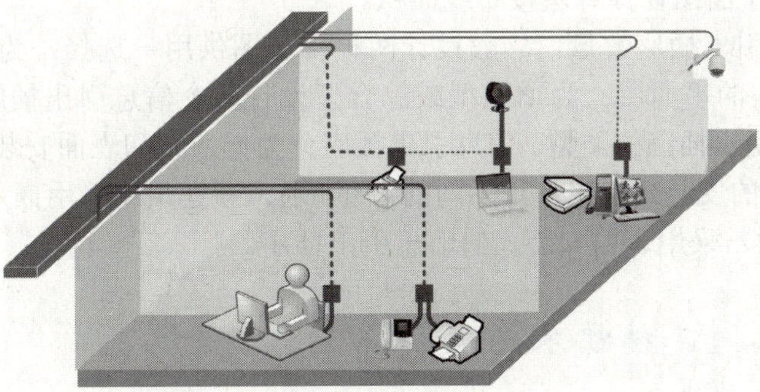

图 5-1 工作区子系统

5.1.2 工作区的划分原则

按照 GB/T 50311 国家标准规定，工作区是一个独立的需要设置终端设备的区域。工作区应由水平（配线）布线系统的信息插座延伸到终端设备处的连接电缆及适配器组成。一个工作区的服务面积可按 5～10m^2 估算，也可按不同的应用环境调整面积的大小。

5.1.3 工作区适配器的选用原则

选择适当的适配器，可使综合布线系统的输出与用户的终端设备保持完整的电器兼容。

适配器的选用应遵循以下原则：

1）在设备采用不同于信息插座的连接器时，可用专用电缆及适配器。

2）在单一信息插座上进行两项服务时，可用“Y”形适配器。

3）在水平（配线）子系统中选用的电缆类别（介质）不同于设备所需的电缆类别（介质）时，宜采用适配器。

4）在连接使用不同信号的数/模转换设备、光/电转换设备及数据传输速率转换设备等装置时，宜采用适配器。

5）为了特殊的应用而实现网络的兼容性时，可用转换适配器。

6）根据工作区内不同的电信终端设备（如 ADSL 终端）可配备相应的适配器。

5.1.4 工作区设计要点

工作区的设计原则如下：

1）工作区内线槽的敷设要合理、美观。

2）信息插座设计在距离地面 30cm 以上。

3）信息插座与计算机设备的距离保持在 5m 范围内。

4）网卡接口类型要与缆线接口类型保持一致。

5）所有工作区所需的信息模块、信息插座、面板的数量要准确。

工作区设计时，具体操作可按以下 3 步进行：

1）根据楼层平面图计算每层楼布线面积。

2）估算信息引出插座数量，一般设计两种平面图供用户选择：为基本型设计每 9m^2 一个信息引出插座的平面图；为增强型或综合型设计两个信息引出插座的平面图。

3）确定信息引出插座的类型。信息引出插座分为嵌入式和表面安装式两种，可根据实际情况，采用不同的安装式样来满足不同的需要。通常新建筑物采用嵌入式信息引出插座，而现有的建筑物通常采用表面安装式的信息引出插座。

5.1.5 信息插座连接技术要求

1. 信息插座与终端的连接形式

每个工作区至少要配置一个插座盒。对于难以再增加插座盒的工作区，至少要安装两个分离的插座盒。信息插座是终端（工作站）与水平子系统连接的接口，其中最常用的为 RJ45 信息插座，即 RJ45 连接器。

在实际设计时，必须保证每个 4 对双绞线电缆终接在工作区中一个 8 脚（针）的模块化插座（插头）上。综合布线系统可采用不同厂家的信息插座和信息插头。这些信息插座和信息插头基本上都是一样的。对于计算机终端设备，将带有 8 针的 RJ45 插头跳线插入网卡；在信息插座一端，跳线的 RJ45 水晶头连接到插座上。

虽然适配器和设备可用在几乎所有的场合，以适应各种需求；但在做出设计承诺前，必须仔细考虑将要集成的设备类型和传输信号类型。在做出上述决定时必须考虑以下 3 个因素：

1）各种设计选择方案在经济上的最佳折中。

2）系统管理的一些比较难以捉摸的因素。

3）在布线系统寿命期间移动和重新布置所产生的影响。

2．信息插座与连接器的接法

对于 RJ45 连接器与 RJ45 信息插座，与 4 对双绞线的接法主要有两种：一种是 T568A 标准，另一种是 T568B 的标准。

5.2 工作区子系统的设计原则

5.2.1 设计步骤

工作区子系统设计的一般步骤：首先与用户进行充分的技术交流，了解建筑物用途，然后要认真阅读建筑物设计图样，其次进行初步规划和设计，最后进行概算和预算。一般工作流程如下：

需求分析→技术交流→阅读建筑物图样→初步设计方案→概算→方案确认→正式设计→预算。

5.2.2 需求分析

需求分析是综合布线系统设计的首项重要工作，对后续工作的顺利开展是非常重要的，也直接影响最终工程造价。需求分析主要掌握用户的当前用途和未来扩展需要，目的是把设计对象归类，按照写字楼、宾馆、综合办公室、生产车间、会议室、商场等类别进行归类，为后续设计确定方向和重点。

需求分析首先从整栋建筑物的用途开始，然后按照楼层进行分析，最后再到楼层的各个工作区或者房间，逐步明确和确认每层和每个工作区的用途和功能，分析这个工作区的需求，规划工作区的信息点数量和位置。

现在的建筑物往往有多种用途和功能，例如，一栋 18 层的建筑物可能会有这些用途，地下 2 层为空调机组等设备安装层，地下 1 层为停车场，1～2 层为商场，3～4 层为餐厅，5～10 层为写字楼，11～18 层为宾馆。

5.2.3 技术交流

在进行需求分析后，要与用户进行技术交流，这是非常必要的。不仅要与技术负责人交流，也要与项目或者行政负责人进行交流，充分和广泛地了解用户的需求，特别是未来的发展需求。在交流中，重点了解每个房间或者工作区的用途、工作区域、工作台位置、工作台尺寸、设备安装位置等详细信息。在交流过程中必须进行详细的书面记录，每次交流结束后要及时整理书面记录，这些书面记录是初步设计的依据。

5.2.4 阅读建筑物图样和工作区编号

索取和认真阅读建筑物设计图样是不能省略的程序，通过阅读建筑物图样，掌握建筑物的土建结构、强电路径、弱电路径，特别是主要电器设备和电源插座的安装位置，重点掌握在综合布线路径上的电器设备、电源插座、暗埋管线等。在阅读图样时，进行记录或者标记，这有助于将网络和电话等插座设计在合适的位置，避免强电或者电器设备对网络综合布线系统的影响。

工作区信息点命名和编号是非常重要的一项工作，命名首先必须准确表达信息点的位置或者用途，要与工作区的名称相对应，这个名称从项目设计开始到竣工验收及后续维护最好一致。如果出现项目投入使用后用户改变了工作区名称或者编号时，则必须及时制作名称变更对应表，作为竣工资料保存。

5.2.5 初步设计

1. 工作区面积的确定

随着智能化建筑和数字化城市的普及和快速发展，建筑物的功能呈现多样性和复杂性，智能化管理系统普遍应用。建筑物的类型越来越多，大体上可以分为商业、文化、媒体、体育、医院、学校、交通、住宅、通用工业等类型。因此，对工作区面积的划分应根据应用的场合做具体的分析后确定。

工作区子系统是包括办公室、写字间、作业间、技术室等需用电话、计算机终端、电视机等设施的区域和相应设备的统称。一般建筑物设计时，网络综合布线系统工作区面积的需求见表 5-1。

表 5-1 工作区面积划分表（GB/T 50311—2007 规定）

建筑物类型及功能	工作区面积/ m^2
网管中心、呼叫中心、信息中心等终端设备较为密集的场地	3～5
办公区	5～10
会议、会展	10～60
商场、生产机房、娱乐场所	20～60
体育场馆、候机室、公共设施区	20～100
工业生产区	60～200

2. 工作区信息点的配置

一个独立的需要设置终端设备的区域宜划分为一个工作区，每个工作区需要设置一个计算机网络数据点或者语音电话点，或按用户需要设置。也有部分工作区需要支持数据终端、电视机及监视器等终端设备。

同一个房间或者同一区域面积按照不同的应用需求，其信息点种类和数量差别有时非常大。从现有的工程实际应用情况分析，有时有 1 个信息点，有时可能会有 10 个信息点，有时只需要铜缆信息模块，有时还需要预留光缆备份的信息插座模块。因为建筑物用途不一样，功能要求和实际需求也不同。信息点数量的配置，不能只按办公楼的模式确定，要考虑多功能和未来扩展的需要，尤其是对于内、外两套网络系统同时存在和使用的情况，更应加强需求分析，做出合理的配置。

每个工作区信息点数量可按用户的性质、网络构成和需求来确定。

在网络综合布线系统工程实际应用和设计中，一般按照下述面积或者区域配置来确定信息点数量。表 5-2 是根据编者多年项目设计经验给出的常见工作区信息点的配置原则，提供给设计者参考。

表 5-2　常见工作区信息点的配置原则

工作区类型及功能	安装位置	安装数量	
		数　据	语　音
网管中心、呼叫中心、信息中心等终端设备较为密集的场地	工作台处墙面或者地面	（1～2）个/工作台	2 个/工作台
集中办公区域的写字楼、开放式工作区等人员密集场所	工作台处墙面或者地面	（1～2）个/工作台	2 个/工作台
董事长、经理、主管等独立办公室	工作台处墙面或者地面	2 个/间	2 个/间
小型会议室/商务洽谈室	主席台处地面、台面会议桌地面或者台面	（2～4）个/间	2 个/间
大型会议室、多功能厅	主席台处地面、台面会议桌地面或者台面	（5～10）个/间	2 个/间
>5 000m^2 的大型超市或者卖场	收银区和管理区	1 个/100m^2	1 个/100m^2
2 000～3 000m^2 中小型卖场	收银区和管理区	1 个/（30～50）m^2	1 个/（30～50）m^2
餐厅、商场等服务业	收银区和管理区	1 个/50m^2	1 个/50m^2
宾馆标准间	床头、写字台或浴室	1 个/间，写字台	（1～3）个/间
学生公寓（4 人间）	写字台处墙面	4 个/间	4 个/间
公寓管理室、门卫室	写字台处墙面	1 个/间	1 个/间
教学楼教室	讲台附近	（1～2）个/间	
住宅楼	书房	1 个/套	（2～3）个/套

3．工作区信息点点数统计表

工作区信息点点数统计表简称为点数表，是设计和统计信息点数量的基本工具和手段。

初步设计的主要工作是完成点数统计表。初步设计的程序是在需求分析和技术交流的基础上，首先确定每个房间或者区域的信息点位置和数量，然后制作和填写点数统计表。点数统计表的做法是先按照楼层，然后按照房间或者区域逐层、逐房间地规划和设计网络数据、语音信息点数，再把每个房间规划的信息点数量填写到点数统计表对应的位置。每层填写完毕，就能够统计出该层的信息点数，全部楼层填写完毕，就能统计出该建筑物的信息点数。

点数统计表能够一次性准确和清楚地表示和统计出建筑物的信息点数量。点数统计表的格式见表 5-3。

表 5-3　建筑物网络综合布线信息点点数统计表

建筑物网络和语音信息点点数统计表													
房间或者区域编号													
楼层编号	01		03		05		07		09		数据点数合计	语音点数合计	信息点数合计
	数据	语音	数据	语音	数据	语音	数据	语音	数据	语音			
18层	3		1		2		3		3		12		
		2		1		2		3		2		10	
17层	2		2		3		2		3		12		
		2		2		2		2		2		10	
16层	5		3		5		5		6		24		
		4		3		4		5		4		20	
15层	2		2		3		2		3		12		
		2		2		2		2		2		10	
合计											60		
												50	110

点数统计表的制作方法：利用 Microsoft Excel 工作表软件进行制作，一般常用的表格格式为房间按照行表示，楼层按列表示。

第 1 行为设计项目或者对象的名称；第 2 行为房间或者区域名称；第 3 行为房间号；第 4 行为数据或者语音类别；其余行填写每个房间的数据或者语音点数量。为了清楚和方便统计，一般每个房间有两行，一行数据，一行语音。最后一行为合计数量。在点数统计表填写过程中，房间编号由小到大按照从左到右顺序填写。

第 1 列为楼层编号，填写对应的楼层编号，中间列为该楼层的房间号，为了清楚和方便统计，一般每个房间有两列，一列数据，一列语音。最后一列为合计数量。在点数统计表填写过程中，楼层编号由大到小按照从上往下顺序填写。

在填写点数统计表时，从楼层的第 1 个房间或者区域开始，逐间分析需求和划分工作区，确认信息点数量和大概位置。在每个工作区首先确定网络数据信息点的数量，然后考虑电话语音信息点的数量，同时还要考虑其他控制设备的需要，例如，在门厅和重要办公室入口位置考虑设置指纹考勤机、门禁系统网络接口等。

5.2.6　概算

在初步设计的最后要给出该项目的概算，这个概算是指整个综合布线系统工程的造价概算，当然也包括工作区子系统的造价。工程概算的计算方法公式如下：

工程造价概算=信息点数量×信息点的价格

例如，按照表 5-3 统计的 15～18 层网络数据信息点数量为 60 个，每个信息点的造价按照 200 元计算时，该工程分项造价概算=60×200 元=12 000 元。

按照表 5-3 统计的 15～18 层语音信息点数量为 50 个，每个信息点的造价按照 100 元计算时，该工程分项造价概算=50×100 元=5 000 元。

每个信息点的造价概算中应该包括材料费、工程费、运输费、管理费、税金等全部费用。材料中应该包括机柜、配线架、配线模块、跳线架、理线环、网线、模块、底盒、面板、桥架、线槽、线管等全部材料及配件。

5.2.7　初步设计方案确认

初步设计方案主要包括点数统计表和概算两个文件，因为工作区子系统信息点数量直接决定综合布线系统工程的造价，信息点数量越多，工程造价越高。工程概算的多少与选用产品的品牌和质量有直接关系，工程概算多时宜选用高质量的知名品牌，工程概算少时宜选用区域知名品牌。点数统计表和概算也是综合布线系统工程设计的依据和基本文件，因此必须经过用户确认。

用户确认的一般程序如下：

整理点数统计表→准备用户确认签字文件→用户交流和沟通→用户确认签字和盖章→设计方签字和盖章→双方存档。

用户确认签字文件至少一式 4 份，双方各两份。设计单位一份存档，一份作为设计资料。

5.2.8　正式设计

用户确认初步设计方案和概算后，就必须开始进行正式设计，正式设计主要工作为准确设计每个信息点的位置，确认每个信息点的名称或编号，核对点数统计表最终确认信息点数量，为整个综合布线工程系统设计奠定基础。

1．新建建筑物

随着 GB/T 50311—2007 国家标准的正式实施，2007 年 10 月 1 日起新建建筑物必须设计网络综合布线系统。因此，建筑物的原始设计图样中有完整的初步设计方案和网络系统图。施工方必须认真研究和读懂设计图样，特别是与弱电有关的网络系统图、通信系统图、电气图等。

如果土建工程已经开始或者封顶，必须到现场实际勘测，并且与设计图样对比。

新建建筑物的信息点底盒必须暗埋在建筑物的墙里，一般使用金属底盒，很少使用塑料底盒。

2．旧楼增加网络综合布线系统的设计

当旧楼增加网络综合布线系统时，设计人员必须到现场勘察，根据现场使用情况具体设计信息插座的位置、数量。

旧楼增加信息插座一般多为明装 86 系列插座。

3．信息点安装位置

信息点的安装位置宜以工作台为中心进行设计，如果工作台靠墙布置，信息点插座一般设计在工作台侧面的墙面，通过网络跳线直接与工作台上的计算机连接。避免信息点插座远离工作台，这样网络跳线比较长，既不美观，也可能影响网络传输速率或者稳定性，也不宜设计在工作台的前后位置。

如果工作台布置在房间的中间位置或者没有靠墙，信息点插座一般设计在工作台下面的地面，通过网络跳线直接与工作台上的计算机连接。在设计时必须准确估计工作台的位置，避免信息点插座远离工作台。

如果是集中或者开放办公区域，信息点的设计应该以每个工位的工作台和隔断为中心，将信息插座安装在地面或者隔断上。目前市场销售的办公区隔断上都预留有 2 个 86×86 系列信息点插座和电源插座安装孔。新建项目选择在地面安装插座时，有利于一次完成综合布线，适合在办公家具和设备到位前综合布线工程竣工，也适合工作台灵活布局和随时调整，但是地面安装插座施工难度比较大，地面插座的安装材料费和工程费成本是墙面插座成本的 10～20 倍。对于已经完成地面铺装的工作区不宜设计地面安装方式。对于办公家具已经到位的工作区，宜在隔断安装插座设计。

在大门入口或者重要办公室门口宜设计门禁系统信息点插座。

在公司入口或者门厅宜设计指纹考勤机、电子屏幕使用的信息点插座。

在会议室主席台、发言席、投影机位置宜设计信息点插座。

在各种大卖场的收银区、管理区、出入口宜设计信息点插座。

4. 信息点面板

每个信息点面板的设计非常重要，首先必须满足使用功能需要，然后考虑美观，其次还要考虑费用成本等。

地弹插座面板一般为黄铜制造，只适合在地面安装，每只市场售价为 100～200 元。地弹插座面板一般都具有防水、防尘、抗压功能，使用时打开盖板，不使用时，盖好盖板与地面高度相同。地弹插座有双口 RJ45、双口 RJ11、单口 RJ45+单口 RJ11 组合等规格，外形有圆形也有方形。地弹插座面板不能安装在墙面。

墙面插座面板一般为塑料制造，只适合在墙面安装，每只市场售价为 5～20 元，具有防尘功能，使用时打开防尘盖，不使用时，防尘盖自动关闭。墙面插座面板有双口 RJ45、双口 RJ11、单口 RJ45+单口 RJ11 组合等规格。墙面插座面板不能安装在地面，因为塑料结构容易损坏，而且不具备防水功能，灰尘和垃圾等进入插口后无法清理。

桌面型面板一般为塑料制造，适合安装在桌面或者台面，在综合布线系统设计中很少应用。

信息点插座底盒常见的有两个规格，适合墙面或者地面安装。墙面安装底盒为长 86mm，宽 86mm 的正方形盒子，设置有 2 个 M4 螺孔，孔距为 60mm，又分为暗装和明装两种，暗装底盒的材料有塑料和金属材质两种，暗装底盒外观比较粗糙。明装底盒外观美观，一般由塑料注塑。

地面安装底盒比墙面安装底盒大，其为长 100mm，宽 100mm 的正方形盒子，深度为 55mm（或 65mm），设置有两个 M4 螺孔，孔距为 84mm，一般只有暗装底盒，由金属材质一次冲压成型，表面电镀处理。面板一般为黄铜材料制成，常见有方形和圆形面板两种，方形的长为 120mm，宽为 120mm。

5. 图样设计

综合布线系统工作区信息点的图样设计是综合布线系统设计的基础工作，直接影响工程造价和施工难度，大型工程也直接影响工期，因此工作区子系统信息点的设计工作非常重要。

在一般综合布线工程设计中，不会单独设计工作区信息点布局图，而是综合在网络系统图样中。为了清楚地说明信息点的位置和设计的重要性，在 5.3 节将给出各种常见工作区信息点的位置设计图。

5.3 工作区子系统的设计实例

5.3.1 设计实例一 独立单人办公室信息点设计

设计独立单人办公室信息点时，信息插座可以设计为安装在墙面或地面两种，布局如图 5-2 所示。

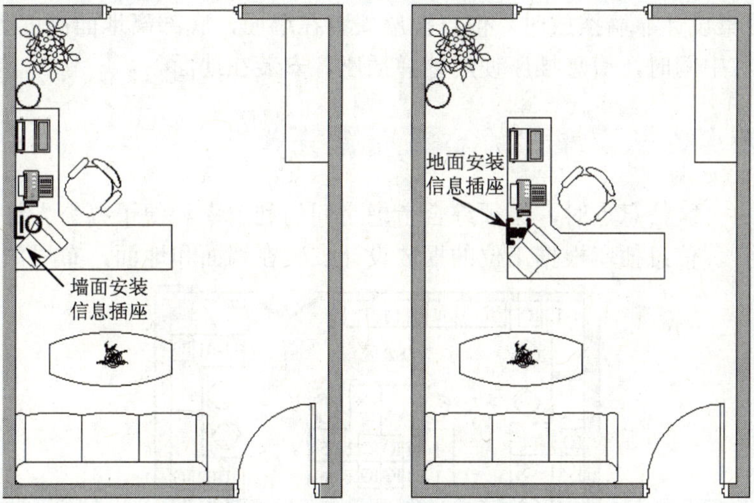

图 5-2 独立单人办公室信息点设计图

说明：

1）设计独立单人办公室信息点时必须考虑有数据点和语音点。

2）当办公桌设计靠墙摆放时，信息插座安装在墙面，底部离地面高度宜为 300mm；当办公桌摆放在中间时，信息插座使用地弹插座，安装在地面。

3）办公室内安装设备有计算机、传真机、打印机等。

5.3.2 设计实例二 独立多人办公室信息点设计

设计独立多人办公室信息点时，信息插座可以设计为安装在墙面或地面两种，布局如图 5-3 所示。

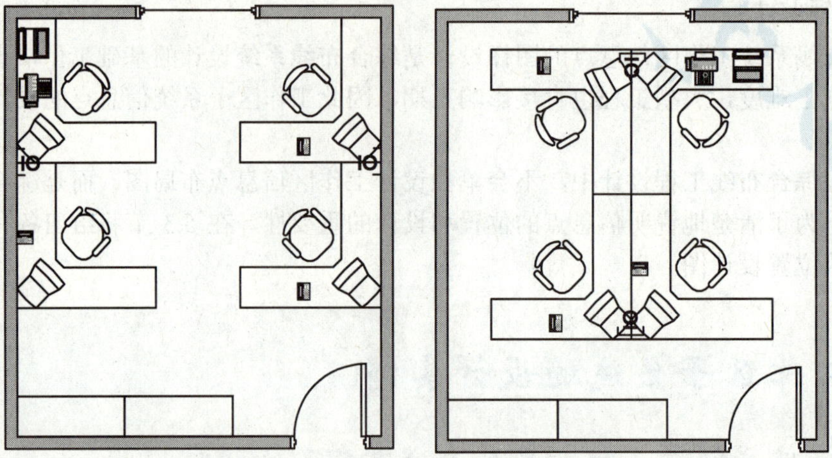

图 5-3　独立多人办公室信息点设计图

说明：

1）设计独立多人办公室信息点时必须考虑多个数据点和语音点。

2）当办公桌设计靠墙摆放时，信息插座安装在墙面，底部离地面高度宜为 300mm。当办公桌摆放在中间时，信息插座使用地弹插座，安装在地面。

5.3.3　设计实例三　集中办公区信息点设计

设计集中办公区信息点时，必须综合考虑空间的利用率和便于办公人员工作等因素，进行合理的设计，信息插座根据工位的摆放设计安装在墙面和地面，布局如图 5-4 所示。

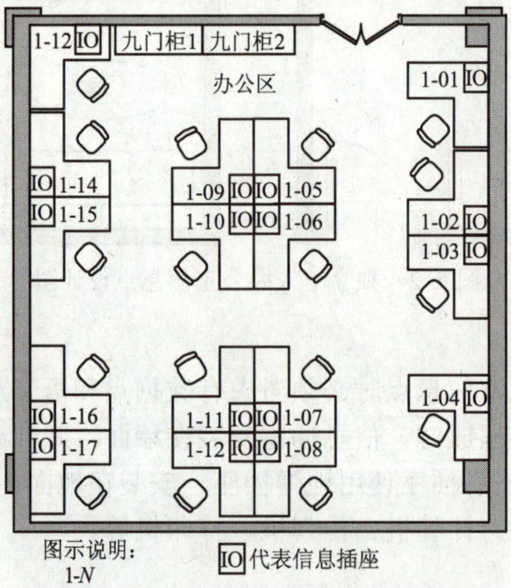

图 5-4　集中办公区信息点设计图

说明：

1）该集体办公环境面积 60m^2，可供 17 人办公。

2）设计 34 个信息点，其中 17 个数据点，17 个语音点。每个信息插座上包括 1 个数据、1 个语音。

3）每个点铺设 1 根 4-UTP 超 5 类网线，数据和语音共用一根超 5 类网线。

4）墙面的 9 个信息插座安装高度底部离地面为 300mm。中间 8 个信息点使用地弹插座安装在地面。

5）所有信息插座使用双口面板安装。

6）所有布线使用 PVC 管暗埋铺设。

5.3.4 设计实例四 会议室信息点设计

在设计会议室的信息点时，一般在会议讲台处至少设计 1 个信息点，便于设备的连接和使用。在会议室墙面的四周也可以考虑设计一些信息点，如图 5-5 所示。

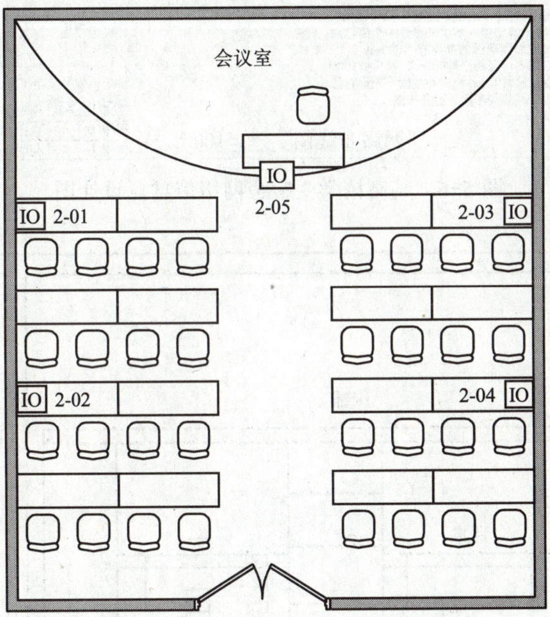

图 5-5 会议室信息点设计图

5.3.5 设计实例五 学生宿舍信息点设计

随着高校的信息化建设，学生宿舍也开始逐步配备信息接口，以满足学生学习的需要。在设计学生宿舍时，就要考虑信息点的布局，如果学生宿舍每个房间供 4 人住宿，那么每个房间设计 4 个网络信息点。同时为了便于信息点的开通和以后的维护，必须对房间编号，从而对缆线编号，如图 5-6 所示。信息点的编号一般是根据房间的编号编制的，编号原则：房间号-线号，例如，101 房间编号为 101-1、101-2、101-3、101-4。

同时根据学校对学生住宿的规划、房间家具的摆放，合理地设计信息插座位置。一般高校学生宿舍床铺的下部为学习、生活区，安装有课桌和衣柜等，上部为床铺，这样就要根据床和课桌的位置安装信息插座，如图 5-7 所示。

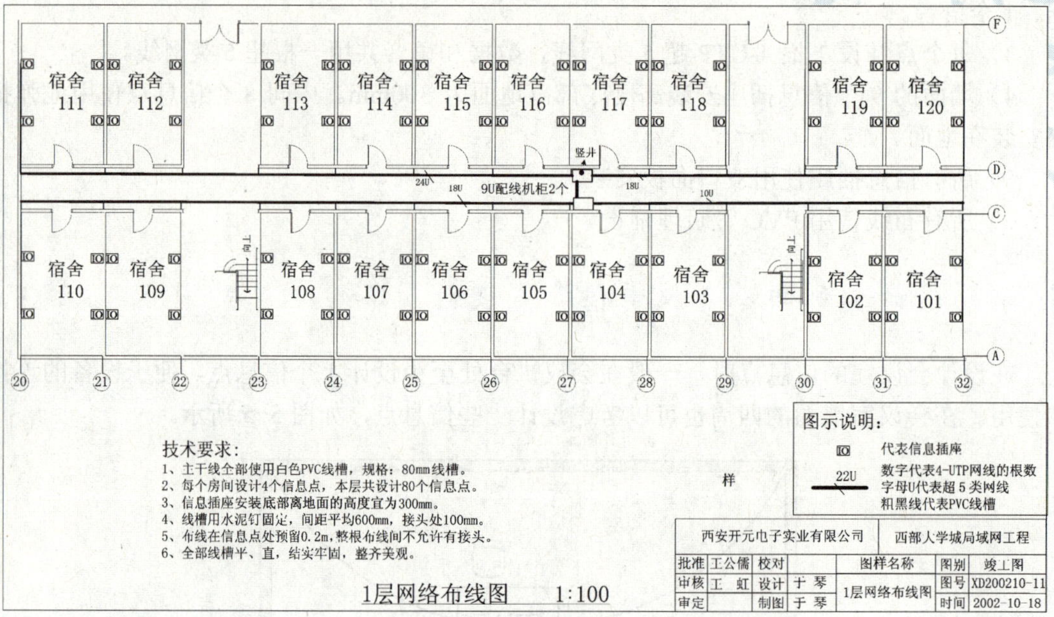

图 5-6　某高校学生宿舍网络信息点设计图

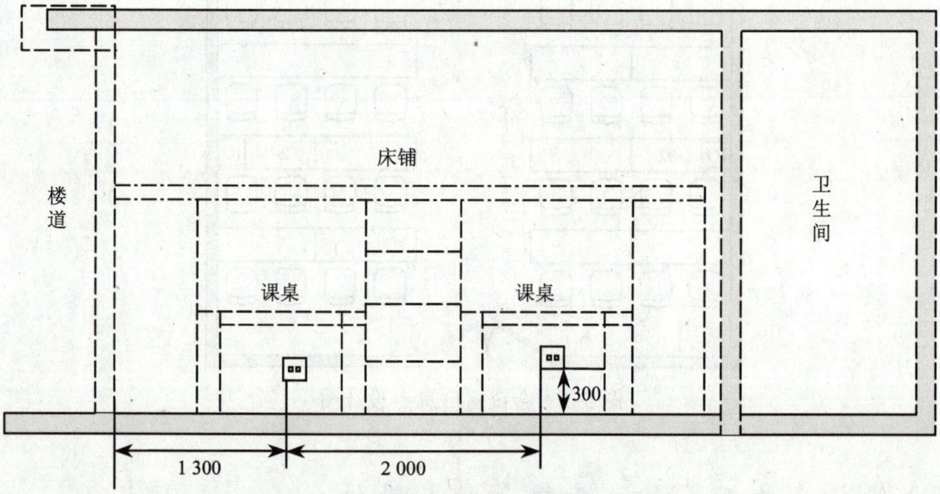

图 5-7　某高校学生宿舍信息插座位置设计图

5.3.6　设计实例六　超市信息点设计

在大型超市的综合布线设计中，主要信息点一般集中在收银区和管理区，选购区设置很少的信息点，如图 5-8 所示。如果不能确定其用途和布局时，可以在建筑物的墙面和柱子上设置一定数量的信息插座，以便今后使用。收银区地面插座必须安装具有防水、抗压、防尘的 120 系列铜质地弹插座，墙面安装 86 系列塑料面板插座，信息插座底部离地面的高度宜为 300mm。

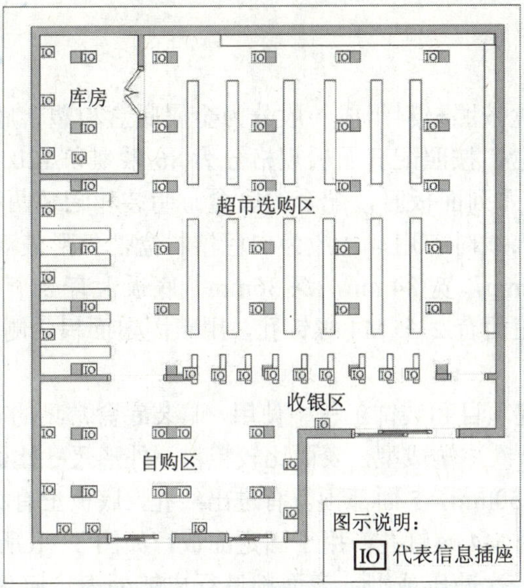

图 5-8　某超市网络信息点的设计

5.4　工作区子系统的工程技术

5.4.1　标准要求

在 GB/T 50311—2007《综合布线系统工程设计规范》第 6 章的安装工艺要求内容中，对工作区的安装工艺提出了具体要求。安装在地面上的接线盒应防水和抗压，安装在墙面或柱子上的信息插座底盒、多用户信息插座盒及集合点配线箱体的底部离地面的高度宜为 300mm。工作区的电源每 1 个工作区至少应配置 1 个 220V 交流电源插座，电源插座应选用带保护接地的单相电源插座，保护接地与零线应严格分开。

5.4.2　信息点安装位置

教学楼、学生公寓、实验楼、住宅楼等不需要进行二次区域分割的工作区，信息点宜设计在非承重的隔墙上，宜在设备使用位置或者附近。

写字楼、大厅等需要进行二次分割和装修的区域，宜在四周墙面设置，也可以在中间的立柱上设置，要考虑二次隔断和装修时扩展的方便性和美观性。大厅、展厅、商业收银区在设备安装区域的地面宜设置足够多的信息点插座。墙面插座底盒下缘距离地面高度为 300mm，地面插座底盒低于地面。

学生公寓等信息点密集的隔墙，宜在隔墙两面对称设置。

银行营业大厅的对公区、对私区和 ATM 自助区信息点的设置要考虑隐蔽性和安全性，特别是离行式 ATM 机的信息点插座不能暴露在客户区。

指纹考勤机、门禁系统信息点插座的高度宜参考设备的安装高度进行设置。

5.4.3 底盒安装

网络信息点插座底盒按照材料组成一般分为金属底盒和塑料底盒；按照安装方式一般分为暗装底盒和明装底盒；按照配套面板规格分为86系列和120系列。

一般在墙面安装86系列面板时，配套的底盒有明装和暗装两种。明装底盒经常在改、扩建工程墙面明装方式布线时使用，一般为白色塑料盒，外形美观，表面光滑，外形尺寸比面板稍小一些，长84mm，宽84mm，深36mm，底板上有2个直径6mm的安装孔，用于将底座固定在墙面，正面有2个M4螺钉孔，用于固定面板，侧面预留有上、下进线孔，如图5-9a所示。

暗装底盒一般在新建项目和装饰工程中使用，暗装底盒常见的有金属和塑料两种。暗装塑料底盒一般为白色，一次注塑成型，表面比较粗糙，外形尺寸比面板小一些，常见尺寸为长80mm，宽80mm，深50mm，5面都预留有进出线孔，底板上有2个安装孔，用于将底座固定在墙面，正面有2个M4螺钉孔，用于固定面板，如图5-9b所示。

暗装金属底盒一般一次冲压成型，表面都进行电镀处理，避免生锈，尺寸与暗装塑料底盒基本相同，如图5-9c所示。

a）　　　　b）　　　　c）

图5-9　底盒

a）明装底盒　b）暗装塑料底盒　c）暗装金属底盒

暗装底盒只能安装在墙面或者装饰隔断内，安装面板后就隐蔽起来了。施工中不允许把暗装底盒明装在墙面上。

暗装塑料底盒一般在土建工程施工时安装，直接与穿线管端头连接固定在建筑物墙或立柱内，外沿低于墙面10mm，中心距离地面高度为300mm，或者按照施工图样规定高度安装。底盒安装好后，必须用螺钉或者水泥沙浆固定在墙内，如图5-10所示。

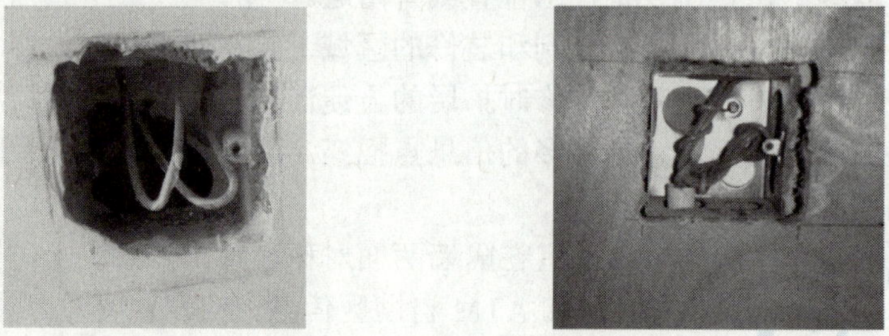

图5-10　墙面暗装底盒

需要在地面安装网络插座时，网络插座盖板必须具有防水、抗压和防尘功能，一般选用

120 系列金属面板。配套的底盒宜选用金属底盒。一般的金属底盒比较大，常见规格为长 100mm，宽 100mm，中间有 2 个固定面板的螺钉孔，5 个面都预留有进出线孔，如图 5-11 所示。地面金属底盒安装后一般应低于地面 10～20mm，注意这里的地面是指装修后的地面。

图 5-11　地面暗装底盒、信息插座

在扩建、改建和装饰工程过程中安装网络面板时，为了美观，一般宜采用暗装底盒，必要时要在墙面或者地面进行开槽安装，如图 5-12 所示。

各种底盒安装时，一般按照下列步骤进行：

1）目视检查产品的外观：特别要检查底盒上的螺钉孔是否正常，如果其中有一个螺钉孔损坏时坚决不能使用。

2）取掉底盒挡板：根据进出线方向和位置，取掉底盒预设孔中的挡板。

3）固定底盒：明装底盒按照设计要求用膨胀螺钉直接固定在墙面，如图 5-13 所示。暗装底盒首先使用专门的管接头把线管和底盒连接起来，这种专用接头的管口有圆弧，既方便穿线，又能保护缆线不会被划伤或者损坏，然后用膨胀螺钉或者水泥沙浆固定底盒。

4）成品保护：暗装底盒一般在土建过程中进行，因此，在底盒安装完毕后，必须进行成品保护，特别是安装螺钉孔，防止水泥沙浆灌入螺钉孔或者穿线管内。一般做法是，在底盒螺钉孔和管口塞纸团，也有用胶带纸保护螺钉孔的做法。

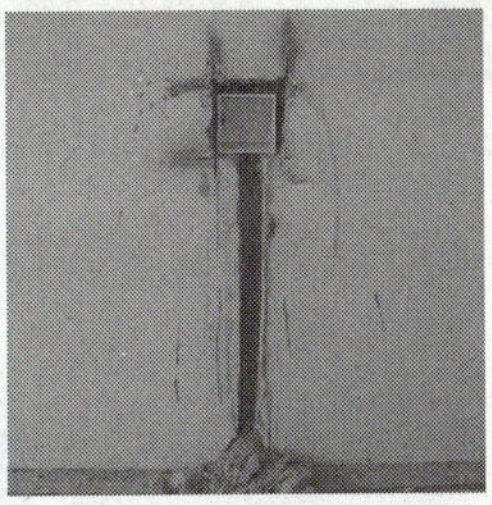

图 5-12　装修墙面暗装底盒

图 5-13　装修墙面明装底盒

5.4.4　模块安装

网络数据模块和电话语音模块的安装方法基本相同，一般安装顺序如下：

准备材料和工具→清理和标记→剪掉多余线头→剥线→压线→压防尘盖。

模块安装时，一般按照下列步骤进行：

1）准备材料和工具。在每天开工前进行，必须一次领取半天工作需要的全部材料和工具，主要包括网络数据模块、电话语音模块、标记材料、剪线工具、压线工具、工作小凳等，将半天施工需要的全部材料和工具装入一个工具箱（包）内，随时携带，不要在施工现场随地乱放。

2）清理和标记。清理和标记工作非常重要。在实际工程施工中，一般底盒安装和穿线较长时间后，才能开始安装模块，因此安装前首先清理底盒内堆积的水泥沙浆或者垃圾，然后将双绞线从底盒内轻轻地取出，清理表面的灰尘重新做编号标记，标记位置距离管口约 60～80mm，注意做好新标记后才能取消原来的标记。

3）剪掉多余线头。剪掉多余线头是必须的，因为在穿线施工中双绞线的端头进行了捆扎或者缠绕，管口预留也比较长，双绞线的内部结构可能已经破坏，一般在安装模块前都要剪掉多余部分的长度，留出 100～120mm 长度用于压接模块或者检修。

4）剥线。首先使用专业剥线器剥掉双绞线的外皮，剥掉双绞线外皮的长度为 15mm，特别注意不要损伤线芯和线芯绝缘层。

5）压线。剥线完成后按照模块结构将 8 芯线分开，逐一压接在模块中。压接方法必须正确，一次压接成功。

6）装好防尘盖。模块压接完成后，将模块卡接在面板中，然后立即安装面板。如果压接模块后不能及时安装面板，必须对模块进行保护，一般做法是在模块上套一个塑料袋，避免土建墙面施工污染。

做好线标和压接好模块的土建暗装底盒如图 5-14 所示。

压接好模块的墙面明装底盒如图 5-15 所示。

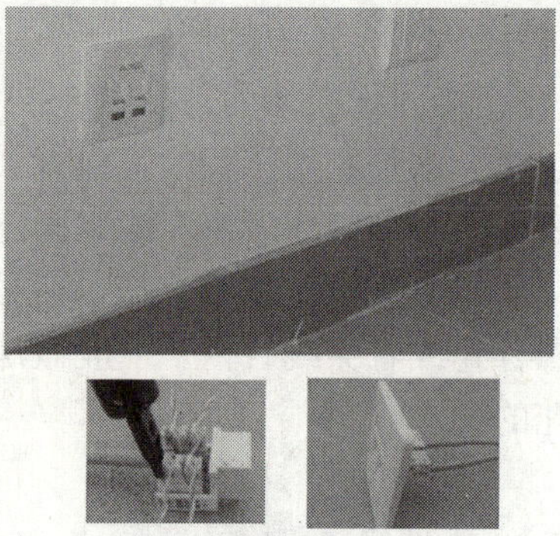

图 5-14　做好线标和压接好模块的土建暗装底盒

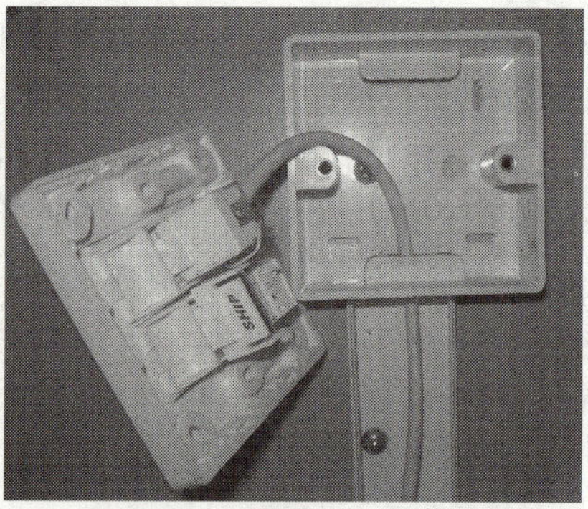

图 5-15　压接好模块的墙面明装底盒

5.4.5　面板安装

面板安装是信息插座安装的最后一个工序，一般应该在端接模块后立即进行，以保护模块。安装时将模块卡接到面板接口中。如果双口面板上有网络和电话插口标记时，按照标记口位置安装。如果双口面板上没有标记时，宜将网络模块安装在左边，电话模块安装在右边，并且在面板表面做好标记。

5.5　工作区子系统的工程技术实训项目

5.5.1　实训项目一　工作区信息点点数统计表制作实训

【实训目的】

1）通过工作区信息点点数统计表项目实训，掌握各种工作区信息点位置和数量的设计要点和统计方法。

2）熟练掌握信息点点数统计表的设计和应用方法。

3）掌握项目概算方法。

4）训练工程数据表格的制作的能力。

【实训要求】

1）完成一个多功能智能化建筑的网络综合布线系统工程信息点的设计。

2）使用 Microsoft Excel 工作表软件完成点数统计表。

3）完成工程概算。

实训模型 1：一栋 18 层的建筑物可能会有这些用途，地下 2 层为空调机组等设备安装层，地下 1 层为停车场，1～2 层为商场，3～4 为餐厅，5～10 写字楼，11～18 层为宾馆。

给出可以进行点数统计的必要条件，注意设置一些变化原因。

实训模型 2：一栋 7 层研究大楼给出可以进行点数统计的必要条件，注意设置一些变化原因。

实训模型 3：学生比较熟悉的教学楼或者宿舍楼。

【实训步骤】

1）分析项目用途，归类。例如，教学楼、宿舍楼、办公楼等。

2）工作区分类和编号。

3）制作点数统计表。

4）填写点数统计表。

5）工程概算。

【实训报告要求】

1）完成信息点的命名和编号。

2）掌握点数统计表的制作方法，计算出全部信息点的数量和规格。

3）完成工程概算。

4）基本掌握 Microsoft Excel 工作表软件在工程技术中的应用。

5）总结实训经验和方法。

5.5.2 实训项目二　网络插座的安装实训

【实训目的】

1）通过设计工作区信息点的位置和数量，熟练掌握工作区子系统的设计和点数统计表的制作。

2）通过信息点插座的安装，熟练掌握工作区信息点的施工方法。

3）通过核算、列表、领取材料和工具，训练规范施工的能力。

【实训要求】

1）设计一种多人办公室信息点的位置和数量，并且绘制设计图。

2）按照设计图，核算实训材料规格和数量，掌握工程材料核算方法，列出材料清单。

3）按照设计图，准备实训工具，列出实训工具清单。

4）独立领取实训材料和工具。

5）独立完成工作区信息点的安装。

【实训材料和工具】

1）86 系列明装塑料底盒和螺钉若干。

2）单口面板、双口面板和螺钉若干。

3）RJ45 网络模块+RJ11 电话模块若干。

4）网络双绞线若干。

5）十字头螺钉旋具，长度 150mm，用于固定螺钉，一般每人 1 把。

6）压线钳，用于压接 RJ45 网络模块和电话模块，一般每人 1 把。

【实训设备】

“西元”牌网络综合布线实训装置 1 套。产品型号：KYSYZ-12-1233，如图 5-16 所示。

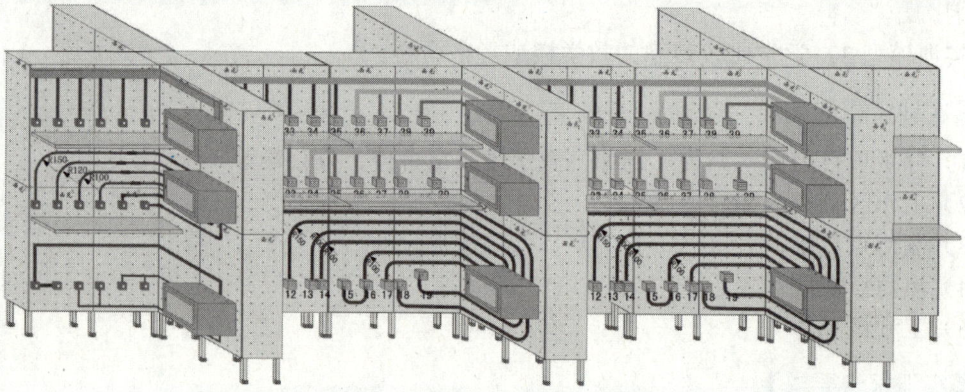

图 5-16　网络综合布线实训装置

该实训设备由全钢的 12 个模块组成“丰”字结构，构成 12 个角区域，模拟 12 个工作区，能够满足 12 组学生同时进行 12 个工作区子系统的实训。实训设备上预制螺钉孔，无尘操作，能够进行万次以上的实训。该产品也是 2009 年和 2010 年国家技能大赛专用产品。

【实训步骤】

1）设计工作区子系统。

3～4 人组成一个项目组，选举项目负责人，每人设计一种工作区子系统，并且绘制施工图，集体讨论后由项目负责人指定 1 种设计方案进行实训。

2）列出材料清单和领取材料。按照设计图，完成材料清单并且领取材料。

3）列出工具清单和领取工具。根据实训需要，完成工具清单并且领取工具。

4）安装底盒。按照设计图样规定位置用 M6×16 螺钉把底盒固定在实训装置的墙面上。

5）穿线和端接模块。

6）安装面板。

7）标记。

完成以上步骤，即网络插座安装完成后的结果如图 5-17 所示。

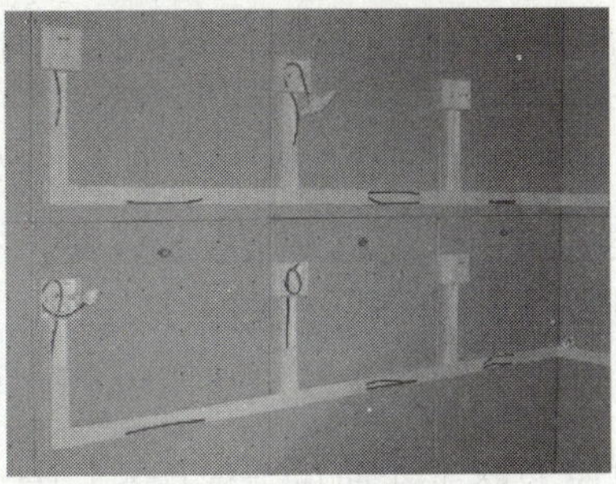

图 5-17 网络插座的安装

【实训报告要求】

1）完成一个工作区子系统设计图。

2）以表格形式写清楚实训材料和工具的数量、规格、用途。

3）分步陈述实训程序或步骤以及安装注意事项。

4）总结实训体会和操作技巧。

5.6 工程经验

1. 工程经验一 模块和面板的安装时间

在工作区子系统的模块、面板安装后，可能会遇到破坏和丢失的情况，原因可能是在建筑土建还没有进行室内粉刷时就先将模块、面板安装到位了，在粉刷的时候，可能将面板破坏或取走。在安装模块和面板时，一定要等建筑物内部墙面粉刷结束后，再安排施工人员到现场进行安装。

2. 工程经验二 准备长螺钉

安装面板时，由于土建工程中埋设底盒的深度不一致，面板上配带的螺钉长度有时就显得太短了，需要另外购买一些长一点的螺钉，一般配长 50mm 的螺钉就可以了。

3. 工程经验三 轻松安装

在安装的信息点数量比较多、安装位置统一的情况下，如学院后勤区的学生公寓内安装信息插座。一个房间安装 4 个信息插座，每个插座上有数据点和语音点，同时由于信息插座安装位置比较低，施工人员需要长时间蹲下工作，需要携带小马扎，这样可以减轻工程师的体力损耗，提高工作效率。

4. 工程经验四 携带工具

施工过程中经常会遇到少带工具的情况，所以在安装信息插座时，根据不同的情况，需要携带配套的使用工具。

（1）在新建建筑物中施工

1）安装模块时，需要携带的材料有信息模块、标签纸、签字笔或钢笔、透明胶带或专用编号线圈；工具有斜口钳、剥线器、打线钳。

2）安装面板时，需要携带的材料有面板、标签；工具有十字头螺钉旋具。

（2）在已建成的建筑物中施工

信息插座的底盒、模块和面板是同时安装的，需要携带的材料有明装底盒、信息模块、面板、标签纸、签字笔或钢笔、透明胶带或专用编号线圈、木楔子；工具有电锤、钻头、斜口钳、十字头螺钉旋具、剥线器、RJ45 压线钳、打线钳。

5．工程经验五　标签

在安装模块和面板时，有时忽略了在面板上做标签，给以后开通网络造成麻烦，所以在完成信息插座安装后，在面板上一定要进行标签标识，内外必须一致，便于以后网络的开通使用和维护。

6．工程经验六　成品保护

暗装底盒一般在土建施工中安装，因此在底盒安装完毕后，必须进行保护，防止水泥沙浆灌入穿线管内，同时对安装螺钉孔也要进行保护，避免被破坏。一般是在底盒内塞纸团，也有用胶带纸保护螺钉孔的做法。

模块压接完成后，将模块卡接在面板中，然后立即安装面板。如果压接模块后不能及时安装面板，必须对模块进行保护，一般做法是在模块上套一个塑料袋，避免土建施工时对模块的污染和损坏。

5.7　2010 年全国职业院校技能大赛中职组《网络综合布线技术》竞赛分析

1．信息点点数统计表设计

根据如图 5-18 所示的网络综合布线工程示意图，编写网络信息点点数统计表。

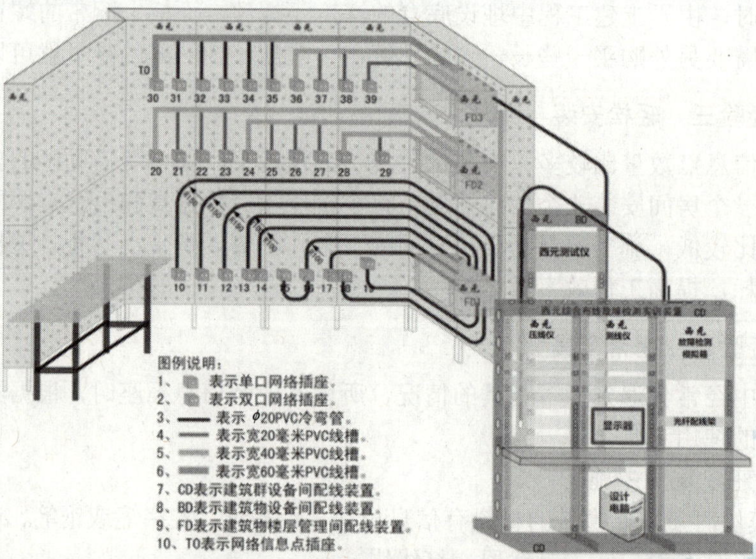

图 5-18　网络综合布线工程示意图

要求项目名称准确、表格设计合理、数量正确、说明完整、日期和机位号正确。

评判要点：

1）表格设计合理。

2）数量正确。

3）说明完整。

4）编制人、日期完整。

参考答案见表 5-4。

表 5-4　××项目网络信息点点数统计表

楼层编号	×0	×1	×2	×3	×4	×5	×6	×7	×8	×9	信息点合计
	TO	TO	TO	TO	TO	TO	TO	TO	TO	TO	TO
3 层	2	2	2	2	2	2	2	2	2	1	19
2 层	2	2	2	2	2	2	2	2	2	2	20
1 层	2	2	2	2	2	2	1	1	2	2	18
合　计											57

注：1．本建筑共有 3 层，设计网络信息点 57 个，其中，第 1 层 18 个、第 2 层 20 个、第 3 层 19 个。

2．表中×代表楼层数，如第 3 层第 6 个房间为 35 房间。

编制人：××机位号　　　　　　　　日期：××年××月××日

2．编制端口对应表

按照图 5-18 和表 5-5 格式编制水平（配线）子系统信息点端口对应表。要求项目名称正确，表格设计合理，信息点编号正确，日期和机位号完整。

表 5-5　信息点端口对应表格式

项目名称：

序　号	信息点编号	插座底盒编号	楼层机柜编号	配线架编号	配线架端口编号
1					
2					
3					
⋮					

编制人：（只能签署参赛机位号）　　　　　　时间：

评判要点：

1）要求项目名称正确。

2）端口对应表名称正确。

3）每个信息点编号正确。

4）编制人、日期完整。

参考答案：

××项目信息点端口对应表见表 5-6。

表 5-6　FD1 配线子系统端口对应表

序　　号	信息点编号	插座底盒编号	楼层机柜编号	配线架编号	配线架端口编号
1	10-1-FD1-1-1	10	FD1	1	1
2	10-2-FD1-1-2	10	FD1	1	2
3	11-1-FD1-1-3	11	FD1	1	3
4	11-2-FD1-1-4	11	FD1	1	4
5	12-1-FD1-1-5	12	FD1	1	5
6	12-2-FD1-1-6	12	FD1	1	6
7	13-1-FD1-1-7	13	FD1	1	7
8	13-2-FD1-1-8	13	FD1	1	8
9	14-1-FD1-1-9	14	FD1	1	9
10	14-2-FD1-1-10	14	FD1	1	10
11	15-1-FD1-1-11	15	FD1	1	11
12	15-2-FD1-1-12	15	FD1	1	12
13	16-FD1-1-13	16	FD1	1	13
14	17-FD1-1-14	17	FD1	1	14
15	18-1-FD1-1-15	18	FD1	1	15
16	18-2-FD1-1-16	18	FD1	1	16
17	19-1-FD1-1-17	19	FD1	1	17
18	19-2-FD1-1-18	19	FD1	1	18

注：FD1 共 18 个信息点。

3．工作区信息插座的安装

按照如图 5-18 所示的位置，完成 10～19，20～29，30～39 网络插座信息点的安装，要求位置正确，按照端口对应表编号，把工作区信息点标记清楚。

评判要点：

1）底盒、面板、盖板安装正确。

2）安装位置正确、端正。

3）模块卡装到位。

4）链路测试正确。

竞赛作品如图 5-19 所示。

a)　　　　b)

图 5-19　竞赛作品

第6章

水平子系统工程技术

水平子系统的基本概念在第1章已经介绍过了，在本章，主要介绍关于网络综合布线系统工程中水平子系统工程技术方面的内容。

6.1 水平子系统的基本结构

水平子系统是综合布线结构的一部分，它将垂直子系统线路延伸到用户工作区，实现信息插座和管理间子系统的连接，包括工作区与楼层配线间之间的所有电缆、连接硬件（信息插座、插头、端接水平传输介质的配线架、跳线架等）、跳线缆线及附件。

它与垂直子系统的区别：水平子系统总是在一个楼层上，仅与信息插座、管理间子系统连接。

6.1.1 水平子系统的布线基本要求

由于智能大厦对通信系统的要求，需要把通信系统设计成易于维护、更换和移动的配置结构，以适合通信系统及设备在未来发展的需要。水平子系统分布于智能大厦的各个角落，绝大部分通信电缆包括在这个子系统中。相对于垂直子系统而言，水平子系统一般安装得十分隐蔽，在智能大厦交工后，该子系统很难接近，因此更换和维护水平缆线的费用很高，技术要求也很高。如果经常对水平缆线进行维护和更换的话，就会影响大厦内用户的正常工作，严重的就要中断用户的通信系统。由此可见，水平子系统的管路敷设、缆线选择将成为综合布线系统中重要的组成部分。

水平布线应采用星形拓扑结构，每个工作区的信息插座都要和管理区相连。每个工作区一般需要提供语音和数据两种信息插座。

6.1.2 水平子系统设计应考虑的几个问题

1）水平子系统应根据楼层用户类别及工程提出的近、远期终端设备要求，确定每层的信息点（TO）数。在确定信息点数及位置时，应考虑终端设备将来可能产生的移动、修改、以便于对一次性建设和分期建设的方案选定。

2）当工作区为开放式大密度办公环境时，宜采用区域式布线方法，即从楼层配线设备（FD）上将多对数电缆布置至办公区域，根据实际情况采用合适的布线方法，也可通过集合点（CP）将线引至信息点（TO）。

3）配线电缆宜采用8芯非屏蔽双绞线，语音口和数据口宜采用5类、超5类或6类双绞线，以增强系统的灵活性，对于高传输速率的应用场合，宜采用多模或单模光纤，每个信息点的光纤宜为4芯。

4）信息点应为标准的RJ45型插座，并与缆线类别相对应，多模光纤插座宜采用SC接插形式，单模光纤插座宜采用FC插接形式。信息插座应在内部做固定连接，不得空线、空脚。要求屏蔽的场合，插座须有屏蔽措施。

5）水平子系统可采用吊顶上、地毯下、暗管、地槽等方式布线。

6）信息点面板应采用国际标准面板。

6.2 水平子系统的设计原则

6.2.1 设计步骤

水平子系统设计的一般步骤：首先进行需求分析，与用户进行充分的技术交流，并了解建筑物用途，然后认真阅读建筑物设计图样，确定工作区子系统信息点位置和数量，完成点数统计表，其次进行初步规划和设计，确定每个信息点的水平布线路径，最后确定布线材料规格和数量，列出材料规格和数量统计表。一般工作流程如下：

需求分析→技术交流→阅读建筑物设计图样→规划和设计→完成材料规格和数量统计表。

6.2.2 需求分析

需求分析是综合布线系统设计的首项重要工作，水平子系统是综合布线系统工程中最大的一个子系统，使用的材料最多，工期最长，投资最大，也直接决定每个信息点的稳定性和传输速率。需求分析主要涉及布线距离、布线路径、布线方式和材料的选择，对后续水平子系统的施工是非常重要的，也直接影响网络综合布线系统工程的质量、工期，甚至影响最终工程造价。

智能化建筑每个楼层的使用功能往往不同，甚至同一个楼层不同区域的功能也不同，这就需要针对每个楼层，甚至每个区域进行分析和设计。例如，地下停车场、商场、餐厅、写字楼、宾馆等楼层信息点的水平子系统有非常大的区别。

进行需求分析时，首先按照楼层进行分析，分析每个楼层的设备间到信息点的布线距离、布线路径，逐步明确和确认每个工作区信息点的布线距离和路径。

6.2.3 技术交流

在进行需求分析后，要与用户进行技术交流，这是非常必要的。由于水平子系统往往覆盖每个楼层的立面和平面，布线路径也经常与照明线路、电器设备线路、电器插座、消防线路、暖气或者空调线路有多次的交叉或者并行，因此不仅要与技术负责人交流，也要与项目或者行政负责人进行交流。在交流中重点了解每个信息点路径上的电路、水路、气路和电器设备的安装位置等详细信息。在交流过程中必须进行详细的书面记录，每次交流结束后要及时整理书面记录。

6.2.4 阅读建筑物设计图样

索取和认真阅读建筑物设计图样是不能省略的程序之一，通过阅读建筑物设计图样可掌握建筑物的土建结构、强电路径、弱电路径，特别是主要电器设备和电源插座的安装位置，重点掌握在综合布线路径上的电器设备、电源插座、暗埋管线等。在阅读图样时，进行记录或者标记，正确处理水平子系统布线与电路、水路、气路和电器设备的直接交叉或者路径冲突问题。

6.2.5 水平子系统的规划和设计

1. 水平子系统缆线的布线距离规定

按照 GB 50311—2007 的规定，水平子系统属于配线子系统，对于缆线的长度做了统一规定，配线子系统各缆线长度应符合图 6-1 的划分并应符合下列要求：

1）水平（配线）子系统信道的最大长度不应大于 100m，其中水平缆线长度不大于 90m，一端工作区设备连接跳线不大于 5m，另一端设备间（电信间）的跳线不大于 5m。如果两端的跳线之和大于 10m 时，水平缆线长度（90m）应适当减少，保证水平子系统信道最大长度不应大于 100m。

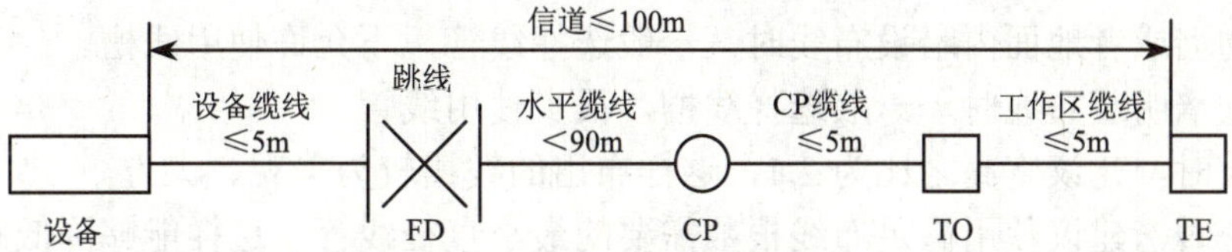

图 6-1　水平子系统缆线划分

2）信道总长度不应大于 2 000m，信道总长度包括了综合布线系统水平缆线和建筑物主干缆线及建筑群主干 3 部分缆线之和。

3）建筑物或建筑群配线设备之间（FD 与 BD、FD 与 CD、BD 与 BD、BD 与 CD 之间）组成的信道出现 4 个连接器件时，主干缆线的长度不应小于 15m。

2. 开放型办公室布线系统长度的计算

对于商用建筑物或公共区域大开间的办公楼、综合楼等场地，由于其使用对象数量的不确定性和流动性等因素，宜按开放型办公室综合布线系统要求进行设计，并应符合以下规定。

采用多用户信息插座时，每一个多用户插座包括适当的备用量在内，宜能支持 12 个工作区所需的 8 位模块通用插座。各段缆线长度可按表 6-1 选用。

表 6-1　各段缆线长度限值

电缆总长度/m	水平布线电缆 H/m	工作区电缆 W/m	电信间跳线和设备电缆 D/m
100	90	5	5
99	85	9	5
98	80	13	5
97	75	17	5
97	70	22	5

也可按下式计算

$$C=(102-H)/1.2$$

$$W=C-5$$

式中 $C=W+D$——工作区电缆、电信间跳线和设备电缆的长度之和。

D——电信间跳线和设备电缆的总长度。

W——工作区电缆的最大长度，且 $W \leqslant 22m$。

H——水平电缆的长度。

3. CP（集合点）的设置

在水平布线系统施工中，如果需要增加CP，则同一个水平电缆上只允许有一个CP，而且CP与FD配线架之间水平缆线的长度应大于15m。

CP的端接模块或者配线设备应安装在墙体或柱子等建筑物固定的位置，不允许随意放置在线槽或者线管内，更不允许暴露在外边。

CP只允许在实际布线施工中应用，规范了缆线端接做法，适合解决布线施工中个别缆线穿线困难时中间接续，实际施工中尽量避免出现CP。在前期项目设计中不允许出现CP。

4. 管道缆线的布放根数

在水平布线系统中，缆线必须安装在线槽或者线管内。

在建筑物墙或者地面内暗设布线时，一般选择线管，不允许使用线槽。

在建筑物墙明装布线时，一般选择线槽，很少使用线管。

选择线槽时，建议宽高之比为2:1，这样布出的线槽较为美观、大方。

选择线管时，建议使用满足布线根数需要的最小直径线管，这样能够降低布线成本。

缆线布放在管与线槽内的管径与截面利用率，应根据不同类型的缆线做不同的选择。管内穿放大对数电缆或4芯以上光缆时，直线管路的管径利用率应为50%～60%，弯管路的管径利用率应为40%～50%。管内穿放4对对绞电缆或4芯光缆时，截面利用率应为25%～35%。布放缆线在线槽内的截面利用率应为30%～50%。

常规通用线槽内布放缆线的最大条数可以按照表6-2进行选择。

表6-2 线槽规格型号与容纳双绞线最多条数表

线槽/桥架类型	线槽/桥架规格/mm	容纳双绞线最多条数	截面利用率
PVC	20×12	2	30%
PVC	25×12.5	4	30%
PVC	30×16	7	30%
PVC	39×19	12	30%
金属、PVC	50×25	18	30%
金属、PVC	60×30	23	30%
金属、PVC	75×50	40	30%
金属、PVC	80×50	50	30%
金属、PVC	100×50	60	30%
金属、PVC	100×80	80	30%
金属、PVC	150×75	100	30%
金属、PVC	200×100	150	30%

常规通用线管内布放缆线的最大条数可以按照以下表 6-3 进行选择。

表 6-3　线管规格型号与容纳的双绞线最多条数表

线管类型	线管规格/mm	容纳双绞线最多条数	截面利用率
PVC、金属	16	2	30%
PVC	20	3	30%
PVC、金属	25	5	30%
PVC、金属	32	7	30%
PVC	40	11	30%
PVC、金属	50	15	30%
PVC、金属	63	23	30%
PVC	80	30	30%
PVC	100	40	30%

常规通用线槽（管）内布放缆线的最大条数也可以按照以下公式进行计算和选择。

槽（管）大小选择的计算方法及槽（管）可放线缆的条数计算如下。

1）缆线截面积计算：网络双绞线按照线芯数量划分，有 4 对、25 对、50 对等多种规格，按照用途划分，有屏蔽和非屏蔽等规格。但是综合布线系统工程中最常见和应用最多的是 4 对双绞线，由于不同厂家生产的缆线外径不同，下面按照缆线直径为 6mm 来计算双绞线的截面积。

$$S=d^2\times3.14/4$$
$$=6^2\times3.14/4$$
$$=28.26\text{mm}^2$$

式中　S——表示双绞线截面积。

d——双绞线直径。

2）线管截面积计算：线管规格一般用线管的外径表示，线管内布线容积截面积应该按照线管的内直径计算，以管径 25mm PVC 管为例，管壁厚 1mm，管内部直径为 23mm，其截面积计算如下：

$$S=d^2\times3.14/4$$
$$=23^2\times3.14/4$$
$$=415.265\text{mm}^2$$

式中　S——表示线管截面积。

d——线管的内直径。

3）线槽截面积计算：线槽规格一般用线槽的外部长度和宽度表示，线槽内布线容积截面积计算按照线槽的内部长和宽计算，以 40×20 线槽为例，线槽壁厚 1mm，线槽内部长 38mm，宽 18mm，其截面积计算如下：

$$S=L\times W$$
$$=38\times18$$
$$=684\text{mm}^2$$

式中　S——表示线管截面积。

L——线槽内部长度。

W——线槽内部宽度。

容纳双绞线最多数量计算：布线标准规定，一般线槽（管）内允许穿线的最大面积为截面积的 70%，同时考虑缆线之间的间隙和拐弯等因素，考虑浪费空间 40%～50%，因此容纳双绞线根数计算公式如下：

N=槽（管）截面积×70%×（40%～50%）/缆线截面积

式中　N——容纳双绞线最多数量。

70%表示布线标准规定允许的空间。

40%～50%表示缆线之间浪费的空间。

例 1：30×16 线槽容纳双绞线最多数量计算如下：

N=线槽截面积×70%×50%/缆线截面积

=（28×14）×70%×50%/（6^2×3.14/4）

=392×70%×50%/28.26

=5 根

说明：上述计算的是使用 30×16 PVC 线槽铺设网线时，槽内容纳网线的数量。

具体计算分解如下：

30×16 线槽的截面积：长×宽=28×14=392mm^2

70%是布线允许的使用空间。

50%是缆线之间的空隙浪费的空间。

缆线的直径 D 为 6mm，它的截面积：$\pi D^2/4=6^2\times3.14/4=28.26\text{mm}^2$。

例 2：ϕ40 PVC 线管容纳双绞线最多数量计算如下。

N=线管截面积×70%×40%/缆线截面积

=（36.6×36.6×3.14/4）×70%×40%/（6×6×3.14/4）

=1 051.56×70%×40%/28.26

=10.4 根

说明：上述计算的是使用ϕ40 PVC 线管铺设网线时，管内容纳网线的数量是 10 根。

具体计算分解如下：

ϕ40 PVC 线管的截面积：$\pi D^2/4$=36.6×36.6×3.14/4=1 051.56mm^2

70%是布线允许的使用空间。

40%是缆线之间的空隙浪费的空间。

缆线的直径 D 为 6mm，它的截面积：$\pi D^2/4=6^2\times3.14/4=28.26\text{mm}^2$。

5. 布线弯曲半径要求

布线中如果不能满足最低弯曲半径要求，双绞线的缠绕节距会发生变化，严重时，电缆可能会损坏，直接影响电缆的传输性能。例如，在铜缆系统中，布线弯曲半径直接影响回波损耗值，严重时会超过标准规定值。在光纤系统中，则可能会导致高衰减。因此在设计布线路径时，尽量避免和减少弯曲，增加电缆的拐弯曲率半径值。管线敷设允许的弯曲半径见表 6-4。

表 6-4　管线敷设允许的弯曲半径

缆线类型	弯曲半径
4 对非屏蔽电缆	不小于电缆外径的 4 倍
4 对屏蔽电缆	不小于电缆外径的 8 倍
大对数主干电缆	不小于电缆外径的 10 倍
2 芯或 4 芯室内光缆	＞25mm
其他芯数和主干室内光缆	不小于光缆外径的 10 倍
室外光缆、电缆	不小于缆线外径的 20 倍

注：当缆线采用电缆桥架布放时，桥架内侧的弯曲半径不应小于 300mm。

6．综合布线系统缆线与电力电缆的间距

在水平子系统中，经常出现综合布线系统缆线与电力电缆平行布线的情况，为了减小电力电缆电磁场对网络系统的影响，综合布线系统缆线与电力电缆接近时，必须保持一定的距离。GB 50311—2007 规定的间距应符合表 6-5 的规定。

表 6-5　综合布线系统缆线与电力电缆的间距

类别	与综合布线系统缆线接近状况	最小间距/mm
380V 以下电力电缆＜2kV·A	与缆线平行敷设	130
	有一方在接地的金属线槽或钢管中	70
	双方都在接地的金属线槽或钢管中①	10
380V 电力电缆 2～5kV·A	与缆线平行敷设	300
	有一方在接地的金属线槽或钢管中	150
	双方都在接地的金属线槽或钢管中②	80
380V 电力电缆＞5kV·A	与缆线平行敷设	600
	有一方在接地的金属线槽或钢管中	300
	双方都在接地的金属线槽或钢管中②	150

① 当 380V 以下电力电缆＜2kV·A，双方都在接地的线槽中，且平行长度≤10m 时，最小间距可为 10mm。
② 双方都在接地的线槽中，系指两个不同的线槽，也可在同一线槽中用金属板隔开。

7．综合布线系统缆线与电器设备的间距

综合布线系统电缆与附近可能产生高电平电磁干扰的电动机、电力变压器、射频应用设备等电器设备之间应保持必要的间距，为了减小电器设备电磁场对网络系统的影响，综合布线系统缆线与这些设备接近时，必须保持一定的距离。GB 50311—2007 规定的综合布线系统缆线与配电箱、变电室、电梯机房、空调机房之间的最小净距宜符合表 6-6 中的规定。

表 6-6　综合布线系统缆线与电气设备的最小净距

名称	最小净距/m	名称	最小净距/m
配电箱	1	电梯机房	2
变电室	2	空调机房	2

当墙壁电缆敷设高度超过 6 000mm 时，与避雷引下线的交叉间距应按下式计算：

$$S \geqslant 0.05L$$

式中　S——交叉间距（mm）。

L——交叉处避雷引下线距地面的高度（mm）。

8．综合布线系统缆线与其他管线的间距

墙上敷设的综合布线系统缆线及管线与其他管线的间距应符合表 6-7 中的规定。

表 6-7　综合布线系统缆线及管线与其他管线的间距

其他管线	平行净距/mm	垂直交叉净距/mm
避雷引下线	1 000	300
保护地线	50	20
给水管	150	20
压缩空气管	150	20
热力管（不包封）	500	500
热力管（包封）	300	300
煤气管	300	20

9．其他电气防护和接地

1）综合布线系统应根据环境条件选用相应的缆线和配线设备，或采取防护措施，并应符合下列规定：

① 当综合布线区域内存在的电磁干扰场强低于 3V/m 时，宜采用非屏蔽电缆和非屏蔽配线设备。

② 当综合布线区域内存在的电磁干扰场强高于 3V/m 时，或用户对电磁兼容性有较高要求时，可采用屏蔽布线系统和光缆布线系统。

③ 当综合布线路由上存在干扰源，且不能满足最小净距要求时，宜采用金属管线进行屏蔽，或采用屏蔽布线系统及光缆布线系统。

2）在电信间、设备间及进线间应设置楼层或局部等电位接地端子板。

3）综合布线系统应采用共用接地的接地系统，如单独设置接地体时，接地电阻不应大于 4Ω。如布线系统的接地系统中存在两个不同的接地体时，其接地电位差不应大于 1V。

4）楼层安装的各个配线柜（架、箱）应采用适当截面的绝缘铜导线单独布线至就近的等电位接地装置，也可采用竖井内等电位接地铜排引到建筑物共用接地装置，铜导线的截面应符合设计要求。

5）缆线在雷电防护区交界处，屏蔽电缆屏蔽层的两端应做等电位连接并接地。

6）综合布线的电缆采用金属线槽或钢管敷设时，线槽或钢管应保持连续的电气连接，并应有不少于两点的良好接地。

7）当缆线从建筑物外面进入建筑物时，电缆和光缆的金属护套或金属件应在入口处就近与等电位接地端子板连接。

8）当电缆从建筑物外面进入建筑物时，GB 50311—2007 规定应选用适配的信号线路浪涌保护器，信号线路浪涌保护器应符合设计要求。

10. 缆线的选择原则

（1）系统应用

1）同一布线信道及链路的缆线和连接器件应保持系统等级与阻抗的一致性。

2）综合布线系统工程的产品类别及链路、信道等级确定应综合考虑建筑物的功能、应用网络、业务终端类型、业务的需求及发展、性能价格、现场安装条件等因素，应符合表6-8中的要求。

表 6-8 布线系统等级与类别的选用

业务种类	水平子系统		垂直子系统		建筑群子系统	
	等级	类别	等级	类别	等级	类别
语音	D/E	5e/6	C	3（大对数）	C	3（室外大对数）
数据	D/E/F	5e/6/7	D/E/F	5e/6/7（4对）		
	光纤（多模或单模）	62.5μm 多模/50μm 多模/<10μm 单模	光纤	62.5μm 多模/50μm 多模/<10μm 单模	光纤	62.5μm 多模/50μm 多模/<10μm 单模
其他应用	可采用 5e/6 类 4 对对绞电缆和 62.5μm 多模/50μm 多模/<10μm 多模、单模光缆					

注：其他应用指数字监控摄像头、楼宇自控现场控制器（DDC）、门禁系统等采用网络端口传送数字信息时的应用。

3）综合布线系统光纤信道应采用标称波长为 850nm 和 1 300nm 的多模光纤及标称波长为 1 310nm 和 1 550nm 的单模光纤。

4）单模和多模光缆的选用应符合网络的构成方式、业务的互通互连方式及光纤在网络中的应用传输距离。楼内宜采用多模光缆，建筑物之间宜采用多模或单模光缆，需直接与电信业务经营者相连时宜采用单模光缆。

5）为保证传输质量，配线设备连接的跳线宜选用产业化制造的各类跳线，在电话应用时宜选用双芯对绞电缆。

6）工作区信息点为电端口时，应采用 8 位模块通用插座（RJ45），光端口宜采用 SFF 小型光纤连接器件及适配器。

7）FD、BD、CD 配线设备应采用 8 位模块通用插座或卡接式配线模块（多对、25 对及回线型卡接模块）和光纤连接器件及光纤适配器（单工或双工的 ST、SC 或 SFF 光纤连接器件及适配器）。

8）CP 集合点安装的连接器件应选用卡接式配线模块、8 位模块通用插座或各类光纤连接器件和适配器。

（2）屏蔽布线系统

1）综合布线区域内存在的电磁干扰场强高于 3V/m 时，宜采用屏蔽布线系统进行防护。

2）用户对电磁兼容性有较高的要求（电磁干扰和防信息泄露）时，或网络安全保密的需要，宜采用屏蔽布线系统。

3）采用非屏蔽布线系统无法满足安装现场条件对缆线的间距要求时，宜采用屏蔽布线系统。

4）屏蔽布线系统采用的电缆、连接器件、跳线、设备电缆都应是屏蔽的，并应保持屏蔽层的连续性。

11. 缆线的暗埋设计

对于水平子系统缆线的路径，在新建筑物设计时宜采取暗埋管线。暗管的转弯角度应大于 90°，在路径上每根暗管的转弯角度不得多于 2 个，并不应有 S 形弯出现，有弯头的管段长度超过 20m 时，应设置管线过线盒装置；在有 2 个弯时，不超过 15m 应设置过线盒。

设置在墙面的信息点布线路径宜使用暗埋钢管或 PVC 管，对于信息点较少的区域管线可以直接铺设到楼层的设备间机柜内，对于信息点比较多的区域，先将每个信息点管线分别铺设到楼道或者吊顶上，然后集中进入楼道或者吊顶上安装的线槽或者桥架。

新建公共建筑物墙面暗埋管的路径一般有两种做法，第一种做法是从墙面插座向上垂直埋管到横梁，然后在横梁内埋管到楼道本层墙面出口，如图 6-2 所示；第二种做法是从墙面插座向下垂直埋管到横梁，然后在横梁内埋管到楼道下层墙面出口，如图 6-3 所示。

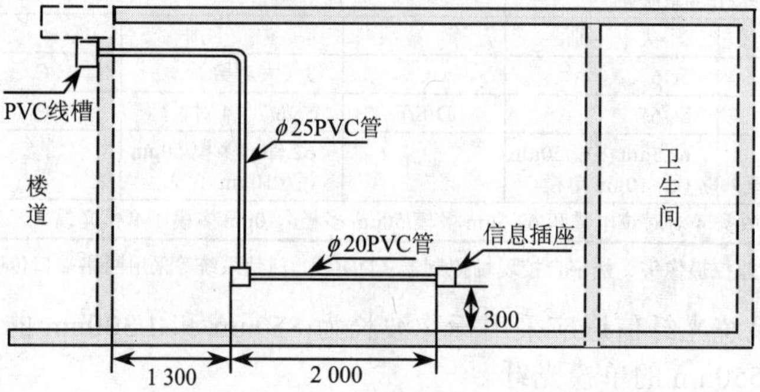

图 6-2　同层水平子系统暗埋管

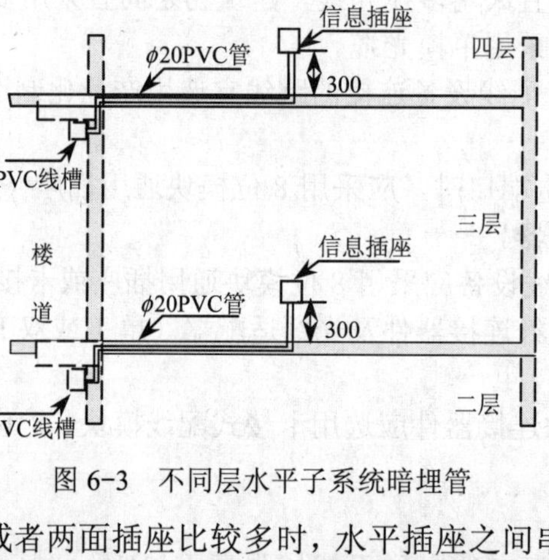

图 6-3　不同层水平子系统暗埋管

如果同一个墙面单面或者两面插座比较多时，水平插座之间串联布管，如图 6-2 所示。这两种做法管线拐弯少，不会出现 U 形或者 S 形路径，土建施工简单。土建中不允许沿墙面斜角布管。

对于信息点比较密集的网络中心、运营商机房等区域，一般铺设抗静电地板，在地板下安装布线槽，水平布线到网络插座。

12．缆线的明装设计

住宅楼、老式办公楼、厂房进行改造或者需要增加网络布线系统时，一般采取明装布线方式。学生公寓、教学楼、实验楼等信息点比较密集的建筑物一般也采取隔墙暗埋管线，楼道明装线槽或者桥架的方式（工程上也叫暗管明槽方式）。

住宅楼增加网络布线常见的做法是，将机柜安装在每个单元的中间楼层，然后沿墙面安装 PVC 线管或者线槽到每户入户门上方的墙面固定插座，如图 6-4 所示。使用线槽外观美观，施工方便，但是安全性比较差，使用线管安全性比较好。

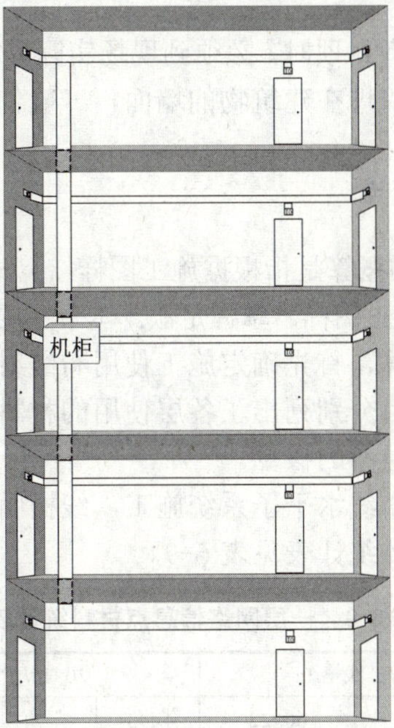

图 6-4 住宅楼水平子系统铺设线槽

楼道明装布线时，宜选择 PVC 线槽，线槽盖板边缘最好是直角，特别在北方地区不宜选择斜角盖板，斜角盖板容易落灰，影响美观。

采取暗管明槽方式布线时，每个暗埋管在楼道的出口高度必须相同，这样暗管与明装线槽直接连接，布线方便和美观，如图 6-5 所示。

楼道采取金属桥架时，桥架应该紧靠墙面，高度低于墙面暗埋管口，直接将墙面出来的缆线引入桥架，如图 6-6 所示。

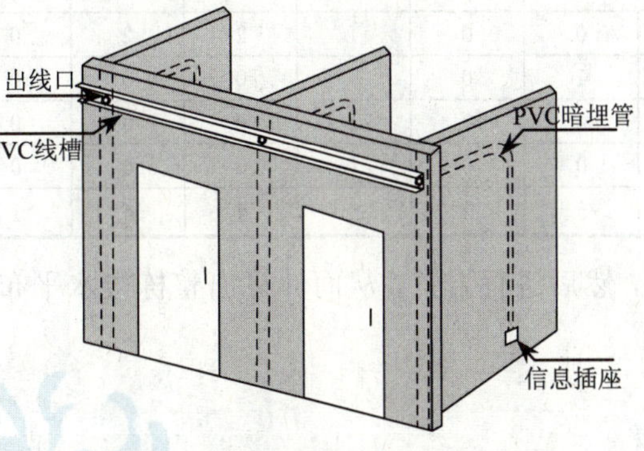

图 6-5 楼道内铺设明装 PVC 线槽

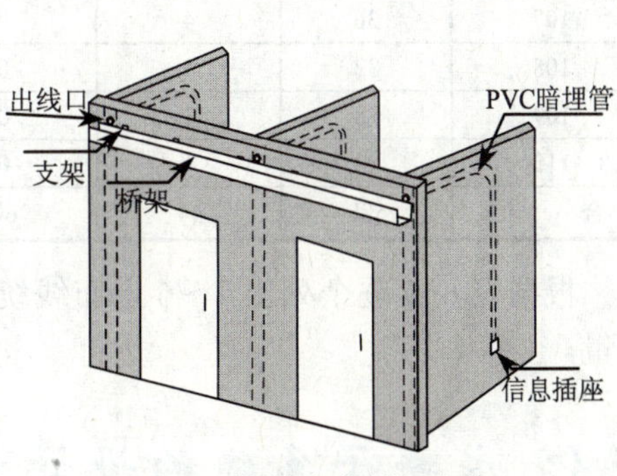

图 6-6 楼道安装桥架布线

6.2.6 图样设计

随着 GB 50311—2007 的正式实施，2007 年 10 月 1 日起新建筑物必须设计网络综合布线系统，因此建筑物的原始设计图样中有完整的初步设计方案和网络系统图。施工方必须认真研究和读懂设计图样，特别是与弱电有关的网络系统图、通信系统图、电气图等，虚心向项目经理或者设计院咨询。

如果土建工程已经开始或者封顶时，必须到现场实际勘测，并且与设计图样进行对比。

新建建筑物的水平管线宜暗埋在建筑物的墙面，一般使用金属管或者 PVC 管。

6.2.7 材料概算和统计表

综合布线水平子系统材料的概算是指根据施工图样核算材料使用数量，然后根据定额计算出造价，这就要求用户熟悉施工图样，掌握定额。本节主要介绍如何对材料进行计算。

对于水平子系统材料的计算，首先确定施工使用布线材料类型，列出一个简单的统计表，统计表主要是针对某个项目分别列出了各层使用的材料的名称，对数量进行统计，避免计算材料时漏项，从而方便材料的核算。

例如，某 6 层办公楼网络布线水平子系统施工，线槽明装铺设。水平布线主要材料有线槽、线槽配件、缆线等。具体统计表见表 6-9。

表 6-9　一层网络信息点材料统计表

材料 / 信息点	4-UTP 双绞线/m	PVC 线槽/m		20×10/个			60×22/个		
		20×10	60×22	阴角	阳角	直角	阴角	阳角	堵头
101-1	64	4	60	1	0	0	0	0	1
101-2	60	4	0	0	0	1	0	0	0
102-1	60	0	0	0	0	0	0	0	0
102-2	56	4	0	0	1	0	0	0	0
103	52	4	0	0	0	1	2	2	0
104	48	4	0	1	0	0	0	0	0
105	44	4	0	1	0	0	0	0	0
106-1	44	0	0	0	0	0	0	0	0
106-2	40	4	0	1	1	0	0	0	0
107	36	4	0	0	0	1	2	2	0
108	32	4	0	1	0	0	0	0	0
109	28	4	0	0	0	1	0	0	0
110	24	4	0	0	0	1	0	0	0
合　计	588	44	60	5	2	5	4	4	1

根据表 6-9 逐个列出 2～6 层布线统计表，然后进行合计，从而计算出整栋楼水平布线数量。

6.3 水平子系统的设计实例

6.3.1 设计实例一　墙面暗埋管线施工图

在设计水平子系统的埋管图时，一定要根据设计信息点的数量确定埋管规格，如图 6-7 所示。每个房间安装 2 个信息插座，每侧墙面上安装 2 个信息插座。

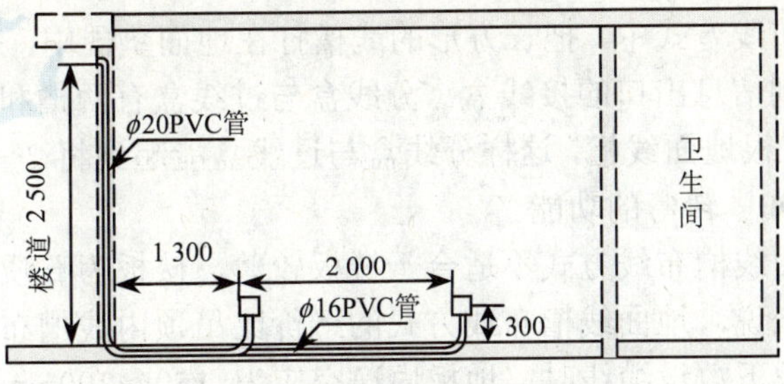

图 6-7　墙面暗埋管线施工图

注意：预埋在墙体中间暗管的最大管外径不宜超过 50mm，楼板中暗管的最大管外径不宜超过 25mm，室外管道进入建筑物的最大管外径不宜超过 100mm。

6.3.2　设计实例二　墙面明装线槽施工图

水平子系统明装线槽安装时要保持线槽的水平，必须确定统一的高度，如图 6-8 所示。

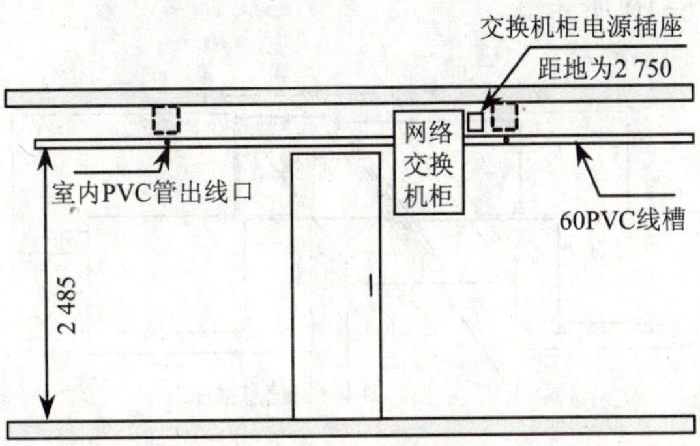

图 6-8　墙面明装线槽施工图

6.3.3　设计实例三　地面线槽铺设施工图

地面线槽铺设就是从楼层管理间引出的缆线走地面线槽到地面出线盒或由分线盒引出的支管到墙上的信息出口，如图 6-9 所示。由于地面出线盒或分线盒不依赖于墙或柱体直接走地面垫层，因此这种布线方式适用于大开间或需要隔断的场合。

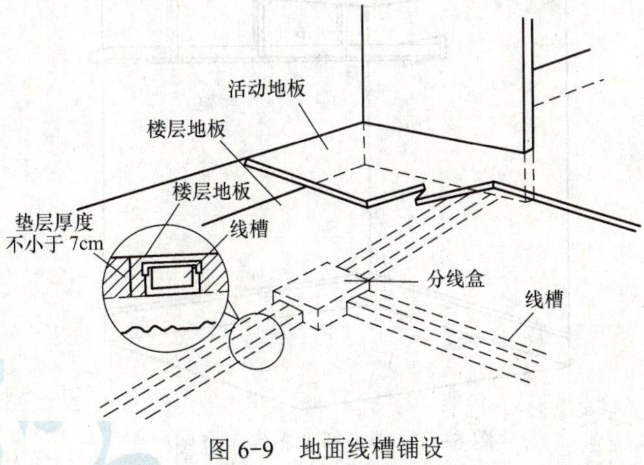

图 6-9　地面线槽铺设

在地面线槽铺设布线方式中，把长方形的线槽打在地面垫层中，每隔 4～8m 设置一个过线盒或出线盒，直到信息出口的接线盒。分线盒与过线盒有两槽和三槽两类，均为正方形，每面可接两根或三根地面线槽，这样分线盒与过线盒能起到将 2～3 路分支缆线汇成一个主路的功能或起到 90° 转弯的功能。

要注意的是，地面线槽布线方式不适合于楼板较薄、楼板为石质地面或楼层中信息点特别多的场合。一般来说，地面线槽布线方式的造价比吊顶内线槽布线方式要贵 3～5 倍。

注意：在活动地板下敷设缆线时，地板内净空应为 150～300mm。若空调采用下送风方式则地板内净高应为 300～500mm。

6.3.4 设计实例四 吊顶上架空线槽布线施工图

吊顶上架空线槽布线是指由楼层管理间引出来的缆线先走吊顶内的线槽，到各房间后，经分支线槽从槽梁式电缆管道分叉后将电缆穿过一段支管引向墙壁，沿墙而下到房内信息插座的布线方式，如图 6-10 所示。

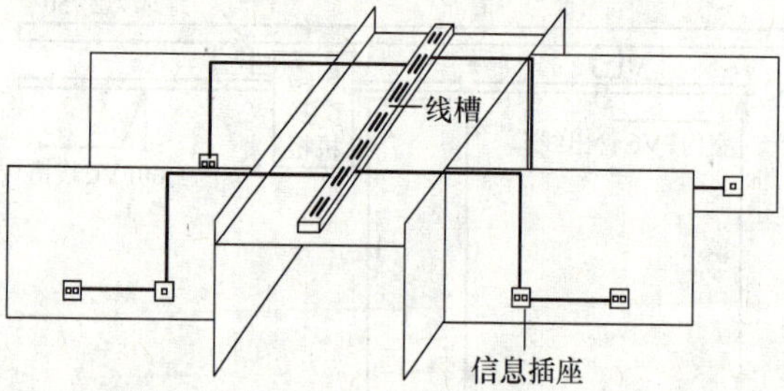

图 6-10 吊顶上架空线槽布线施工图

6.3.5 设计实例五 楼道桥架布线示意图

楼道桥架布线如图 6-11 所示，主要应用于楼间距离较短且要求采用架空的方式布放干线缆线的场合。

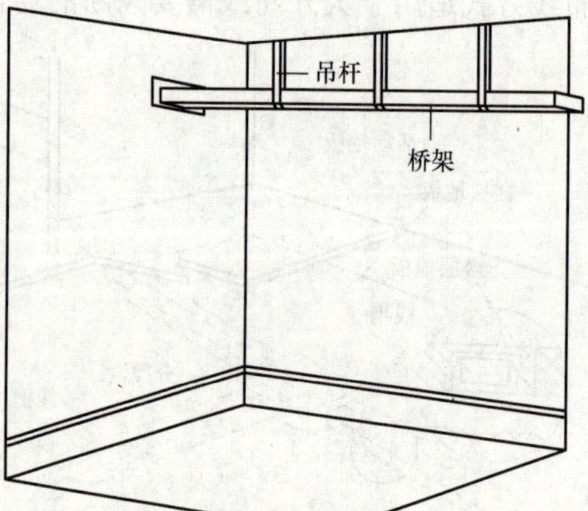

图 6-11 楼道桥架布线示意图

6.4 水平子系统的工程技术

6.4.1 水平子系统的标准要求

GB 50311—2007《综合布线系统工程设计规范》国家标准第 6 章安装工艺要求内容中，对水平子系统布线的安装工艺提出了具体要求。水平子系统缆线宜采用在吊顶、墙体内穿管或设置金属密封线槽及开放式（电缆桥架，吊挂环等）敷设，当缆线在地面布放时，应根据环境条件选用地板下线槽、网络地板、高架（活动）地板布线等安装方式。

6.4.2 水平子系统的布线距离的计算

在 GB 50311—2007 中，规定水平布线系统永久链路的长度不能超过 90m，只有个别信息点的布线长度会接近这个最大长度，一般设计的平均长度都在 60m 左右。在实际工程应用中，因为拐弯、中间预留、缆线缠绕、与强电避让等原因，实际布线的长度往往会超过设计长度。如土建墙面的埋管一般是直角拐弯，实际布线长度比斜角要大一些。因此在计算工程用线总长度时，要考虑一定的余量。

确定电缆的长度：

要计算整座楼宇的水平布线用线量，首先要计算出每个楼层的用线量，然后对各楼层用线量进行汇总即可。每个楼层用线量的计算公式如下。

$$C=[0.55(F+N)+6]\times M$$

式中 C——每个楼层用线量。

F——最远的信息插座离楼层管理间的距离。

N——最近的信息插座离楼层管理间的距离。

M——每层楼的信息插座的数量。

6——端对容差（主要考虑到施工时缆线的损耗、缆线布设长度误差等因素）。

整座楼的用线量：$S=\Sigma MC$，M 为楼层数，C 为每个楼层用线量。

应用示例：已知某一楼宇共有 6 层，每层信息点数为 20 个，每个楼层的最远信息插座离楼层管理间的距离均为 60m，每个楼层的最近信息插座离楼层管理间的距离均为 10m，请估算出整座楼宇的用线量。

解答：根据题目要求知道

楼层数 M=20

最远点信息插座距管理间的距离 F=60m

最近点信息插座距管理间的距离 N=10m

因此，每层楼用线量 $C=[0.55\times(60+10)+6]\times 20=890$m

整座楼共 6 层，因此整座楼的用线量 $S=890\times 6=5\,340$m。

6.4.3 水平子系统的布线曲率半径

在布线施工中，布线曲率半径直接影响永久链路的测试指标，多次的实验和工程测试经验表明，如果布线曲率半径小于表 6-4 中的标准规定时，永久链路测试不合格，特别是在 6 类布线系统中，曲率半径对测试指标影响非常大。

布线施工中穿线和拉线时缆线拐弯曲率半径往往是最小的，一个不符合曲率半径的拐弯经常会破坏整段缆线的内部物理结构，甚至严重影响永久链路的传输性能，在竣工测试中，永久链路会有多项测试指标不合格，而且这种影响经常是永久性、无法恢复的。

在布线施工拉线过程中，缆线宜与管中心线尽量相同，如图 6-12 所示，以现场允许的最小角度按照 A 方向或者 B 方向拉线，保证缆线没有拐弯，保持整段缆线的曲率半径比较大，这样不仅施工轻松，而且能够避免缆线护套和内部结构的破坏。

在布线施工拉线过程中，缆线不要与管口形成 90° 拉线，如图 6-13 所示，这样就在管口形成了 1 个 90° 的拐弯，不仅施工拉线困难费力，而且容易造成缆线护套和内部结构的破坏。

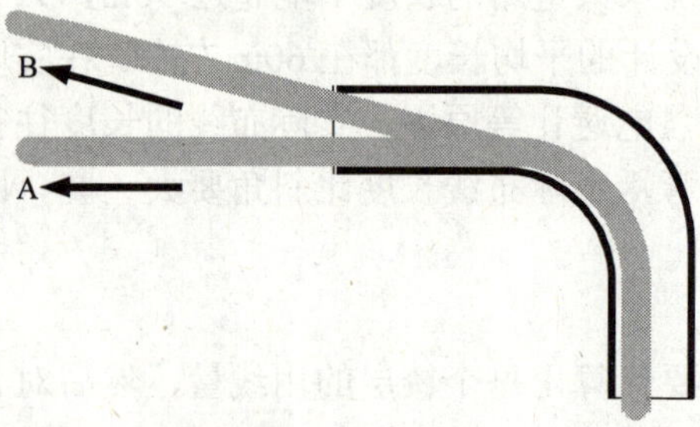

图 6-12　正确拉线

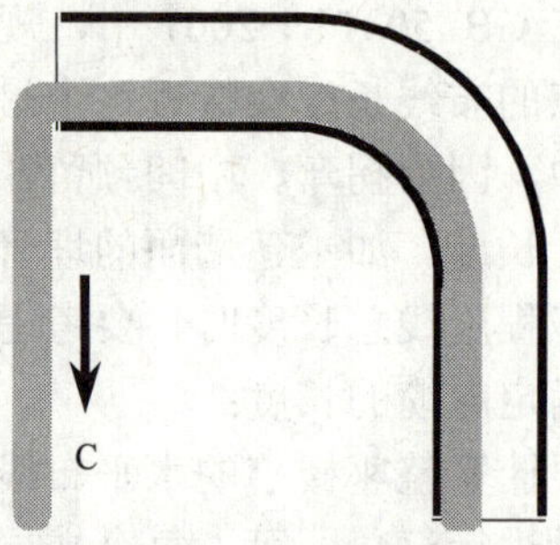

图 6-13　不正确拉线

在布线施工拉线过程中，必须坚持直接手持拉线，不允许将缆线缠绕在手中或者工具上拉线，也不允许用钳子夹住缆线中间缆线，这样操作时缠绕部分的曲率半径会非常小，夹持部分结构变形，直接破坏缆线内部结构或者护套。

如果遇到缆线距离很长或拐弯很多，手持拉线非常困难时，可以将缆线的端头捆扎在穿线器端头或铁丝上，用力拉穿线器或丝。缆线穿好后将受过捆扎部分的缆线剪掉。

穿线时，一般从信息点向楼道或楼层机柜穿线，一端拉线，另一端必须有专人放线和护线，保持缆线在管入口处的曲率半径比较大，避免缆线在入口或者箱内形成死结或者曲率半径很小。

6.4.4　水平子系统暗埋缆线的安装和施工

水平子系统暗埋缆线的安装与施工程序一般如下：

土建埋管→穿钢丝→安装底盒→穿线→标记→压接模块→标记。

墙内暗埋管一般使用ϕ16 或ϕ20 的穿线管，ϕ16 管内最多穿 2 条网络双绞线，ϕ20 管内最多穿 3 条网络双绞线。

金属管一般使用专门的弯管器成型，拐弯半径比较大，能够满足双绞线对曲率半径的要求。在钢管现场截断和安装施工中，必须清理干净截断时出现的毛刺，保持截断端面的光滑，两根钢管对接时必须保持接口整齐、没有错位，焊接时不要焊透管壁，避免在管内形成焊渣。金属管内的毛刺、错口、焊渣、垃圾等都会影响穿线，甚至损伤缆线的护套或内部结构。

墙内暗埋ϕ16、ϕ20 PVC 布线管时，要特别注意拐弯处的曲率半径。宜用弯管器现场制作大拐弯的弯头连接，这样既保证了缆线的曲率半径，又方便拉线，降低布线成本，保护缆线结构。

如图 6-14 所示，以在直径 20mm 的 PVC 管内穿线为例进行计算和说明曲率半径的重要性。按照 GB 50311—2007 的规定，非屏蔽双绞线的拐弯曲率半径不小于电缆外径的 4 倍。电缆外径按照 6mm 计算，拐弯半径必须大于 24mm。

拐弯连接处不宜使用市场上购买的弯头。目前，市场上没有适合网络综合布线使用的大拐弯 PVC 弯头，只有适合电气和水管使用的 90° 弯头，因为塑料件注塑脱模原因，无法生产大拐弯的 PVC 塑料弯头，图 6-15 表示了市场购买的ϕ20 电气穿线管弯头在拐弯处的曲率半径，拐弯半径只有 5mm，只有 5/6=0.83 倍，远远低于标准规定的 4 倍。

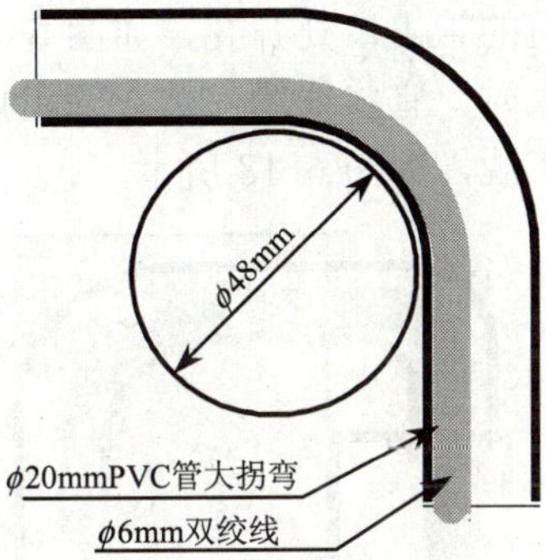

图 6-14　PVC 管内穿线

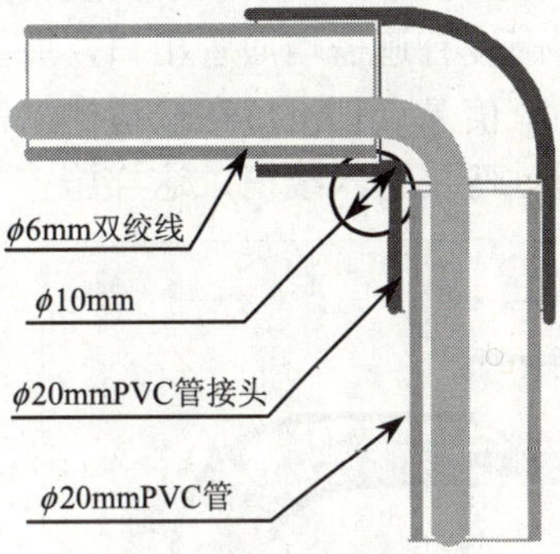

图 6-15　曲率半径

6.4.5　水平子系统明装线槽布线的施工

水平子系统明装线槽布线施工一般从安装信息点插座底盒开始，程序如下：

安装底盒→钉线槽→布线→装线槽盖板→压接模块→标记。

墙面明装布线时宜使用 PVC 线槽，拐弯处曲率半径容易保证，如图 6-16 所示。图 6-16 中以宽度 20mm 的 PVC 线槽为例说明单根直径 6mm 的双绞线缆线在线槽中最大弯曲情况和布线最大曲率半径值为 45mm（直径 90mm），布线弯曲半径与双绞线外径的最大倍数为 45/6=7.5 倍。

安装线槽时，首先在墙面测量并且标出线槽的位置，在建工程以 1m 线为基准，保证水平安装的线槽与地面或楼板平行，垂直安装的线槽与地面或楼板垂直，没有可见的偏差。

拐弯处宜使用 90° 弯头或者三通，线槽端头安装专门的堵头。

线槽布线时，先将缆线布放到线槽中，边布线边装盖板，在拐弯处保持缆线有比较大的拐弯半径。完成安装盖板后，不要再拉线，如果拉线力量过大会改

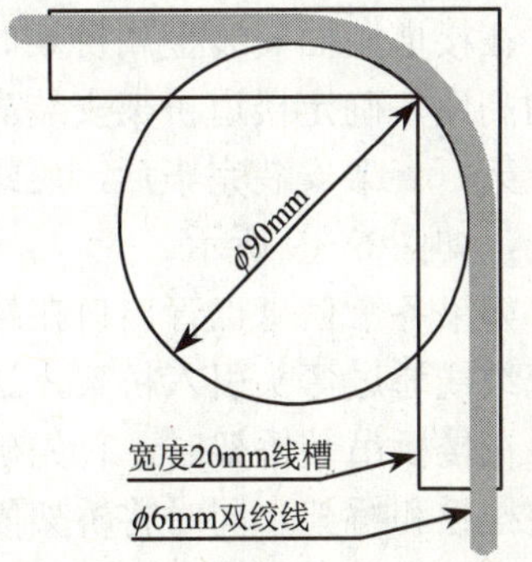

图 6-16　布线最大曲率半径示例

变线槽拐弯处的缆线曲率半径。

安装线槽时，用水泥钉或者自攻丝把线槽固定在墙面上，固定距离为 300mm 左右，必须保证长期牢固。两根线槽之间的接缝必须小于 1mm，盖板接缝宜与线槽接缝错开。

6.4.6 水平子系统桥架布线的施工

水平子系统桥架布线一般应用在楼道或者吊顶上，程序如下：

画线确定位置→装支架（吊杆）→装桥架→布线→装桥架盖板→压接模块→标记。

水平子系统在楼道墙面宜安装比较大的塑料线槽，例如，宽度 60mm、100mm、150mm 白色 PVC 塑料线槽，具体线槽高度必须按照需要容纳双绞线的数量来确定，选择常用的标准线槽规格，不要选择非标准规格。安装方法是首先根据各个房间信息点出线管口在楼道内的高度，确定楼道大线槽安装高度并且画线，其次按照 2～3 处/m 将线槽固定在墙面，楼道线槽的高度宜遮盖墙面管出口，并且在线槽遮盖的管出口处开孔，如图 6-17 所示。

如果各个信息点管出口在楼道内的高度偏差太大时，宜将线槽安装在管出口的下边，将双绞线通过弯头引入线槽，这样施工方便，外型美观，如图 6-18 所示。

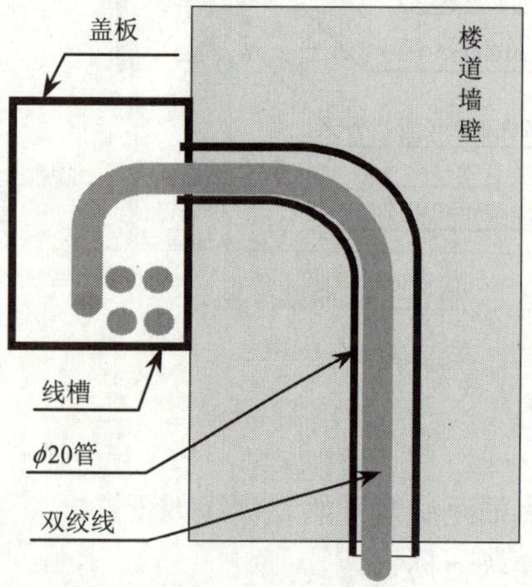

图 6-17　线槽安装一

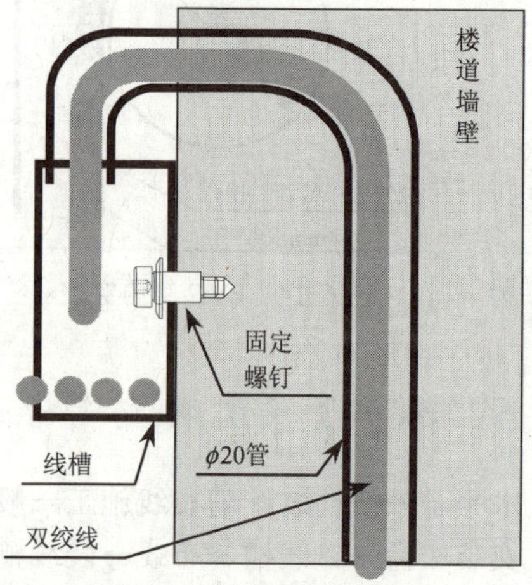

图 6-18　线槽安装二

将楼道全部线槽固定好后，再将各个管口的出线逐一放入线槽，边放线边盖板，放线时注意拐弯处保持比较大的曲率半径。

在楼道墙面安装金属桥架时，安装方法也是首先根据各个房间信息点出线管口在楼道内的高度，确定楼道桥架安装高度并且画线，其次按照 2～3 个/m 安装 L 形支架或者三角形支架。支架安装完毕后，用螺栓将桥架固定在每个支架上，并且在桥架对应的管出口处开孔，如图 6-19 所示。

如果各个信息点管出口在楼道内的高度偏差太大，也可以将桥架安装在管出口的下边，将双绞线通过弯头引入桥架，这样施工方便，外形美观。

在楼板吊装桥架时，首先确定桥架安装高度和位置，并且安装膨胀螺栓和吊杆，其次安装挂板和桥架，同时将桥架固定在挂板上，最后在桥架开孔和布线，如图 6-20 所示。

缆线引入桥架时，必须穿保护管，并且保持比较大的曲率半径。

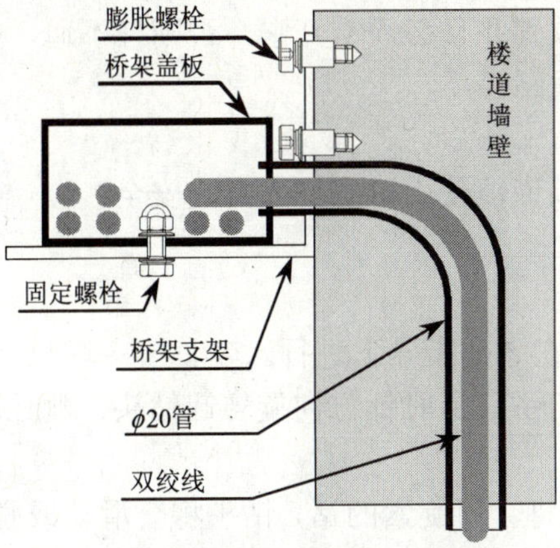

图 6-19　在楼道墙面安装桥架

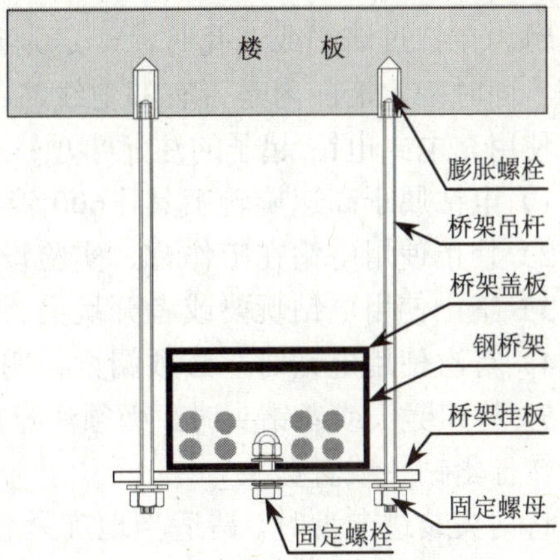

图 6-20　在楼板吊装桥架

6.4.7　布线拉力

拉缆线的速度从理论上讲，线的直径越小，则拉线的速度越快。但是，有经验的安装者一般会采取慢而平稳的拉线速度，而不是快速地拉线，因为快速拉线通常会造成线的缠绕或被绊住。

拉力过大，缆线变形，会破坏电缆对绞的匀称性，将引起缆线传输性能的下降。

拉力过大还会使缆线内的扭绞线对层数发生变化，严重影响缆线抗噪声（NEXT、FEXT 等）的能力，从而导致线对扭绞松开，甚至可能对导体造成破坏。

缆线最大允许的拉力如下：

1 根 4 对线电缆，拉力为 100N。

2 根 4 对线电缆，拉力为 150N。

3 根 4 对线电缆，拉力为 200N。

n 根线电缆，拉力为（n×5+50）N；不管多少根线对电缆，最大拉力不能超过 400N。

6.4.8　电力电缆距离

在水平子系统布线施工中，必须考虑与电力电缆之间的距离，其中不仅要考虑墙面明装的电力电缆，更要考虑在墙内暗埋的电力电缆。

6.4.9　施工安全

安全是施工过程的重中之重。施工现场工作人员必须严格按照安全生产、文明施工的要求，积极推行施工现场的标准化管理，按施工组织设计，科学组织施工。施工现场全体人员必须严格执行《建筑安装工程安全技术规程》和《建筑安装工人安全技术操作规程》。

使用电气设备、电动工具应有可靠保护接地，随身携带和使用的工具应搁置于顺手稳妥的地方，以防发生事故伤人。

在综合布线施工过程中，使用电动工具的情况比较多，如使用电锤打过墙洞、开孔安装线槽等工作。在使用电锤前，必须先检查一下工具的情况，在施工过程中不能用身体顶住电锤。在打过墙洞或开孔时，一定先确定梁的位置并且必须错开它，否则打不通，延误工期，同时确定墙面内是否有其他线路，如强电线路等。

使用充电式电钻/起子的注意事项：

1）电钻属于高速旋转工具，600 转/min，必须谨慎使用，保护人身的安全。

2）禁止使用电钻在工作台、实验设备上打孔。

3）禁止使用电钻玩耍或者开玩笑。

4）首次使用电钻时，必须阅读说明书，并且在老师指导下进行。

5）装卸劈头或者钻头时，必须注意旋转方向开关。逆时针方向旋转卸钻头，顺时针方向旋转拧紧钻头或者劈头。

将钻头装进卡盘时，请适当地旋紧套筒。如不将套筒旋紧的话，钻头将会滑动或脱落，从而引起人体受伤事故。

6）请勿连续使用充电器。每充完一次电后，需等 15min 左右让电池降低温度后再进行第二次充电。每个电钻配有两块电池，一块使用，一块充电，轮流使用。

7）电池充电不可超过 1h。大约 1h，电池即可完全充电。因此，应立即将充电器电源插头从交流电插座中拔出。观察充电器指示灯，红灯表示正在充电。

8）切勿使电池短路。电池短路时，会造成很大的电流和热量，从而烧坏电池。

9）在墙壁、地板或天花板上钻孔时，请检查这些地方，确认没有暗埋的电线和钢管等。

10）常见规格和技术参数，见表 6-10。

表 6-10　常见规格和技术参数

<table>
<tr><td colspan="3">无负荷状态下的速度</td><td>600 转/min</td></tr>
<tr><td rowspan="3">能力</td><td rowspan="2">钻孔</td><td>木材</td><td>10mm</td></tr>
<tr><td>金属</td><td>钢、铝：10mm</td></tr>
<tr><td>驱动</td><td>木螺钉</td><td>4.5mm（直径）20mm（长）</td></tr>
</table>

在施工中使用的高凳、梯子、高架车等，在使用前必须认真检查其牢固性。梯外端应采取防滑措施，并不得垫高使用。在通道处使用梯子，应有人监护或设围栏。人字梯距梯脚 40～60cm 处要设拉绳，施工中，不准站在梯子最上一层工作，且严禁在这上面放工具和材料。

当发生安全事故时，由安全员负责查原因，提出改进措施，上报项目经理，由项目经理与有关方面协商处理。发生重大安全事故时，公司应立即报告有关部门和业主，按政府有关规定处理，做到“四不放过”，即事故原因不明不放过，事故不查清责任不放过，事故不吸取教训不放过，事故不采取措施不放过。

安全生产领导小组负责现场施工技术安全的检查和督促工作，并做好记录。

6.5　水平子系统的工程技术实训项目

6.5.1　实训项目一　PVC 线管的布线工程技术实训

【实训目的】

1）通过水平子系统布线路径和距离的设计，熟练掌握水平子系统的设计流程。

2）通过线管的安装和穿线等，熟练掌握水平子系统的施工方法。

3）通过使用弯管器制作弯头，熟练掌握弯管器的使用方法，了解布线曲率半径的要求。

4）通过核算、列表，以及领取材料和工具，训练规范施工的能力。

【实训要求】

1）设计一种水平子系统的布线路径和方式，并且绘制设计图。

2）按照设计图，核算实训材料规格和数量，掌握工程材料核算方法，列出材料清单。

3）按照设计图，准备实训工具，列出实训工具清单，独立领取实训材料和工具。

4）独立完成水平子系统线管安装和布线方法，掌握 PVC 管卡、管的安装方法和技巧，掌握 PVC 管弯头的制作。

【实训材料和工具】

1）ϕ20 PVC 塑料管、管接头、管卡若干。

2）弯管器、穿线器、十字头螺钉旋具、M6×16 十字头螺钉。

3）钢锯、线槽剪、登高梯子、编号标签。

【实训设备】

推荐实训设备："西元"牌网络综合布线实训装置 1 套，产品型号：KYSYZ-12-1233。该实训设备是国家专利产品，由全钢的 12 个模块组成"丰"字形结构，构成 12 个角区域，能够满足 12 组学生同时进行 12 个子系统的实训。实训设备上预制有螺钉孔，无尘操作，能够进行万次以上的实训，如图 6-21 所示。

该产品为全国职业教育技能大赛综合布线项目专用产品。

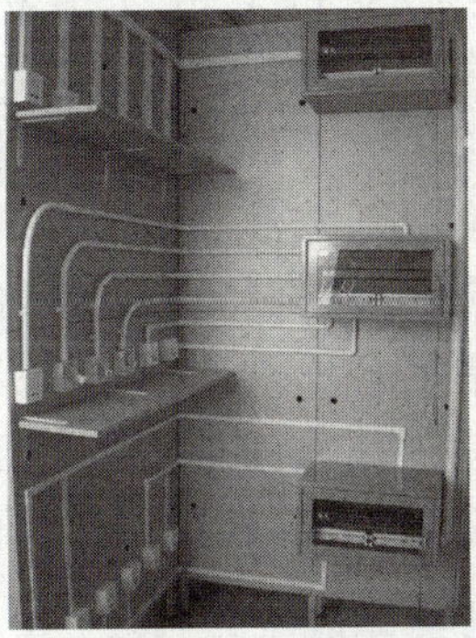

图 6-21　网络综合布线实训装置

【实训步骤】

1）使用 PVC 线管设计一种从信息点到楼层机柜的水平子系统，并且绘制施工图。3～4 人成立一个项目组，选举项目负责人，每人设计一种水平子系统布线图，并且绘制图样。项目负责人指定 1 种设计方案进行实训。

2）按照设计图，核算实训材料规格和数量，掌握工程材料核算方法，列出材料清单。

3）按照设计图需要，列出实训工具清单，领取实训材料和工具。

4）首先在需要的位置安装管卡。然后安装 PVC 管，在两根 PVC 管连接处使用管接头，拐弯处必须使用弯管器制作大拐弯的弯头连接。

5）明装布线实训时，边布管边穿线；暗装布线时，先把全部管和接头安装到位，并且固定好，然后从一端向另外一端穿线。

6）布管和穿线后，必须做好线标。

【实训分组】

为了满足全班 40～50 人同时实训和充分利用实训设备，实训前必须进行合理的分组，保证每组的实训内容相同，难易程度相同。分组要求从机柜到信息点完成一个永久链路的水平布线实训，以不同机柜、不同布线高度、不同布线拐弯分别组合成多种布线路径实训，每个小组分配一种布线路径实训，如图 6-22 所示，以“西元”牌网络综合布线实训装置为例进行分组，具体可以按照实训设备规格和实训人数设计。

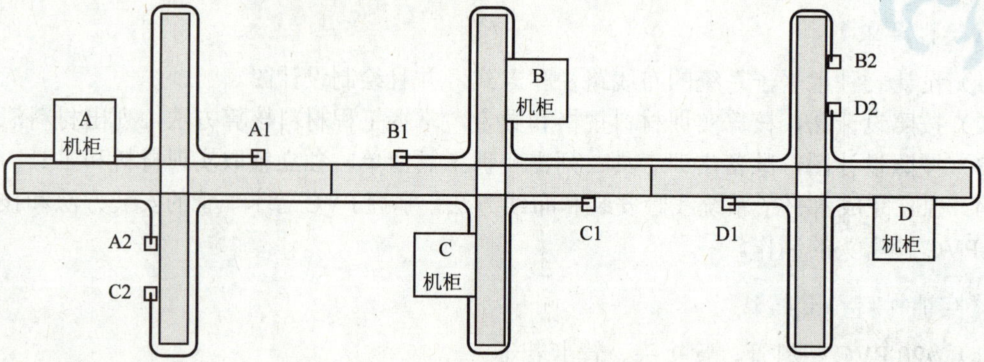

图 6-22 实训设置平面图

第一组布线路径：A 机柜→A1 信息点，高 2.35m，2 个阳角，2 个阴角，1 个拐弯。
第二组布线路径：A 机柜→A2 信息点，高 1.85m，2 个阳角，1 个阴角，1 个拐弯。
第三组布线路径：B 机柜→B1 信息点，高 2.35m，2 个阳角，1 个阴角，1 个拐弯。
第四组布线路径：B 机柜→B2 信息点，高 1.85m，2 个阳角，2 个阴角，1 个拐弯。
第五组布线路径：C 机柜→C1 信息点，高 2.35m，2 个阳角，1 个阴角，1 个拐弯。
第六组布线路径：C 机柜→C2 信息点，高 1.85m，2 个阳角，2 个阴角，1 个拐弯。
第七组布线路径：D 机柜→D1 信息点，高 2.35m，2 个阳角，2 个阴角，1 个拐弯。
第八组布线路径：D 机柜→D2 信息点，高 1.85m，2 个阳角，1 个阴角，1 个拐弯。

【实训报告】

1）设计一种水平布线子系统施工图。
2）列出实训材料规格、型号、数量清单表。
3）列出实训工具规格、型号、数量清单表。
4）使用弯管器制作大拐弯接头的方法和经验。
5）水平子系统布线施工程序和要求。
6）使用工具的体会和技巧。

6.5.2 实训项目二 PVC 线槽的布线工程技术实训

【实训目的】

1）通过水平子系统布线路径和距离的设计，熟练掌握水平子系统的设计。
2）通过线槽的安装和穿线等，熟练掌握水平子系统的施工方法。
3）通过核算、列表，以及领取材料和工具，训练规范施工的能力。

【实训要求】

1）设计一种水平子系统的布线路径和方式，并且绘制施工图。

2）按照设计图，核算实训材料规格和数量，掌握工程材料核算方法，列出材料清单。

3）按照设计图，准备实训工具，列出实训工具清单，独立领取实训材料和工具。

4）独立完成水平子系统线槽的安装和布线方法，掌握 PVC 线槽、盖板、阴角、阳角、三通的安装方法和技巧。

【实训材料和工具】

1）宽度 20mm 或者 40mm PVC 线槽，以及盖板、阴角、阳角、三通若干。

2）电动起子、十字头螺钉旋具、M6×16 十字头螺钉。

3）登高梯子、编号标签。

【实训设备】

推荐实训设备："西元"牌网络综合布线实训装置 1 套，产品型号：KYSYZ-12-1233。

【实训步骤】

1）使用 PVC 线槽设计一种从信息点到楼层机柜的水平子系统，并且绘制施工图。3～4 人成立一个项目组，选举项目负责人，每人设计一种水平子系统布线图，并且绘制图样。项目负责人指定 1 种设计方案进行实训。

2）按照设计图，核算实训材料规格和数量，掌握工程材料核算方法，列出材料清单。

3）按照设计图需要，列出实训工具清单，领取实训材料和工具。

4）首先量好线槽的长度，再使用电动旋具在线槽上开 8mm 孔，如图 6-23 所示。孔位置必须与实训装置安装孔对应，每段线槽至少开两个安装孔。

5）用 M6×16 十字头螺钉把线槽固定在实训装置上，如图 6-24 所示。拐弯处必须使用专用接头，如阴角、阳角、弯头、三通等。

6）在线槽布线时，边布线边装盖板。

7）布线和盖板后，必须做好线标。

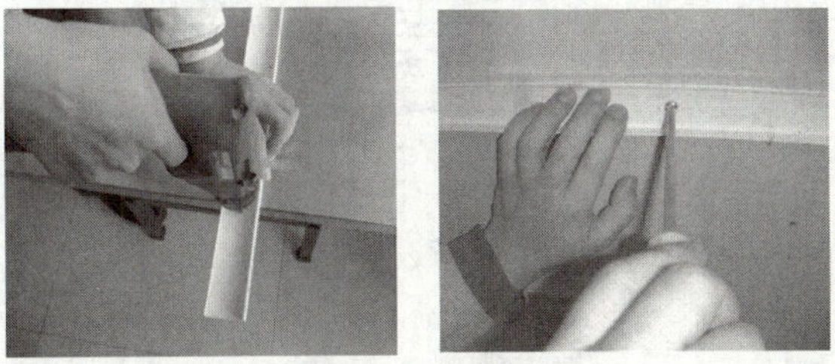

图 6-23　线槽开孔

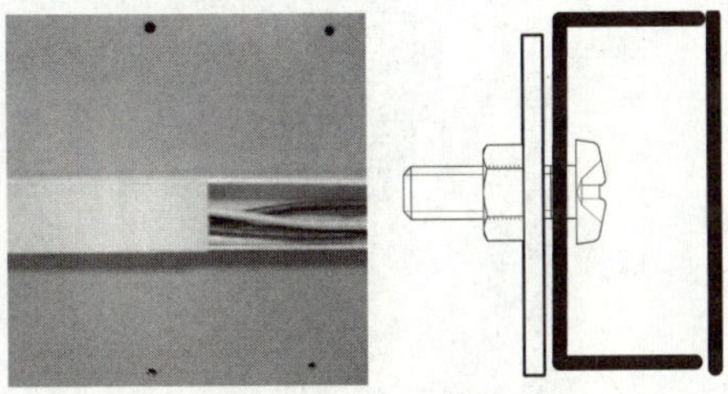

图 6-24　固定线槽

【实训分组】

为了满足全班 40 人同时实训和充分利用实训设备，实训前必须进行合理的分组，保证每组的实训内容相同，难易程度相同。分组要求从机柜到信息点完成一个永久链路的水平布线实训，以不同机柜、不同布线高度、不同布线拐弯分别组合成多种布线路径实训，每个小组分配一种布线路径实训。如图 6-25 所示，以“西元”牌网络综合布线实训装置为例进行分组，具体可以按照实训设备规格和实训人数设计。

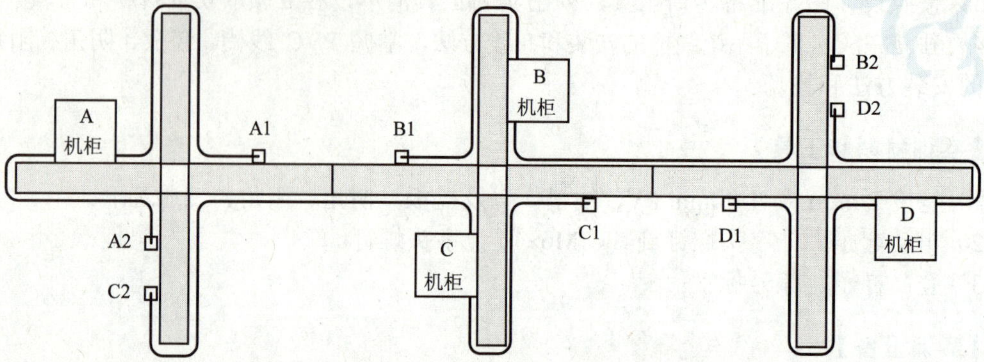

图 6-25　实训装置平面图

第一组布线路径：A 机柜→A1 信息点，高 2.35m，2 个阳角，2 个阴角，1 个拐弯。
第二组布线路径：A 机柜→A2 信息点，高 1.85m，2 个阳角，1 个阴角，1 个拐弯。
第三组布线路径：B 机柜→B1 信息点，高 2.35m，2 个阳角，1 个阴角，1 个拐弯。
第四组布线路径：B 机柜→B2 信息点，高 1.85m，2 个阳角，2 个阴角，1 个拐弯。
第五组布线路径：C 机柜→C1 信息点，高 2.35m，2 个阳角，1 个阴角，1 个拐弯。
第六组布线路径：C 机柜→C2 信息点，高 1.85m，2 个阳角，2 个阴角，1 个拐弯。
第七组布线路径：D 机柜→D1 信息点，高 2.35m，2 个阳角，2 个阴角，1 个拐弯。
第八组布线路径：D 机柜→D2 信息点，高 1.85m，2 个阳角，1 个阴角，1 个拐弯。

图 6-26 表示了部分永久链路水平布线路径立体图。

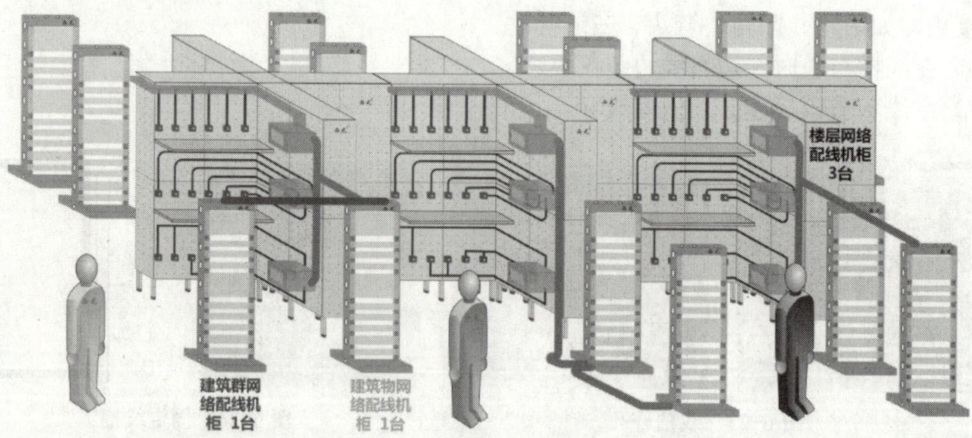

图 6-26　部分永久链路水平布线路径立体图

【实训报告】

1）设计一种全部使用线槽布线的水平子系统施工图。
2）列出实训材料规格、型号、数量清单表。

3）列出实训工具规格、型号、数量清单表。

4）总结安装弯头、阴角、阳角、三通等线槽配件的方法和经验。

5）简述水平子系统布线施工程序和要求。

6）简述工具使用时的体会和技巧。

6.5.3 实训项目三 桥架安装和布线工程技术实训

【实训目的】

1）掌握桥架在水平子系统中的应用。

2）掌握支架、桥架、弯头、三通等的安装方法。

3）通过核算、列表，以及领取材料和工具，训练规范施工的能力。

【实训要求】

1）设计一种桥架布线路径和方式，并且绘制设计图。

2）按照设计图，核算实训材料规格和数量，列出材料清单。

3）准备实训工具，列出实训工具清单，独立领取实训材料和工具。

4）独立完成桥架安装和布线。

【实训材料和工具】

1）宽度为100mm的金属桥架，以及弯头、三通、三角支架、固定螺钉、网线若干。

2）电动旋具、十字头螺钉旋具、M6×16十字头螺钉、登高梯子、卷尺。

【实训设备】

推荐实训设备："西元"牌网络综合布线实训装置1套，产品型号：KYSYZ-12-1233。

桥架安装如图6-27所示。

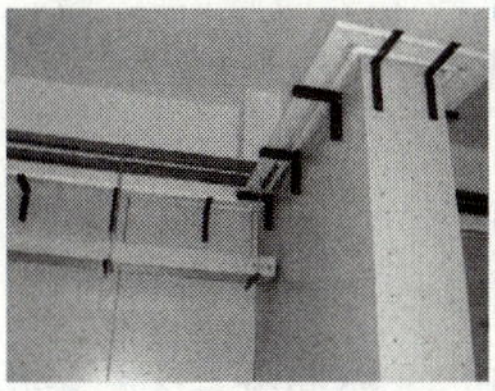

图6-27 桥架安装

【实训步骤】

1）设计一种桥架布线路径，并且绘制设计图。3～4人成立一个项目组，选举项目负责人，项目负责人指定1种设计方案进行实训。

2）按照设计图，核算实训材料规格和数量，掌握工程材料核算方法，列出材料清单。

3）按照设计图，列出实训工具清单，领取实训材料和工具。

4）固定支架安装。用M6×16十字头螺钉把支架固定在实训装置上。

5）桥架部件组装和安装。用M6×16十字头螺钉把桥架固定在三角支架上。

6）在桥架内布线时，边布线边装盖板。

【实训分组】

按照前面几个实训项目的要求进行分组实训。

【实训报告】

1）设计一种全部使用桥架布线的水平子系统施工图。

2）列出实训材料规格、型号、数量清单。

3）列出实训工具规格、型号、数量清单。

4）总结安装支架、桥架、弯头、三通等线槽配件的方法和经验。

6.5.4 实训项目四 布线曲率半径工程技术实训

【实训目的】

1）掌握缆线布线曲率半径要求。

2）掌握网络测试仪的使用方法。

【实训要求】

1）设计多种不同曲率半径布线路径和方式，并且设计实训图和测试记录表。

2）按照设计图进行实训和测试，记录和分析测试结果。

【实训材料和工具】

1）网络双绞线、RJ45 水晶头若干。

2）网络测试仪。

【实训设备】

1）"西元"牌网络综合布线实训装置 1 套，产品型号：KYSYZ-12-1233。

2）曲率半径实验仪 1 套，产品型号：KYSYZ-03-01。该曲率半径实验仪是国家专利产品，由不同曲率半径圆柱组成，能够非常方便和准确地模拟缆线的各种曲率半径，如图 6-28 所示。

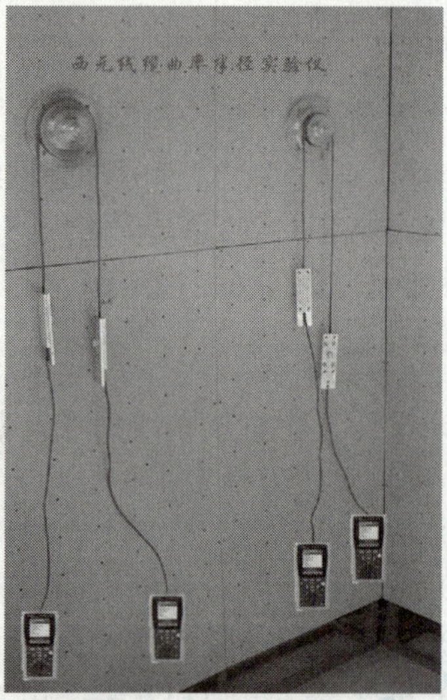

图 6-28 曲率半径实验

【实训步骤】

1）设计多种不同曲率半径布线路径和方式，并且设计实训图和测试记录表。

2）按照设计图，进行实训和测试。

3）详细记录在不同曲率半径时测得的缆线数据。

4）分析测试数据，并且与国家标准规定进行比较。

【实训报告】

1）至少设计 3 种不同曲率半径布线路径和测试记录表。

2）总结布线曲率半径对链路传输的影响规律。

3）列出国家标准中对布线曲率半径的要求和规定。

4）简述在工程施工中如何保证布线的曲率半径符合标准规定。

6.5.5 实训项目五 布线拉力实验

【实训目的】

1）掌握缆线布线拉力要求和对布线工程的影响。

2）掌握网络测试仪的使用方法。

【实训要求】

1）设计不同拉力实验方案和实验记录表。

2）按照设计方案进行实训和测试，同时记录和分析测试结果。

【实训材料和工具】

网络双绞线、RJ45 水晶头若干。

【实训设备】

1）“西元牌”网络综合布线实训装置 1 套，产品型号：KYSYZ-12-1233。

2）布线拉力实验仪 1 套，产品型号：KYSYZ-03-02。该布线拉力实验仪是国家专利产品，由不同曲率半径圆柱和承重块组成，能够非常方便和准确地给缆线施加拉力，如图 6-29 所示。

3）网络测试仪。

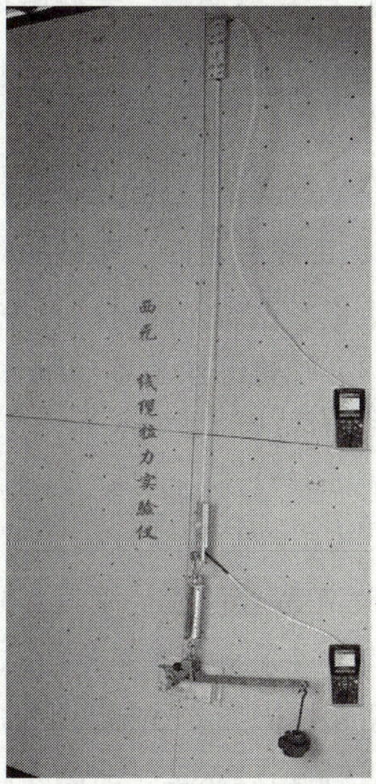

图 6-29 拉力实验

【实训步骤】

1）设计不同拉力实验方案和实验记录表。

2）按照设计方案进行实训和测试，详细记录在不同拉力情况下缆线的测试结果。

3）分析测试数据，并且与国家标准规定进行比较。

【实训报告】

1）至少设计 3 种不同布线拉力和测试记录表。

2）总结布线拉力对缆线物理结构和传输的影响规律。

3）列出国家标准对布线拉力的要求和规定。

4）简述在工程施工中如何保证布线拉力符合标准规定。

6.6 工程经验

1．工程经验一 路径的勘察

在水平子系统的布线工作开始前，首先要勘察施工现场，确定布线的路径和走向，避免盲目施工给工程带来经济上的损失，甚至拖延工期。

2．工程经验二　线槽/线管的铺设

水平子系统主干线槽铺设一般都是明装在建筑物过道的两侧或吊顶之上，这样便于施工和检修。而入户部分有暗埋和明装两种。暗埋时多为 PVC 线管或钢管，明装时使用 PVC 线管或线槽。

在过道墙面铺设线槽时，为了线槽保持水平，一般先用墨斗放线，然后用电锤打眼安装木楔子之后才开始安装明装线槽。

在吊顶上安装线槽或桥架时，必须在吊顶之前完成安装吊杆或支架以及布线工作。

3．工程经验三　布线时携带的工具

水平子系统布线时，一般在楼道内铺设的高度比较高，需要携带梯子。

在入户时，暗管内土建方都留有牵引钢丝，但是有时牵引钢丝会难以拉出或牵引钢丝留的太短拉不住，这样就需要携带老虎钳，用老虎钳夹住牵引钢丝将线拉出。

4．工程经验四　布线拉线速度和拉力

水平子系统布线时，拉缆线的速度从理论上讲，线的直径越小，则拉线的速度越快。但是，有经验的安装者一般会采取慢而平稳的拉线速度，而不是快速拉线，因为快速拉线通常会造成线的缠绕或被绊住，使施工进展缓慢。还有，在从卷轴上拉出缆线时，要注意电缆可能会打结。缆线打结就应视为损坏，应更换缆线。

拉力过大，线缆变形，会破坏电缆对绞的匀称性，将引起缆线传输性能的下降。

5．工程经验五　阴角、阳角、堵头的使用

在完成水平子系统布线后，扣线槽盖板时，在铺设线槽有拐弯的地方需要使用相应规格的阴角、阳角，线槽两端需要使用堵头，使其美观。

6．工程经验六　双绞线的传输距离一直被确定为 100m

无论是 10Base-T 和 100Base-TX 标准，还是 1000Base-T 标准，都明确表明最远传输距离为 100m。在综合布线规范中，也明确要求水平布线不能超过 90m，链路总长度不能超过 100m。也就是说，100m 对于有线以太网而言是一个极限。

7．工程经验七　信息插座安装在户外

信息插座安装在户外主要是针对旧住宅楼增加信息点的情况。由于住户各家的装修不同，家具摆放位置也有所不同，信息点入户施工会对住户带来不必要的麻烦，例如，破坏装修、搬移家具等，所以可将信息插座安装在楼道住户门口，入户时由户主自行处理。

6.7　2010 年全国职业院校技能大赛中职组《网络综合布线技术》竞赛分析

1．材料统计表设计

根据网络综合布线工程示意图完成材料统计表，如图 6-30 所示，要求材料名称正确、规格齐全、数量正确、辅料合适。材料统计表按照表 6-11 格式编制。

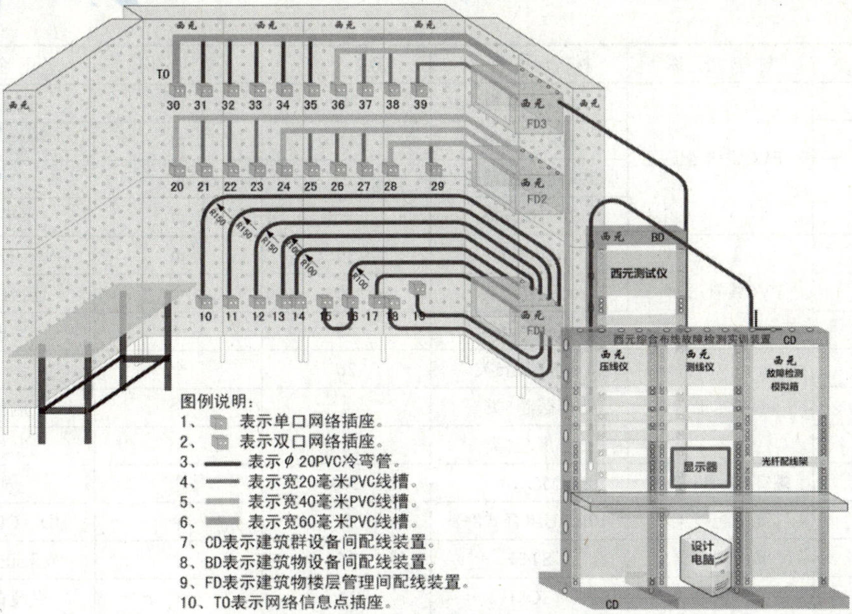

图 6-30 网络综合布线工程示意图

表 6-11 材料统计表格式

项目名称：

序 号	材料名称	材料规格/型号	数 量	单 位	用途简述

编制人：（只能填写竞赛组号） 时间：

评判要点：

1）材料名称、规格型号正确。

2）数量合理。

3）用途说明完整。

4）编制人、日期完整。

参考答案见表 6-12。

表 6-12 ××项目材料统计表

序 号	材料名称	材料规格/型号	数 量	单 位	用途简述
1	网络机柜	19in 6U	3	台	楼层管理间
2	网络配线架	19in 1U 24口	3	台	网络配线
3	理线架	19in 1U	3	个	理线
4	明装底盒	86型	30	个	信息插座用
5	网络面板	双口	30	个	信息插座用
6	网络模块	超5类 RJ45	57	个	信息插座用
7	网络双绞线	超5类，4-UTP	300	m	网络布线
8		屏蔽超5类	2	m	制作跳线
9		非屏蔽5类	2	m	制作跳线

（续）

序　号	材料名称	材料规格/型号	数　量	单　位	用途简述
10	PVC线槽/配件	60×22线槽	4	m	垂直布线用
11		39×18 线槽	11	m	水平布线用
12		39×18 线槽堵头	2	个	
13		20×10 线槽	4	m	水平布线用
14	PVC线管/配件	ϕ20 线管	30	m	布线用
15		ϕ20 直接头	30	个	连接PVC线管
16		ϕ20塑料管卡	60	个	固定PVC线管
17	RJ45水晶头	非屏蔽超5类	26	个	制作跳线
18		屏蔽超5类	4	个	制作跳线
19		非屏蔽5类	8	个	制作跳线
20	螺钉+螺母+垫片	M6×16	200	个	固定用
21	光纤配线架	19in 1U组合式8+8	2	个	BD、CD配线设备
22	光纤耦合器	ST口	16	个	安装在配线架上
23	光纤耦合器	SC口	16	个	安装在配线架
24	室内光缆	4芯，多模	5	m	BD-CD之间布线用
25	室内光缆	4芯，单模	5	m	BD-CD之间布线用
26	光缆跳线	3m，单模ST-ST	8	条	熔接光纤使用
27	光缆跳线	3m，多模SC-SC	8	条	熔接光纤使用
28	光纤保护套管	单芯	32	个	熔接光纤使用
29	L形支架		1	个	固定PVC线管
30	线扎		1	包	

编制人：××机位号　　　　　　时间：××年××月××日

2. 配线子系统的线槽、线管安装

按照网络综合布线工程示意图（如图 6-30 所示）所示的位置和要求，完成 FD1、FD2、FD3 三个楼层配线子系统的线槽、线管安装和布线端接。

（1）FD1 配线子系统布线安装（线管布线安装）

完成 FD1 配线子系统线管安装和布线，以及管理间 FD1 机柜内配线架、理线环安装和网线端接。

要求线管安装位置正确，横平竖直，现场自制弯头，接缝间隙必须小于 1mm，布线施工规范合理。

（2）FD2 配线子系统布线安装（线槽布线安装）

完成 FD2 配线子系统线槽安装和布线，以及管理间 FD2 机柜内配线架、理线环安装和网线端接。

要求同 FD1。

（3）FD3 配线子系统布线安装（线槽/管组合）

完成 FD3 配线子系统线槽/管的安装和布线，以及管理间 FD3 机柜内配线架、理线环安装和网线端接。

要求线槽/线管安装位置正确，横平竖直，现场自制弯头，接缝间隙必须小于 1mm，布线施工规范合理。

评判要点：

1）材料使用正确。

2）线槽、线管安装位置正确、横平竖直。

3）按照要求自制弯头。

4）接缝小于 1mm。

5）信息插座模块端接正确。

6）有线标。

竞赛作品如图 6-31 所示。

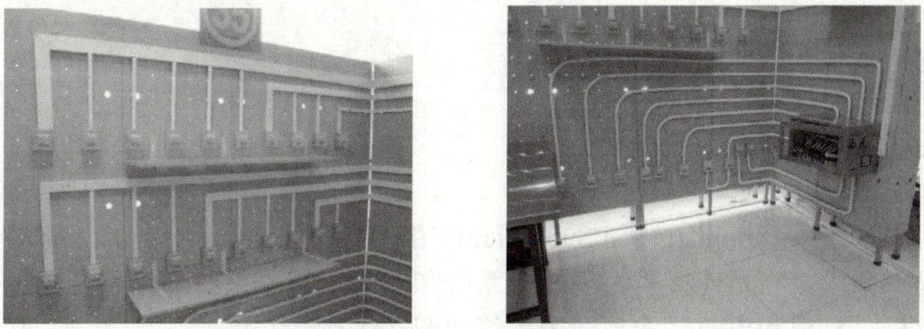

图 6-31　竞赛作品

第 7 章

管理间子系统工程技术

7.1 管理间子系统概述

7.1.1 管理间子系统的概念

管理间子系统（Administration Subsystem）由交接、互连和 I/O 组成。管理间为连接其他子系统提供手段，它是连接垂直干线子系统和水平干线子系统的设备，其主要设备是配线架、交换机、机柜和电源。管理间子系统如图 7-1 所示。

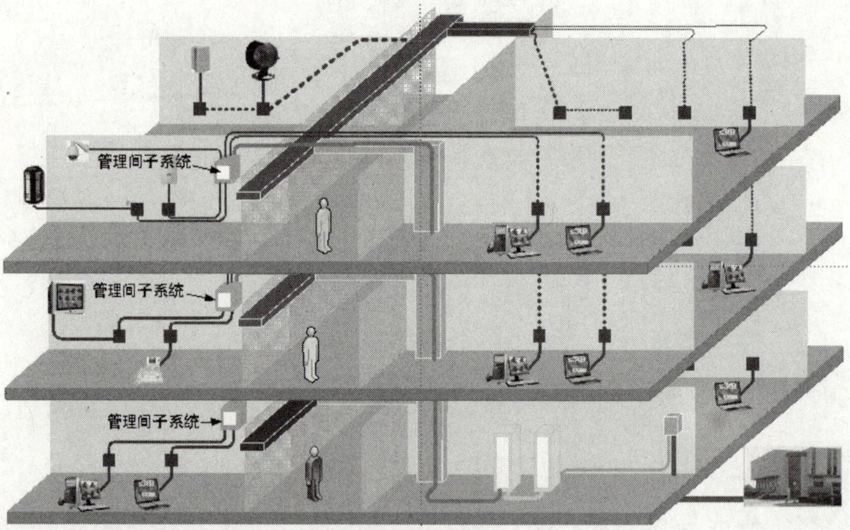

图 7-1 管理间子系统示意图

在综合布线系统中，管理间子系统包括楼层配线间、二级交接间、建筑物设备间的缆线、配线架及相关接插跳线等。通过综合布线系统的管理间子系统，可以直接管理整个应用系统终端设备，从而实现综合布线的灵活性、开放性和扩展性。

7.1.2 管理间子系统的划分原则

管理间（电信间）主要为楼层安装配线设备（为机柜、机架、机箱等安装方式）和楼层计算机网络设备（HUB 或 SW）的场地，并可考虑在该场地设置缆线竖井等电位接地体、电源插座、UPS配电箱等设施。在场地面积允许的情况下，也可设置建筑物安防、消防、建筑设备监控系统、无线信号等系统的布缆线槽和功能模块。如果综合布线系统与弱电系统设备合设于同一场地，从建筑的角度来说，一般也称为弱电间。

目前，许多大楼在综合布线时都考虑在每一楼层设立一个管理间，用来管理该层的信息点，改变了以住几层共享一个管理间子系统的做法，这也是综合布线的发展趋势。

管理间子系统设置在楼层配线房间，是水平系统电缆端接的场所，也是主干系统电缆端接的场所，它由大楼主配线架、楼层分配线架、跳线、转换插座等组成。用户可以在管理间子系统中更改、增加、交接、扩展缆线，从而改变缆线路由。

管理间子系统中以配线架为主要设备，配线设备可直接安装在19in机架或者机柜上。

管理间面积的大小一般根据信息点多少安排和确定，如果信息点多，就应该考虑一个单独的房间来放置，如果信息点很少，也可采取在墙面安装机柜的方式。

7.2 管理间子系统的设计原则

7.2.1 设计步骤

管理间子系统一般根据楼层信息点的总数量和分布密度情况设计，首先按照各个工作区子系统的需求，确定每个楼层工作区信息点的总数量，然后确定水平子系统缆线长度，最后确定管理间的位置，完成管理间子系统的设计。

7.2.2 需求分析

管理间的需求分析围绕单个楼层或者附近楼层的信息点数量和布线距离进行，各个楼层的管理间最好安装在同一个位置，也可以考虑功能不同的楼层安装在不同的位置。根据点数统计表分析每个楼层的信息点总数，然后估算每个信息点的缆线长度，特别注意最远信息点的缆线长度，列出最远和最近信息点缆线的长度，宜把管理间布置在信息点的中间位置，同时保证各个信息点双绞线的长度不要超过90m。

7.2.3 技术交流

在进行需求分析后，要与用户进行技术交流，不仅要与技术负责人交流，也要与项目或者行政负责人进行交流，充分和广泛地了解用户的需求，特别是未来的扩展需求。交流过程中要重点了解规划的管理间子系统附近的电源插座、电力电缆、电器管理等情况。交流过程中必须详细地进行书面记录，每次交流结束后要及时整理书面记录，这些书面记录是初步设计的依据。

7.2.4 阅读建筑物图样和管理间命名或编号

在管理间位置确定前，索取和认真阅读建筑物设计图样是必要的。通过阅读建筑物图样可掌握建筑物的土建结构、强电路径、弱电路径，特别是主要电器和电源插座的安装位置，重点掌握管理间附近的电器、电源插座、暗埋管线等。在阅读图样时，进行记录或者标记，这有助于将网络和电话等插座设计在合适的位置，避免强电或者电器对网络综合布线系统的影响。

管理间的命名或编号是非常重要的一项工作，也直接涉及每条缆线的命名，因此，管理间命名时首先必须准确表达该管理间的位置或者用途，这个名称从项目设计开始到竣工验收及后续维护必须保持一致。如果出现项目投入使用后用户改变名称或者编号的情况时，必须及时制作名称变更对应表，作为竣工资料保存。

管理间子系统使用色标来区分配线设备的性质，标明端接区域、物理位置、编号、容量、规格等，以便维护人员在现场一目了然地加以识别。综合布线使用 3 种标记：电缆标记、场标记和插入标记。电缆和光缆的两端应采用不易脱落和磨损的不干胶条标明相同的编号。

管理间子系统的标识编制，应按下列原则进行：

1）规模较大的综合布线系统应采用计算机进行标识管理，简单的综合布线系统应按图样资料进行管理，并应做到记录准确、及时更新、便于查阅。

2）综合布线系统的每条电缆、光缆、配线设备、端接点、安装通道和安装空间均应给定唯一的标志。标志中可包括名称、颜色、编号、字符串或其他组合。

3）配线设备、缆线、信息插座等硬件均应设置不易脱落和磨损的标识，并应有详细的书面记录和图样资料。

4）同一条缆线或者永久链路的两端编号必须相同。

5）设备间、交接间的配线设备宜采用统一的色标来区别各类用途的配线区。

7.2.5 设计原则

1．管理间数量的确定

每个楼层一般至少设置 1 个管理间（电信间）。在特殊情况下，如果每层信息点数量较少，且水平缆线长度不大于 90m，那么几个楼层可合设一个管理间。管理间数量的设置宜按照以下原则：

如果该层信息点数量不大于 400 个，水平缆线长度在 90m 范围内，宜设置一个管理间，当超出这个范围时宜设两个或多个管理间。

在实际的工程应用中，为了方便管理和保证网络传输速率或者节约布线成本，例如，学生公寓，信息点密集，使用时间集中，楼道很长，也可以按照 100～200 个信息点设置一个管理间的原则，将管理间机柜明装在楼道中。

2．管理间的面积

GB 50311—2007 中规定管理间的使用面积不应小于 5m^2，也可根据工程中配线管理和网络管理的容量进行调整。一般新建楼房都有专门的垂直竖井，楼层的管理间基本都设计在建筑物竖井内，面积 3m^2 左右。在一般小型网络综合布线系统工程中，管理间也可能只是一个网络机柜。

一般旧楼增加网络综合布线系统时，可以将管理间设计在楼道中间位置的办公室，也可以采取壁挂式机柜直接明装在楼道，作为楼层管理间。

管理间安装落地式机柜时，机柜前面的净空不应小于 800mm，后面的净空不应小于 600mm，方便施工和维修。安装壁挂式机柜时，一般在楼道的安装高度不小于 1.8m。

3. 管理间的电源要求

管理间应提供不少于两个 220V 带保护接地的单相电源插座。

管理间如果安装电信管理或其他信息网络管理时，管理供电应符合相应的设计要求。

4. 管理间的门要求

管理间应采用外开丙级防火门，门宽大于 0.7m。

5. 管理间的环境要求

管理间内温度应为 10～35℃，相对湿度宜为 20%～80%。一般应该考虑网络交换机等设备发热对管理间温度的影响，夏季必须保持管理间温度不超过 35℃。

7.2.6 管理间子系统的管理器件

管理间子系统的管理器件根据综合布线所用介质类型分为两大类，即铜缆管理器件和光纤管理器件。这些管理器件用于配线间和设备间的缆线端接，以构成一个完整的综合布线系统。

1. 铜缆管理器件

铜缆管理器件主要有配线架、机柜及缆线相关管理附件。配线架主要有 110 系列配线架和 RJ45 模块化配线架两类。110 系列配线架可应用于电话语音系统和网络综合布线系统，RJ45 模块化配线架主要应用于网络综合布线系统。

（1）110 系列配线架

110 系列配线架产品各个厂家基本相似，有些厂家还根据应用特点不同细分成不同类型的产品。例如，AVAYA 公司的 SYSTIMAX 综合布线产品将 110 系列配线架分为两大类，即 110A 和 110P。110A 配线架采用夹跳接线连接方式，可以垂直叠放，便于扩展，比较适合于线路调整较少、线路管理规模较大的综合布线场合，如图 7-2 所示；110P 配线架采用接插软线连接方式，管理比较简单，但不能垂直叠放，较适合于线路管理规模较小的场合，如图 7-3 所示。

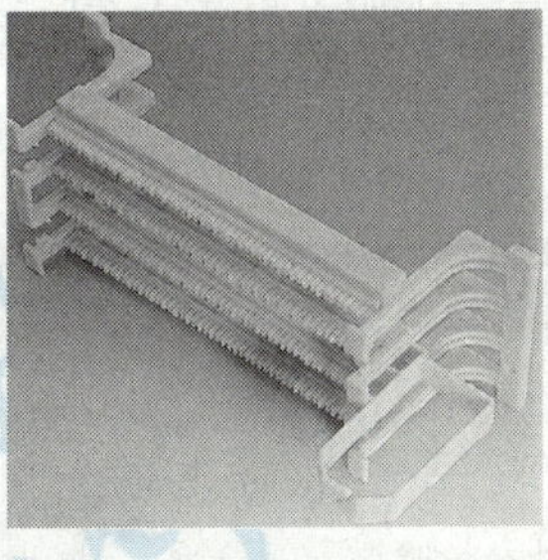

图 7-2 AVAYA 110A 配线架

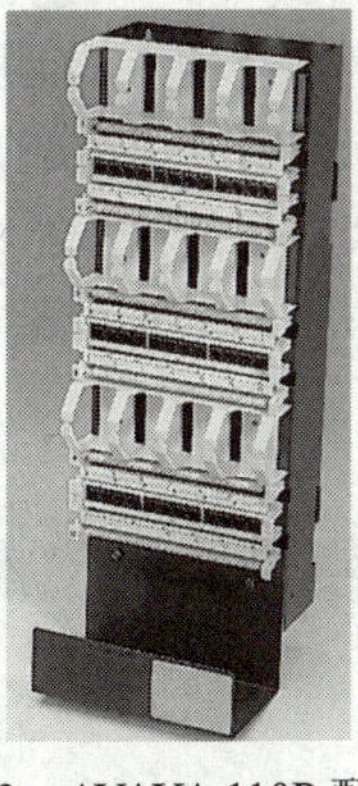

图 7-3 AVAYA 110P 配线架

110A 配线架有 100 对和 300 对两种规格，可以根据系统安装要求使用这两种规格的配线架进行现场组合。110A 配线架由以下配件组成：

1）100 或 300 对线的接线块。

2）3、4 或 5 对线的 110C 连接块，如图 7-4 所示。

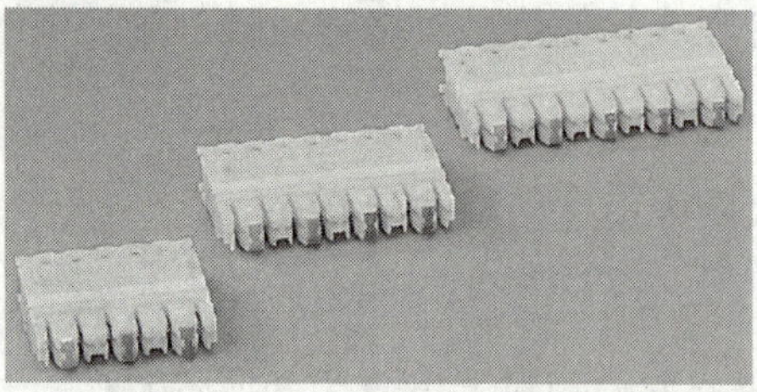

图 7-4　3、4 或 5 对线的 110C 连接块

3）底板。

4）理线环。

5）跳插软线。

6）标签条。

110P 配线架有 300 对和 900 对两种规格。110P 配线架由以下配件组成：

1）安装于面板上的 100 对线的 110D 型接线块。

2）3、4 或 5 对线的连接块。

3）188C2 和 188D2 垂直底板。

4）188E2 水平跨接线过线槽。

5）管道组件。

6）接插软线。

7）标签条。

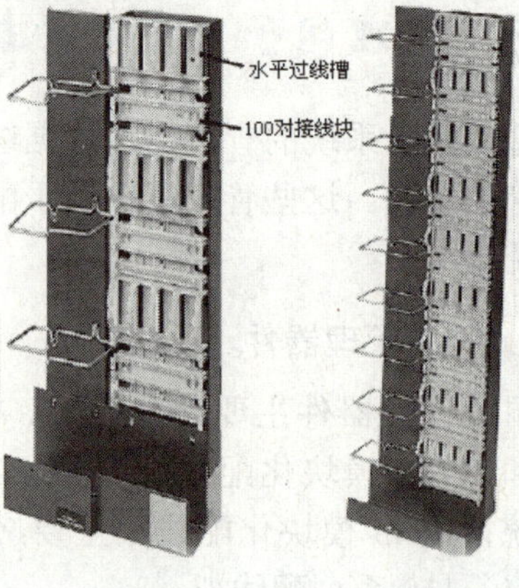

a）　b）

图 7-5　AVAYA 110P 配线架构成

a）300 对 110P 配线架　b）900 对 110P 配线架

110P 配线架的结构如图 7-5 所示。

（2）RJ45 模块化配线架

RJ45 模块化配线架主要应用于网络综合布线系统，它根据传输性能的要求分为 5 类、超 5 类、6 类模块化配线架。配线架前端面板为 RJ45 接口，可通过 RJ45　RJ45 软跳线连接到计算机或交换机等网络设备。配线架后端为 BIX 或 110 连接器，可以端接水平子系统缆线或干线缆线。配线架一般宽度为 19in，高度为 1～4U，主要安装于 19in 机柜中。模块化配线架的规格一般由配线架根据传输性能、前端面板接口数量及配线架高度决定。如图 7-6 所示为西元 1U 24 口 RJ45 模块化网络配线架。

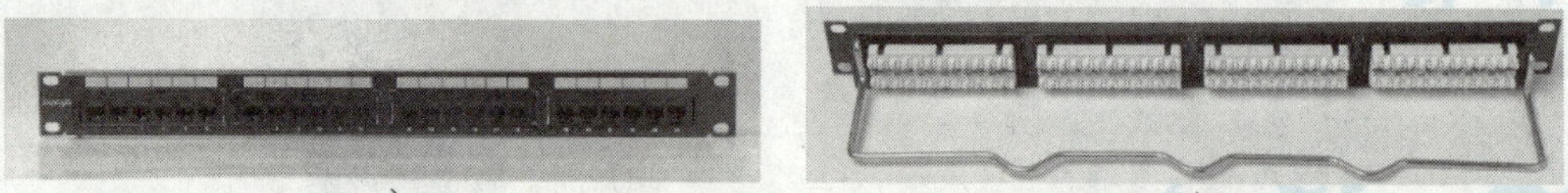

a）　b）

图 7-6　配线架

a）前端面板　b）后端

配线架前端面板可以安装相应标签以区分各个端口的用途，方便以后的线路管理，配线架后端的 BIX 或 110 连接器都有清晰的色标，方便线对按色标顺序端接。

（3）BIX 交叉连接系统

BIX 交叉连接系统是 IBDN 智能化大厦解决方案中常用的管理器件，可以用于计算机网络、电话语音、安保等弱电布线系统。BIX 交叉连接系统主要由以下配件组成：

1）50、250、300 对线的 BIX 安装架，如图 7-7 所示。

2）25 对 BIX 连接器，如图 7-8 所示。

3）布线管理环，如图 7-9 所示。

4）标签条。

5）电缆绑扎带。

6）BIX 跳插线，如图 7-10 所示。

300 对 BIX 安装架　　250 对 BIX 安装架　　50 对 BIX 安装架

图 7-7　50、250、300 对 BIX 安装架

图 7-8　25 对 BIX 连接器

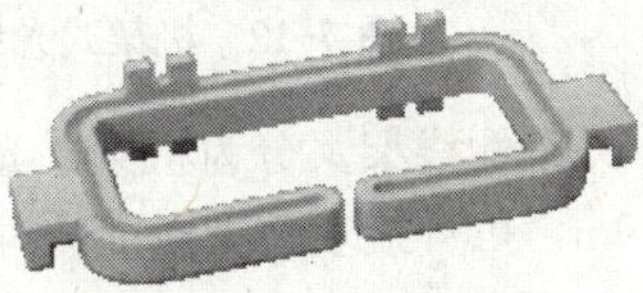

图 7-9　布线管理环

a）　　b）

图 7-10　BIX 跳插线

a）BIX 跳插线 BIX-BIX 端口　b）BIX 跳插线 BIX-RJ45 端口

BIX 安装架可以水平或垂直叠加，可以很容易地根据布线现场要求进行扩展，适合各种规模的综合布线系统。BIX 交叉连接系统既可以安装在墙面上，也可使用专用套件固定在 19in 的机柜上。如图 7-11 所示为一个安装完整的 BIX 交叉连接系统。

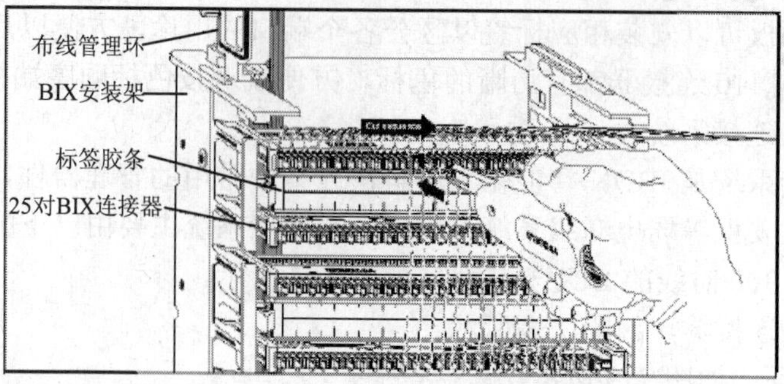

图 7-11 BIX 交叉连接系统

2. 光纤管理器件

光纤管理器件根据光缆布线场合要求分为两类，即光纤配线架和光纤接线箱。光纤配线架适合规模较小的光纤互连场合，如图 7-12 所示，而光纤接线箱适合光纤互连较密集的场合，如图 7-13 所示。

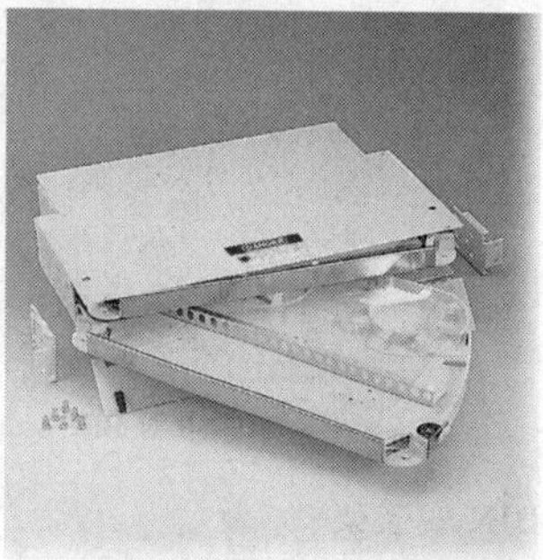

图 7-12 机架式光纤配线架

图 7-13 光纤接线箱

光纤配线架又分为机架式光纤配线架和墙装式光纤配线架两种。机架式光纤配线架宽度为 19in，可直接安装于标准的机柜内。墙装式光纤配线架体积较小，适合安装在楼道内。

如图 7-12 所示，打开光纤配线架可以看到一排插孔，用于安装光纤耦合器。光纤配线架的主要参数是可安装光纤耦合器的数量及高度，例如，IBDN 的 12 口/1U 机架式光纤配线架可以安装 12 个光纤耦合器。

光纤耦合器的作用是将两个光纤接头对准并固定，以实现两个光纤接头端面的连接。光纤耦合器的规格与所连接的光纤接头有关。常见的光纤接头有两类：ST 型和 SC 型，如图 7-14 所示。光纤耦合器分为 ST 型、SC 型和 FC 型，如图 7-15 所示。

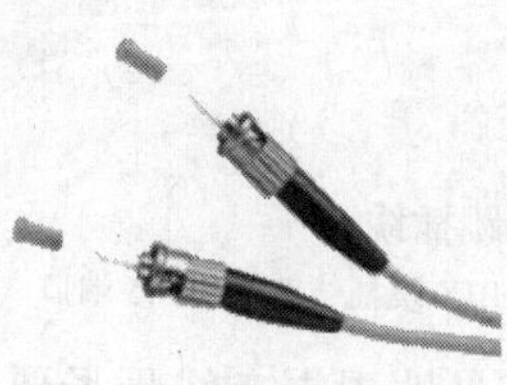

ST 型接头

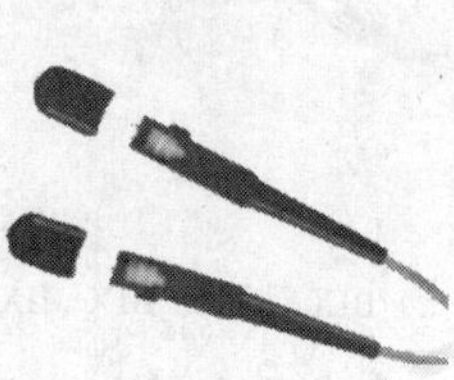

SC 型接头

图 7-14 光纤接头

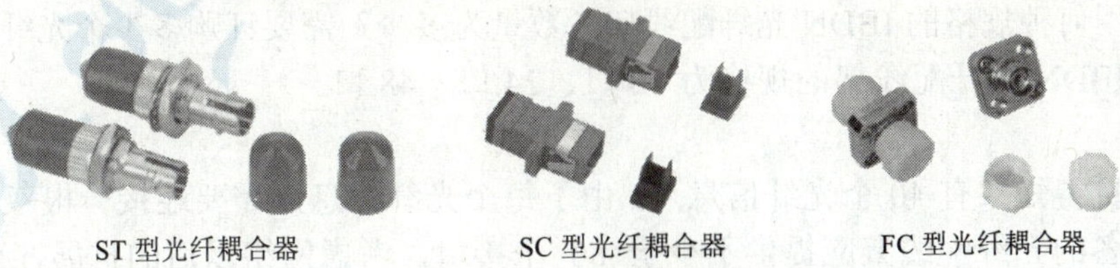

图 7-15　光纤耦合器

光纤耦合器两端可以连接光纤接头，两个光纤接头可以在光纤耦合器内准确地端接起来，从而实现两个光纤系统的连接。一般多芯光缆剥除后固定在光纤配线架内，通过熔接或磨接技术使各纤芯连接于多个光纤接头，这些光纤接头端接于光纤耦合器一端（内侧），使用光纤跳线端接于光纤耦合器另一端（外侧），然后光纤跳线可以连接光纤设备或另一个光纤配线架。

7.2.7　铜缆布线管理子系统设计

铜线布线管理子系统主要采用 110 配线架或 BIX 配线架作为语音系统的管理器件，采用模块数据配线架作为计算机网络系统的管理器件。下面通过举例说明此管理子系统的设计过程。

例 7-1：已知某一建筑物的某一个楼层有计算机网络信息点 100 个，语音点 50 个，确认楼层配线间所需要使用 IBDN 的 BIX 安装架的型号并计算数量及 BIX 条的个数。

提示：IBDN BIX 安装架的规格有 50 对、250 对、300 对。常用的 BIX 条是 1A4，可连接 25 对线。

解答：

根据题目得知总信息点为 150 个。

1）总的水平缆线总线对数=150×4=600 对。

2）配线间需要的 BIX 安装架应为 2 个 300 对的 BIX 安装架。

3）BIX 安装架所需的 1A4 的 BIX 条数量=600/25=24 条。

例 7-2：已知某幢建筑物的计算机网络信息点数为 200 个且全部汇接到设备间，那么在设备间中应安装何种规格的 IBDN 模块化数据配线架？数量为多少？

提示：IBDN 常用的模块化数据配线架规格有 24 口、48 口两种。

解答：

根据题目得知汇接到设备间的总信息点为 200 个，因此设备间的模块化数据配线架应提供不少于 200 个 RJ45 接口。如果选用 24 口的模块化数据配线架，则设备间需要的配线架个数应为 9 个（200/24=8.3，向上取整应为 9 个）。

7.2.8　光缆布线管理子系统设计

光缆布线管理子系统主要采用光纤配线箱和光纤配线架作为光缆管理器件。下面通过实例说明光缆布线管理子系统的设计过程。

例 7-3：已知某幢建筑物的其中一层采用光纤到桌面的布线方案，该楼层共有 40 个光纤信息点，每个光纤信息点均布设一根室内 2 芯多模光纤至建筑物的设备间，试问设备间的机柜内应选用何种规格的 IBDN 光纤配线架？数量为多少？需要订购多少个光纤耦合器？

提示：IBDN 光纤配线架的规格为 12 口、24 口、48 口。

解答：

根据题目得知共有 40 个光纤信息点，由于每个光纤信息点需要连接一根双芯光纤，因此设备间配备的光纤配线架应提供不少于 80 个接口，考虑网络以后的扩展，可以选用 3 个 24 口的光纤配线架和 1 个 12 口的光纤配线架。光纤配线架配备的光纤耦合器数量与需要连接的光纤芯数相等，即为 80 个。

例 7-4：已知某校园网分为三个片区，各片区机房需要布设一根 24 芯的单模光纤至网络中心机房，以构成校园网的光纤骨干网络。网管中心机房为管理好这些光缆应配备何种规格的光纤配线架？数量为多少？光纤耦合器有多少个？需要订购多少根光纤跳线？

解答：

1）根据题目得知，各片区的 3 根光纤合在一起总共有 72 根纤芯，因此网管中心的光纤配线架应提供不少于 72 个接口。

2）由以上接口数可知网管中心应配备 24 口的光纤配线架 3 个。

3）光纤配线架配备的光纤耦合器数量与需要连接的光纤芯数相等，即为 72 个。

4）光纤跳线用于连接光纤配线架耦合器与交换机光纤接口，因此光纤跳线数量与光纤耦合器数量相等，即为 72 根。

7.3 管理间子系统的设计实例

7.3.1 设计实例一 建筑物竖井内安装方式

近年来，随着网络的发展和普及，在新建的建筑物中一般每层都考虑设置管理间，并给网络等留有弱电竖井，便于安装网络机柜等管理设备。如图 7-16 所示，在竖井间中安装网络机柜，这样方便设备的统一维护和管理。

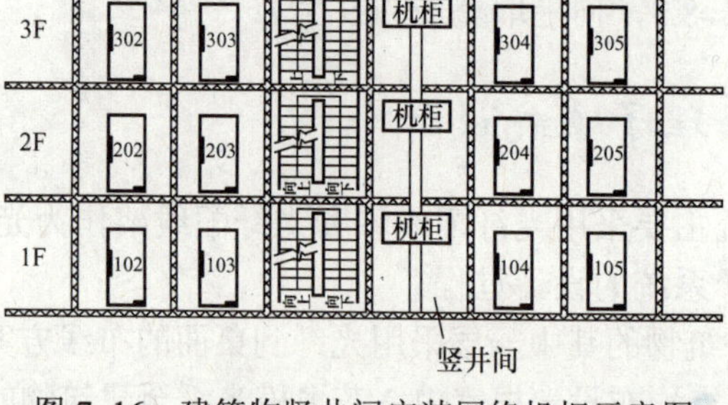

图 7-16 建筑物竖井间安装网络机柜示意图

7.3.2 设计实例二　建筑物楼道明装方式

在学校宿舍信息点比较集中、数量相对多的情况下，考虑将网络机柜安装在楼道的两侧，如图 7-17 所示。这样可以减少水平布线的距离，同时也方便网络布线施工的进行。

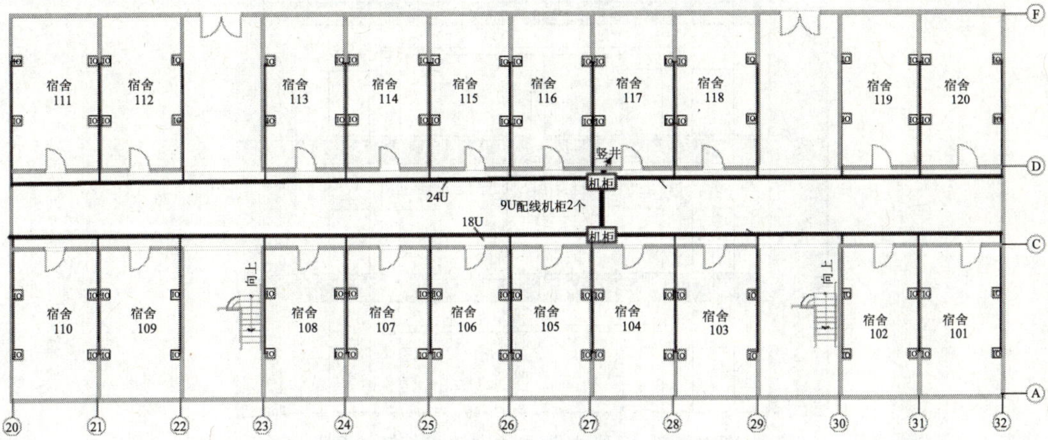

图 7-17　楼道明装网络机柜示意图

7.3.3 设计实例三　建筑物楼道半嵌墙安装方式

在特殊情况下，需要将管理间机柜半嵌墙安装，机柜露在外的部分主要是便于设备的散热。这样的机柜需要单独设计、制作，具体安装如图 7-18 所示。

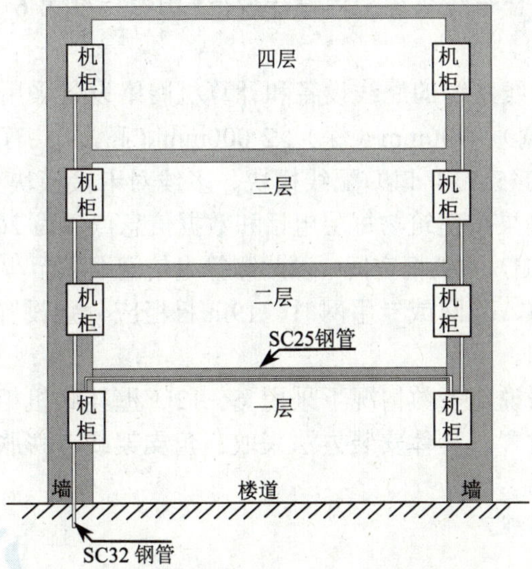

图 7-18　半嵌墙安装网络机柜示意图

7.3.4 设计实例四 住宅楼改造增加综合布线系统

在已有住宅楼中需要增加网络综合布线系统时，一般每个住户考虑 1 个信息点，这样每个单元的信息点数量比较少，一般将一个单元作为一个管理间，往往把网络管理间机柜设计安装在该单元的中间楼层，如图 7-19 所示。

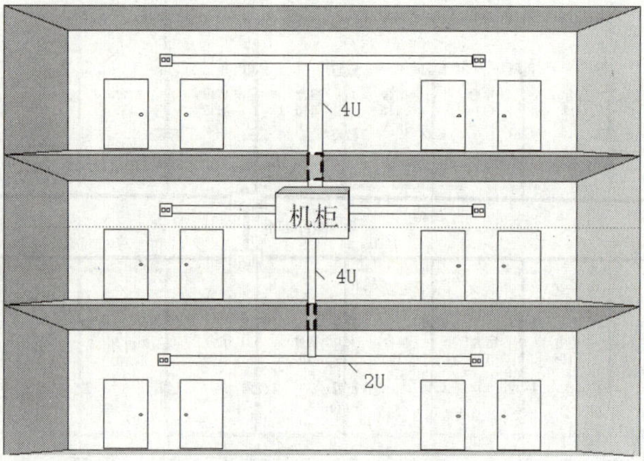

图 7-19 旧住宅楼安装网络机柜示意图

7.4 管理间子系统的工程技术

7.4.1 机柜安装要求

GB 50311—2007《综合布线系统工程设计规范》国家标准第 6 章安装工艺要求内容中，对机柜的安装有如下要求。

一般情况下，综合布线系统的配线设备和计算机网络设备采用 19in 标准机柜安装。机柜尺寸通常为 600mm（宽）×900mm（深）×2 000mm（高），共有 42U 的安装空间。机柜内可安装光纤连接盘、RJ45（24 口）配线模块、多线对卡接模块（100 对）、理线架、计算机 HUB/SW 设备等。如果按建筑物每层电话和数据信息点各为 200 个考虑配置上述设备，大约需要有 2 个 19in（42U）的机柜空间，以此测算电信间面积至少应为 5m^2（2.5m×2.0m）。对于涉及布线系统设置内、外网或专用网时，19in 机柜应分别设置，并在保持一定间距的情况下预测电信间的面积。

对于管理间子系统来说，多数情况下采用 6～12U 壁挂式机柜，一般安装在每个楼层的竖井内或者楼道中间位置。具体安装方法采取三角支架或者膨胀螺栓固定机柜。

7.4.2 电源安装要求

管理间的电源一般安装在网络机柜的旁边，安装 220V（三孔）电源插座。如果是新建建筑，一般要求在土建施工过程时按照弱电施工图上标注的位置安装到位。

7.4.3 通信跳线架的安装

通信跳线架主要用于语音配线系统。一般采用 110 跳线架，主要是上级程控交换机过来的接线与到桌面终端的语音信息点连接线之间的连接和跳接部分，便于管理、维护、测试。

其安装步骤如下：

1）取出 110 跳线架和附带的螺钉。

2）利用十字头螺钉旋具把 110 跳线架用螺钉直接固定在网络机柜的立柱上。

3）理线。

4）按打线标准把每个线芯按照顺序压在跳线架下层模块端接口中。

5）把 5 对连接模块用力垂直压接在 110 跳线架上，完成下层端接。

7.4.4 网络配线架的安装

网络配线架的安装要求：

1）在机柜内部安装配线架前，首先要进行设备位置规划或按照图样规定确定位置，统一考虑机柜内部的跳线架、配线架、理线环、交换机等设备。同时考虑配线架与交换机之间跳线方便。

2）缆线采用地面出线方式时，一般缆线从机柜底部穿入机柜内部，配线架宜安装在机柜下部。采取桥架出线方式时，一般缆线从机柜顶部穿入机柜内部，配线架宜安装在机柜上部。缆线采取从机柜侧面穿入机柜内部时，配线架宜安装在机柜中部。

3）配线架应该安装在左右对应的孔中，水平误差不大于 2mm，更不允许左右孔错位安装。

网络配线架的安装步骤如下：

1）检查配线架和配件完整。

2）将配线架安装在机柜设计位置的立柱上。

3）理线。

4）端接打线。

5）做好标记，安装标签条。

7.4.5 交换机安装

在安装交换机前，首先要检查产品外包装是否完整，并开箱检查产品，收集和保存配套资料，一般包括交换机，2 个支架，4 个橡皮脚垫和 4 个螺钉，1 根电源线，1 个管理电缆，然后准备安装交换机，一般步骤如下：

1）从包装箱内取出交换机设备。

2）给交换机安装两个支架，安装时要注意支架方向。

3）将交换机放到机柜中提前设计好的位置，用螺钉固定到机柜立柱上，一般交换机上下要留一些空间，这样利于空气流通和设备散热。

4）将交换机外壳接地，将电源线拿出来插在交换机后面的电源接口上。

5）完成上面几步操作后就可以打开交换机电源了，开启状态下查看交换机是否出现抖动现象，如果出现请检查脚垫高低或机柜上的固定螺钉松紧情况。

注意：拧取这些螺钉的时候不要过紧，否则会让交换机倾斜；也不能过于松，这样交换机在运行时不会稳定，工作状态下设备会抖动。

7.4.6 理线环的安装

理线环的安装步骤如下：

1）取出理线环和所带的配件——螺丝包。

2）将理线环安装在网络机柜的立柱上。

注意：在机柜内设备之间的安装距离至少留 1U 的空间，便于设备的散热。

7.4.7 编号和标记

管理间子系统是综合布线系统的线路管理区域，该区域往往安装了大量的缆线、管理器件及跳线。为了方便以后线路的管理工作，管理间子系统的缆线、管理器件及跳线都必须做好标记，以标明位置、用途等信息。完整的标记应包含以下的信息：建筑物名称、位置、区号、起始点和功能。

综合布线系统一般常用 3 种标记：电缆标记、场标记和插入标记，其中插入标记用途最广。

1. 电缆标记

电缆标记主要用来标明电缆来源和去处，在电缆连接设备前，电缆的起始端和终端都应做好电缆标记。电缆标记由背面为不干胶的白色材料制成，可以直接贴到各种电缆表面上，其规格尺寸和形状根据需要而定。例如，1 根电缆从三楼的 311 房的第一个计算机网络信息点拉至楼层管理间，则该电缆的两端应标记上“311-D1”的标记，其中“D”表示数据信息点。

2. 场标记

场标记又称为区域标记，一般用于设备间、配线间和二级交接间的管理器件上，以区别管理器件连接缆线的区域范围，它也是由背面为不干胶的材料制成，可贴在设备醒目的平整表面上。

3. 插入标记

插入标记一般用在管理器件上，如 110 配线架、BIX 安装架等。插入标记是硬纸片，可以插在 1.27cm×20.32cm 的透明塑料夹中，这些塑料夹可安装在两个 110 接线块或两根 BIX 条之间。每个插入标记都用色标来指明所连接电缆的源发地，这些电缆端接于设备间和配线间的管理场。对于插入标记的色标，综合布线系统有较为统一的规定，见表 7-1。

表 7-1　综合布线色标规定

色　别	设　备　间	配　线　间	二级交接间
蓝	设备间至工作区或用户终端线路	连接配线间与工作区的线路	自交换间连接工作区线路
橙	网络接口、多路复用器引来的线路	来自配线间多路复用器的输出线路	来自配线间多路复用器的输出线路
绿	来自电信局的输入中继线或网络接口的设备间		
黄	交换机的用户引出线或辅助装置的连接线路		
灰		至二级交接间的连接电缆	来自配线间的连接电缆端接
紫	来自系统公用设备（如程控交换机或网络设备）连接线路	来自系统公用设备（如程控交换机或网络设备）连接线路	来自系统公用设备（如程控交换机或网络设备）连接线路
白	干线电缆和建筑群间连接电缆	来自设备间干线电缆的端接点	来自设备间干线电缆的点到点端接

通过不同色标可以很好地区别各个区域的电缆，方便管理间子系统的线路管理工作。

7.5　管理间子系统的工程技术实训项目

7.5.1　实训项目一　壁挂式机柜的安装

【实训目的】

1）通过常用壁挂式机柜的安装，了解机柜的布置原则和安装方法及使用要求。

2）通过壁挂式机柜的安装，熟悉常用壁挂式机柜的规格和性能。

【实训要求】

1）准备实训工具，列出实训工具清单。

2）独立领取实训材料和工具。

3）完成壁挂式机柜的定位。

4）完成壁挂式机柜墙面固定安装。

【实训材料和工具】

1）实训专用 M6×16 十字头螺钉用于固定壁挂式机柜，每个机柜使用 4 个。

2）十字头螺钉旋具，长度 150mm，用于固定螺钉，一般每人 1 个。

【实训设备】

推荐实训设备：“西元”牌网络综合布线实训装置 1 套，产品型号：KYSYZ-12-1233。该实训设备是国家专利产品，由全钢的 12 个模块组成“丰”字形结构，构成 12 个角区域，能够满足 12 组学生同时进行 12 个工作区子系统的实训。实训管理上预制有螺钉孔，无尘操作，能够进行万次以上的实训。

【实训步骤】

1）准备实训工具，列出实训工具清单。

2）领取实训材料和工具。

3）确定壁挂式机柜安装位置。

壁挂式机柜一般安装在墙面，必须避开电源线路，高度在 1.8m 以上。安装前，现场用纸板比对机柜上的安装孔，做一个样板，按照样板孔的位置在墙面开孔，安装 10～12mm 膨胀螺栓 4 个，然后将机柜安装在墙面，引入电源。

图 7-20　壁挂式机柜安装示意图

2～3 人组成一个项目组，选举项目负责人，每组设计一种设备安装图，并且绘制图样。项目负责人指定 1 种设计方案进行实训，如图 7-20 所示。

4）准备好需要安装的设备——壁挂式网络机柜，使用实训专用螺钉，在设计好的位置安装壁挂式网络机柜，螺钉固定牢固。

5）安装完毕后，做好设备编号。

【实训报告要求】

1）画出壁挂式机柜安装位置布局示意图。

2）写出常用壁挂式机柜的规格。

3）分步陈述实训程序或步骤以及安装注意事项。

4）实训体会和操作技巧。

7.5.2　实训项目二　铜缆配线设备的安装

【实训目的】

1）通过网络配线设备的安装和压接线实验，了解网络机柜内布线设备的安装方法和使用功能。

2）通过配线设备的安装，熟悉常用工具和配套基本材料的使用方法。

【实训要求】

1）准备实训工具，列出实训工具清单。

2）独立领取实训材料和工具。

3）完成网络配线架的安装和压接线实验。

4）完成理线环的安装和理线实验。

【实训材料和工具】

1）配线架，每个壁挂式机柜内 1 个。

2）理线环，每个配线架 1 个。

3）4-UPT 网络双绞线，模块压接线实训时使用。

4）十字头螺钉旋具，长度 150mm，用于固定螺钉，一般每人 1 个。

5）压线钳，用于压接网络配线架模块，一般每人 1 个。

【实训管理】

推荐实训设备：“西元”牌网络综合布线实训装置 1 套，产品型号为 KYSYZ-12-1233。

【实训步骤】

1）设计一种机柜内安装设备布局示意图，并且绘制相应安装设计图。

3～4 人组成一个项目组，选举项目负责人，每组设计一种设备安装设计图，并且绘制图样。项目负责人指定 1 种设计方案进行实训。

2）按照设计图，核算实训材料规格和数量，掌握工程材料核算方法，列出材料清单。

3）按照设计图，准备实训工具，列出实训工具清单。

4）领取实训材料和工具。

5）确定机柜内需要安装的设备及其数量，合理安排配线架、理线环的位置，主要考虑级联线路合理，以及施工和维修方便。

6）准备好需要安装的设备，打开设备自带的螺钉包，在设计好的位置安装配线架、理线环等设备，注意保持设备平齐，螺钉固定牢固，并且做好设备编号和标记。

7）安装完毕后，开始理线和压接缆线。

【实训报告要求】

1）画出机柜内安装设备布局示意图。

2）写出常用理线环和配线架的规格。

3）分步陈述实训程序或步骤以及安装注意事项。

4）总结实训体会和操作技巧。

7.6 工程经验

1. 工程经验一　管理间使用机柜规格的确定

一般情况下，根据建筑物中网络信息点的多少来确定管理间的位置和安装网络机柜的规格。有时在规划机柜内安装设备后，必须考虑到增加信息点和设备的散热等因素，还要预留出 1～2U 的空间，以便将来将其他设备扩充进去。

常用网络机柜规格见表 7-2。

表 7-2　常用网络机柜规格表

规　格	高度/mm	宽度/mm	深度/mm	
42U	2 000	600	800	650
37U	1 800	600	800	650
32U	1 600	600	800	650
25U	1 300	600	800	650
20U	1 000	600	800	650
14U	700	600	450	
7U	400	600	450	
6U	350	600	420	
4U	200	600	420	

2．工程经验二　配线架、交换机端口的冗余

如果施工中没有考虑交换机端口的冗余，在后续的使用过程中，有些端口会突然出现故障，无法迅速解决，给用户造成了不必要的麻烦和损失。所以为了便于日后的维护和增加信息点，必须在机柜内配线架和交换机端口做相应冗余，如增加用户或设备时，只需简单接入网络即可。

3．工程经验三　分清大对数电缆的线序

在管理间和设备间的打线过程中，经常会碰到 25 对或者 100 对大对数缆线的打接问题，不容易分清。在这里，为读者进行简单介绍，以 25 对缆线为例说明。缆线有 5 个基本颜色，顺序为白、红、黑、黄、紫，每个基本颜色里面又包括 5 种颜色顺序，分别为蓝、橙、绿、棕、灰，即所有的线对的 1～25 对的排序为白蓝、白橙、白绿、白棕、白灰……紫蓝、紫橙、紫绿、紫棕、紫灰。

对于 100 对缆线，用 25 对缆线为例说明。100 对缆线中用蓝、橙、绿、棕 4 色的丝带分成 4 个 25 对分组，每个分组再按上面的方式相互缠绕，就可以区分出 100 个线对。这样，就可以一一对应地打在 110 配线架的端子上，只要在管理间和设备间都采用同一种打线顺序，然后做好缆线的标识工作，就可以方便地用来传输信号了。

4．工程经验四　配线架管理

配线架的管理是指以表格对应方式，根据座位、部门单元等信息，记录布线的路线，并加以标识，以方便维护人员识别和管理。

5．工程经验五　机柜进出线方式

管理间经常使用各种 6U 和 9U 等壁挂小机柜。机柜必须能够多个方向进出线。图 7-21 为常见的壁挂式机柜进出线方式。

图 7-21　壁挂式机柜进出线方式

7.7　2010 年全国职业院校技能大赛中职组《网络综合布线技术》竞赛分析

管理间子系统的安装和端接。

根据网络综合布线工程示意图（如图 7-22 所示）中的机柜安装位置完成管理间子系统的安装和端接，要求完成 3 个楼层 3 个管理间的 FD1、FD2、FD3 网络配线架安装和端接工作。设备安装位置正确，固定牢固，布线合理美观，端接正确。

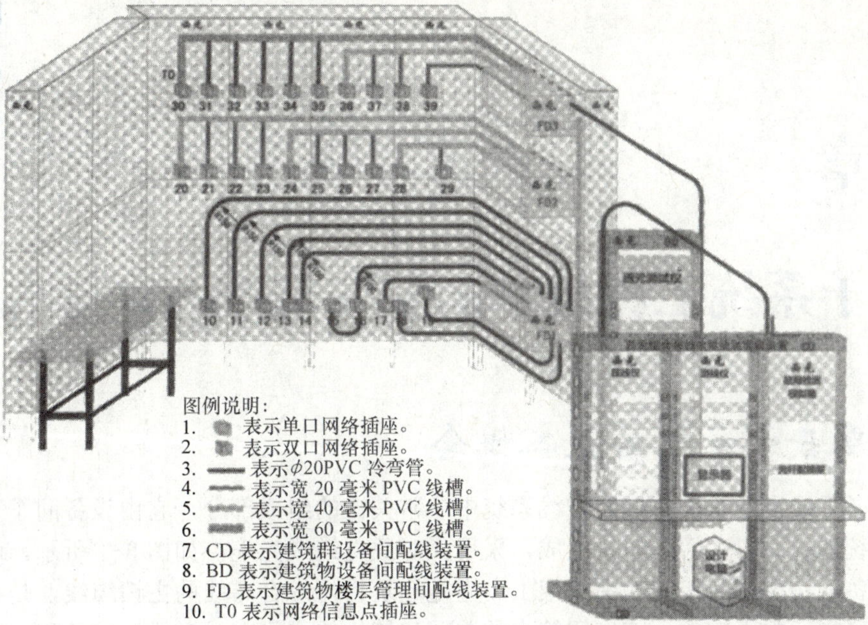

图 7-22　网络综合布线工程示意图

各个楼层信息点的双绞线进入机柜后，首先整理并按顺序布置，然后通过理线环，最后端接到网络配线架模块上。配线架和理线环在机柜内部安装位置如图 7-23 所示，每个配线架模块的端接全部按照从左向右的顺序。

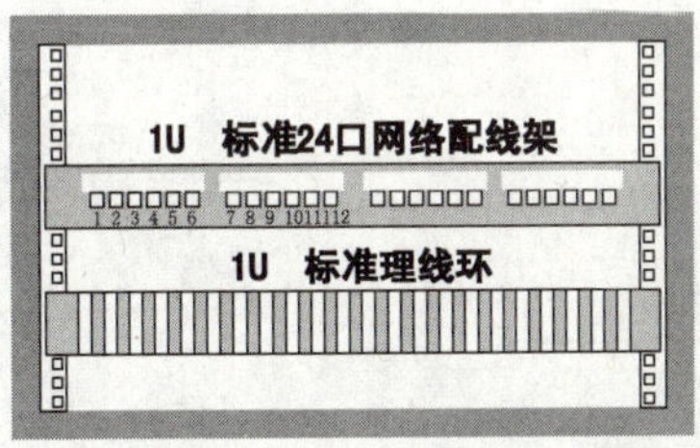

图 7-23　机柜内设备安装位置图

评判要点：

1）设备安装位置正确。

2）设备固定牢固。

3）按照要求自制弯头。

4）接缝小于 1mm。

5）模块端接正确。

6）有线标。

竞赛作品如图 7-24 所示。

图 7-24　竞赛作品

第8章

垂直子系统工程技术

8.1　垂直子系统的基本概念

垂直（干线）子系统是综合布线系统中非常关键的组成部分，它由设备间子系统与管理间子系统的引入口之间的布线组成，采用大对数电缆或光缆，如图 8-1 所示。两端分别连接在设备间和楼层配线间的配线架上。它是建筑物内综合布线的主馈缆线，是楼层配线间与设备间之间垂直布放（或空间较大的单层建筑物的水平布线）缆线的统称。

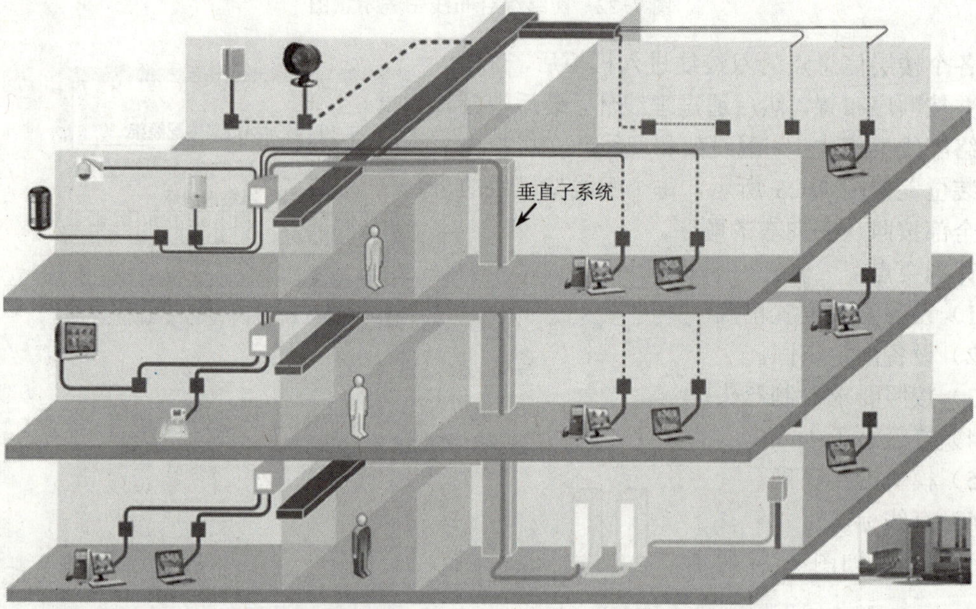

图 8-1　垂直子系统示意图

垂直子系统包括：

1）供各条干线接线间之间的电缆走线用的竖向或横向通道。

2）主设备间与计算机中心间的电缆。

垂直子系统的任务是通过建筑物内部的传输电缆，把各个服务接线间的信号传送到设备间，直到传送到最终接口，再通往外部网络。

垂直子系统的结构是一个星形结构。

8.2 垂直子系统的设计原则

8.2.1 设计步骤

垂直子系统的一般设计步骤：首先进行需求分析，与用户进行充分的技术交流并了解建筑物用途，然后认真阅读建筑物设计图样，确定管理间位置和信息点数量，其次进行初步规划和设计，确定每条垂直系统布线路径，最后确定布线材料规格和数量，列出材料规格和数量统计表。一般工作流程如下：

需求分析→技术交流→阅读建筑物图样→规划和设计→完成材料规格和数量统计表。

8.2.2 需求分析

需求分析是综合布线系统设计的首项重要工作，垂直子系统是综合布线系统工程中最重要的一个子系统，直接决定每个信息点的稳定性和传输速率。主要涉及布线路径、布线方式和材料的选择，对后续水平子系统的施工是非常重要的。

需求分析首先按照楼层高度进行分析，分析设备间到每个楼层的管理间的布线距离、布线路径，逐步明确和确认垂直子系统的布线材料的选择。

8.2.3 技术交流

在进行需求分析后，要与用户进行技术交流，这是非常必要的。不仅要与技术负责人交流，也要与项目或者行政负责人进行交流，进一步充分和广泛地了解用户的需求，特别是未来的发展需求。在交流中重点了解每个房间或者工作区的用途、要求运行环境等因素。在交流过程中必须详细地进行书面记录，每次交流结束后要及时整理书面记录，这些书面记录是初步设计的依据。

8.2.4 阅读建筑物图样

索取和认真阅读建筑物设计图样是不能省略的程序，通过阅读建筑物图样可掌握建筑物的土建结构、强电路径、弱电路径。重点掌握在综合布线路径上的电器设备、电源插座、暗埋管线等。在阅读图样时，要进行记录或者标记，这有助于将网络竖井设计在合适的位置，避免强电或者电器设备对网络综合布线系统的影响。

8.2.5 垂直子系统的规划和设计

垂直子系统的缆线直接连接着几十个或几百个用户，因此一旦干线电缆发生故障，影响巨大。为此，必须十分重视垂直子系统的设计工作。

根据综合布线的标准及规范，应按下列设计要点进行垂直子系统的设计工作。

1．确定干线缆线类型及线对

垂直子系统缆线主要有铜缆和光缆两种类型，具体选择要根据布线环境的限制和用户对综合布线系统设计等级进行考虑。计算机网络系统的主干缆线可以选用4对双绞线电缆或25对大对数电缆或光缆；电话语音系统的主干电缆可以选用3类大对数双绞线电缆；有线电视系统的主干电缆一般采用75Ω同轴电缆。主干电缆的线对要根据水平布线缆线对数以及应用系统类型来确定。

垂直子系统所需要的电缆总对数和光纤总芯数，应满足工程的实际需求，并留有适当的备份容量。主干缆线宜设置电缆与光缆，并互相作为备份路由。

2．垂直子系统路径的选择

垂直子系统主干缆线应选择最短、最安全和最经济的路由。路由的选择要根据建筑物的结构以及建筑物内预留的电缆孔、电缆井等通道位置而决定。建筑物内有两大类型的通道：封闭型和开放型，宜选择带门的封闭型通道敷设干线缆线。开放型通道是指从建筑物的地下室到楼顶的一个开放空间，中间没有任何楼板隔开；封闭型通道是指一连串上下对齐的空间，每层楼都有一间，电缆竖井、电缆孔、管道电缆、电缆桥架等穿过这些房间的地板层。

主干电缆宜采用点对点端接，也可采用分支递减端接。

如果电话交换机和计算机主机设置在建筑物内不同的设备间中，宜采用不同的主干缆线来分别满足语音和数据的传输需要。

在同一层若干管理间（电信间）之间宜设置干线路由。

3．缆线容量配置

主干电缆和光缆所需的容量要求及配置应符合以下规定：

1）对于语音业务，大对数主干电缆的对数应按每一个电话 8 位模块通用插座配置 1 对线，并在总需求线对的基础上至少预留约10%的备用线对。

2）对于数据业务，应以集线器（HUB）、交换机（SW）群（按4个HUB或SW组成1群）或以每个HUB或SW设备设置1个主干端口配置。每1群网络设备或每4个网络设备宜考虑1个备份端口。主干端口为电端口时，应按4对线容量配置；为光端口时，则按2芯光纤容量配置。

3）当工作区至电信间的水平光缆延伸至设备间的光配线设备（BD/CD）时，主干光缆的容量应包括所延伸的水平光缆光纤的容量在内。

4）建筑物与建筑群配线设备处各类设备缆线和跳线的配备宜符合如下规定：

① 设备缆线和各类跳线宜按计算机网络设备的使用端口容量和电话交换机的实装容量、业务的实际需求或信息点总数的比例进行配置，比例范围为25%～50%。

② 各配线设备跳线可按以下原则进行选择与配置：

- 电话跳线宜按每根1对或2对对绞电缆容量配置，跳线两端连接插头采用IDC或RJ45型。
- 数据跳线宜按每根4对对绞电缆配置，跳线两端连接插头采用IDC或RJ45型。
- 光纤跳线宜按每根1芯或2芯光纤配置，光跳线连接器件采用ST、SC或SFF型。

4．垂直子系统缆线敷设保护方式应符合的要求

1）缆线不得布放在电梯或供水、供气、供暖管道竖井中，缆线不应布放在强电竖井中。

2）电信间、设备间、进线间之间干线通道应沟通。

5．垂直子系统干线缆线的交接

为了便于综合布线的路由管理，干线电缆、干线光缆布线的交接不应多于两次。从楼层配线架到建筑群配线架之间只应通过一个配线架，即建筑物配线架（在设备间内）。当综合布线只用一级干线布线进行配线时，放置干线配线架的二级交接间可以并入楼层配线间。

6．垂直子系统干线缆线的端接

干线电缆可采用点对点端接，也可采用分支递减端接及电缆直接连接。点对点端接是最简单、最直接的方法，如图 8-2 所示。垂直子系统每根干线电缆直接延伸到指定的楼层配线管理间或二级交接间。分支递减端接是用一根足以支持若干个楼层配线管理间或若干个二级交接间的通信容量的大容量干线电缆，经过电缆接头交接箱分出若干根小电缆，再分别延伸到每个二级交接间或每个楼层配线管理间，最后端接到目的地的连接硬件上，如图 8-3 所示。

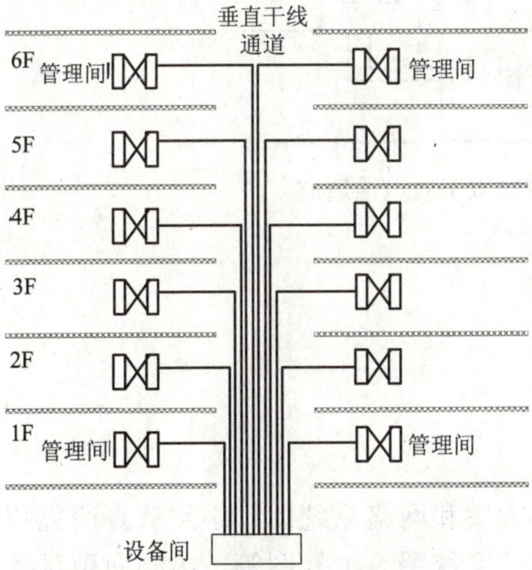

图 8-2　干线电缆点对点端接方式

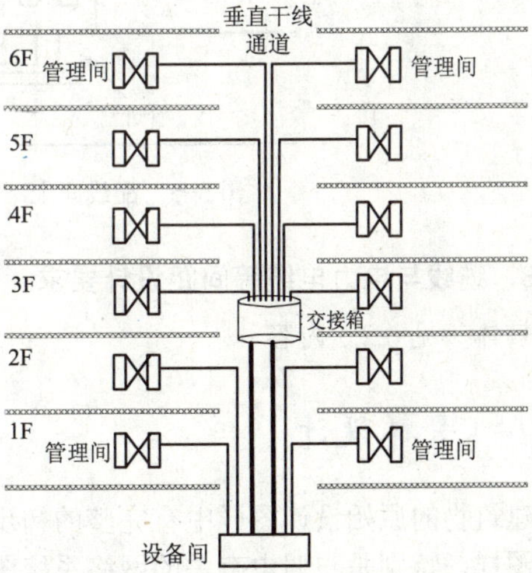

图 8-3　干线电缆分支接合方式

7．确定干线子系统通道规模

垂直子系统缆线是建筑物内的主干电缆。在大型建筑物内，通常使用的垂直子系统通道是由一连串穿过配线间地板且垂直对准的通道组成，穿过弱电间地板的缆线井和缆线孔，如图 8-4 所示。

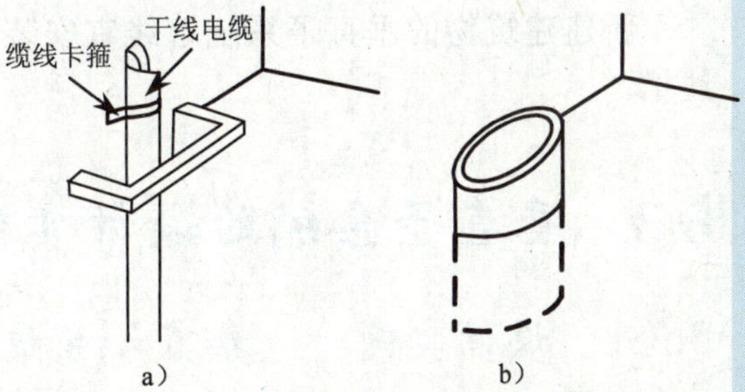

图 8-4　穿过弱电间地板的缆线井和缆线孔

a）缆线井　b）缆线孔

确定垂直子系统的通道规模，主要就是确定干线通道和配线间的数目。确定的依据就是综合布线系统所要覆盖的可用楼层面积。如果给定楼层的所有信息插座都在配线

间的 75m 范围内，那么采用单干线接线系统。单干线接线系统就是采用一条垂直干线通道，每个楼层只设置一个配线间。如果有部分信息插座超出配线间的 75m 范围之外，那就要采用双通道干线子系统，或者采用经分支电缆与设备间相连的二级交接间。

如果同一幢大楼的配线间上下不对齐，则可采用大小合适的缆线管道系统将其连通，如图 8-5 所示。

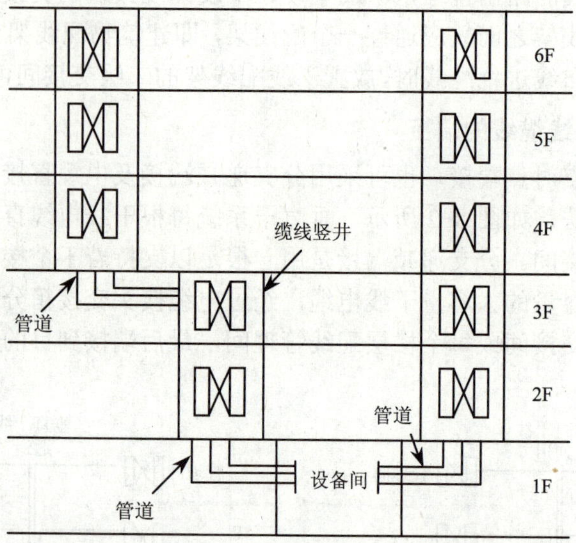

图 8-5　配线间上下不对齐时双干线电缆通道

8. 缆线与电力电缆等间距设计要求

具体参见 6.2.5 内容。

8.2.6　图样设计

建筑物的原始设计图样中有完整的初步设计方案和网络系统图，必须认真研究和读懂设计图样，特别是与弱电有关的网络系统图、通信系统图、电气图等，虚心向项目经理或者设计院咨询。

如果土建工程已经开始或者封顶时，必须到现场实际勘测，并且与设计图样对比。

新建建筑物的垂直子系统管线宜安装在弱电竖井中，一般使用金属线槽或者 PVC 线槽。

8.3　垂直子系统的设计实例

8.3.1　设计实例一　垂直子系统的竖井位置

在设计垂直子系统时，必须先确定竖井的位置，从而方便施工。竖井位置图样的设计如图 8-6 所示。

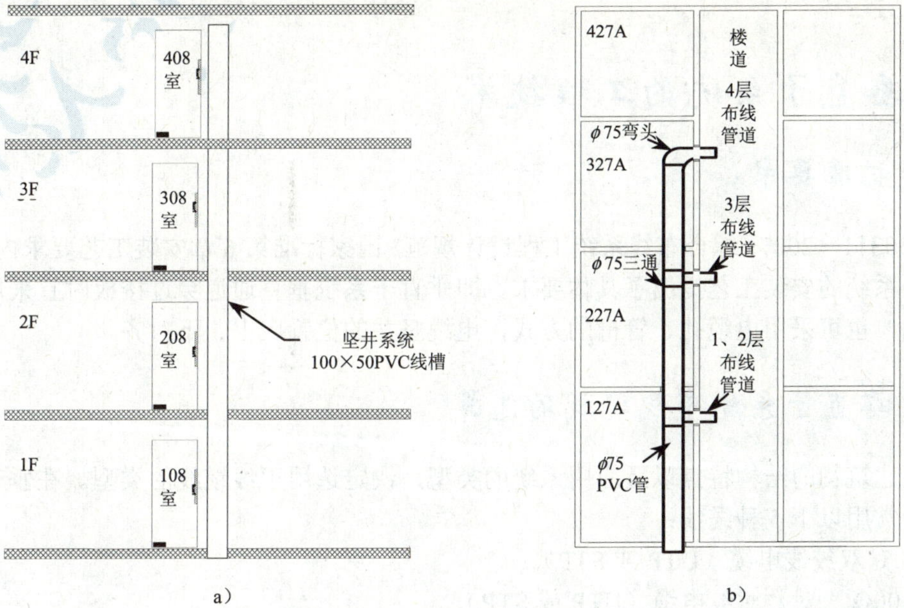

图 8-6 竖井位置示意图

a）PVC 线槽布线方式 b）PVC 线管布线方式

8.3.2 设计实例二 布线系统示意图

综合布线系统规划、设计中往往需要设计一些布线系统图，网络、电话系统布线设计如图 8-7 所示。

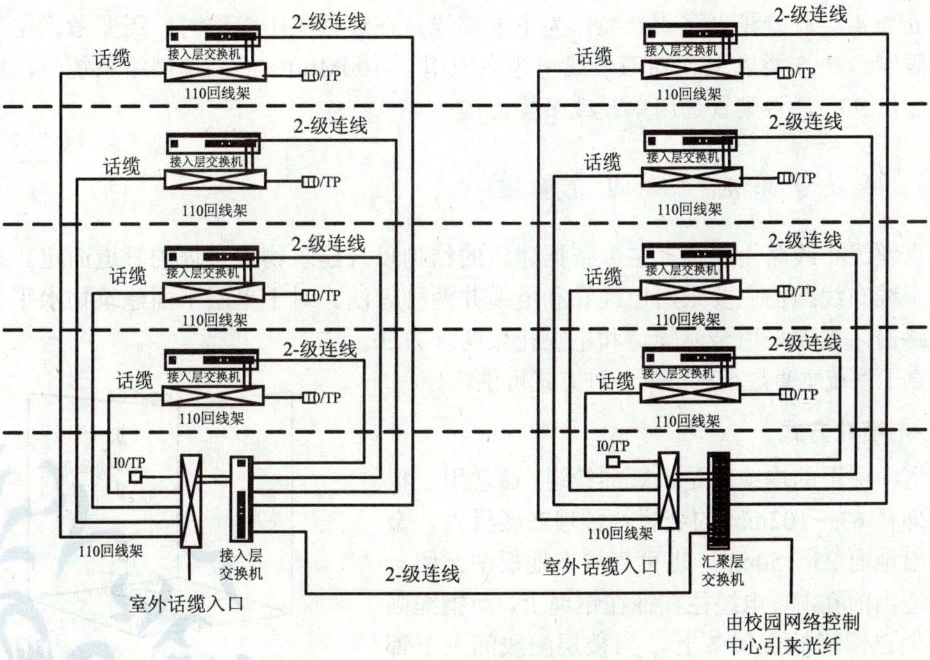

图 8-7 网络、电话系统布线系统图

8.4 垂直子系统的工程技术

8.4.1 标准要求

GB 50311—2007《综合布线系统工程设计规范》国家标准第 6 章安装工艺要求内容中，对垂直子系统的安装工艺提出了具体要求，即垂直子系统垂直通道穿过楼板时宜采用电缆竖井方式，也可采用电缆孔、管槽的方式，电缆竖井的位置应上、下对齐。

8.4.2 垂直子系统布线缆线的选择

根据建筑物的结构特点以及应用系统的类型，决定选用干线缆线的类型。在垂直子系统设计中常用以下 5 种缆线：

1）4 对双绞线电缆（UTP 或 STP）。

2）100Ω 大对数对绞电缆（UTP 或 STP）。

3）62.5/125μm 多模光缆。

4）8.3/125μm 单模光缆。

5）75Ω 有线电视同轴电缆。

目前，针对电话语音传输一般采用 3 类大对数对绞电缆（25 对、50 对、100 对等规格），针对数据和图像传输采用光缆或 5 类以上 4 对双绞线电缆以及 5 类大对数对绞电缆，针对有线电视信号的传输采用 75Ω 同轴电缆。要注意的是，由于大对数缆线对数多，很容易造成相互间的干扰，因此很难制造超 5 类以上的大对数对绞电缆，为此 6 类网络布线系统通常使用 6 类 4 对双绞线电缆或光缆作为主干缆线。在选择主干缆线时，还要考虑主干缆线的长度限制，如 5 类以上 4 对双绞线电缆在应用于 100Mbit/s 的高速网络系统时，电缆长度不宜超过 90m，否则宜选用单模或多模光缆。

8.4.3 垂直子系统布线通道的选择

垂直缆线布线路由的选择主要依据建筑的结构以及建筑物内预埋的管道而定。目前垂直型的干线布线路由主要采用电缆孔和电缆井两种方法。对于单层平面建筑物水平型的干线布线路由，主要采用金属管道和电缆托架两种方法。

垂直子系统垂直通道有下列 3 种方式可供选择。

1. 电缆孔方式

通道中所用的电缆孔是很短的管道，通常用一根或数根外径 63～102mm 的金属管预埋在楼板内，金属管高出地面 25～50mm，也可直接在地板中预留一个大小适当的孔洞。电缆往往捆在钢绳上，而钢绳固定在墙上已铆好的金属条上。当楼层配线间上下都对齐时，一般可采用电缆孔方法，如图 8-8 所示。

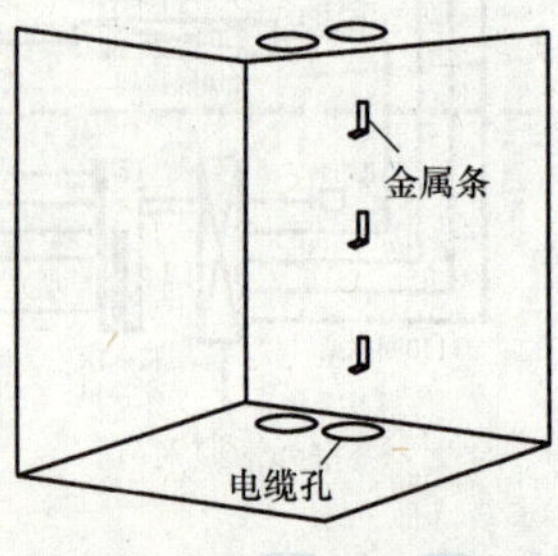

图 8-8　电缆孔方式

2. 管道方式

管道方式包括明管敷设和暗管敷设。

3. 电缆井方式

在新建工程中，推荐使用电缆井的方式。

电缆井是指在每层楼板上开出一些方孔，一般宽度为 30cm，并有 2.5cm 高的井栏，具体大小要根据所布线的干线电缆数量而定，如图 8-9 所示。与电缆孔方法一样，电缆也是捆扎或箍在支撑用的钢绳上，钢绳靠墙上的金属条或地板三角架固定。离电缆井很近的墙上的立式金属架可以支撑很多电缆。电缆井比电缆孔更为灵活，可以让各种粗细不一的电缆以任何方式布设通过。在建筑物内开电缆井造价较高，而且不使用的电缆井很难防火。

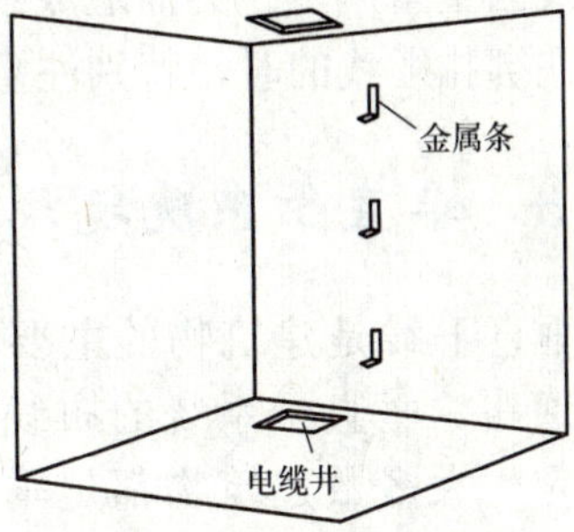

图 8-9　电缆井方式

8.4.4　垂直子系统缆线容量的计算

在确定干线缆线类型后，便可以进一步确定每个层楼的干线容量。一般而言，在确定每层楼的干线类型和数量时，要根据楼层水平子系统所有的语音、数据、图像等信息插座的数量来进行计算。具体计算的原则如下：

1）语音干线可按一个电话信息插座至少配 1 个线对的原则进行计算。

2）计算机网络干线线对容量计算的原则：电缆干线按 24 个信息插座配 2 根双绞线，每一个交换机或交换机群配 4 根双绞线；光缆干线按每 48 个信息插座配 2 芯光纤。

3）当楼层信息插座较少时，在规定长度范围内，可以多个楼层共用交换机，并合并计算光纤芯数。

4）如有光纤到用户桌面的情况，光缆直接从设备间引至用户桌面，干线光缆芯数应不包含这种情况下的光缆芯数。

5）主干系统应留有足够的余量，以作为主干链路的备份，确保主干系统的可靠性。

对于干线缆线容量的计算，下面举例说明。

例 8-1：已知某建筑物需要实施综合布线工程，根据用户需求分析得知，其中第 6 层有 60 个计算机网络信息点，各信息点要求接入速率为 100Mbit/s；另有 45 个电话语音点，而且第 6 层楼层管理间到楼内设备间的距离为 60m，请确定该建筑物第 6 层的干线电缆类型及线对数。

解答：

1）60 个计算机网络信息点要求该楼层应配置 3 台 24 口交换机，交换机之间可通过堆叠或级联方式连接，最后交换机群可通过 1 条 4 对超 5 类非屏蔽双绞线连接到建筑物的设备间，因此，计算机网络的干线缆线配备 1 条 4 对超 5 类非屏蔽双绞线电缆。

2）40 个电话语音点，按每个语音点配 1 个线对的原则，主干电缆应为 45 对。根据语音信号传输的要求，主干缆线可以配备 1 根 3 类 50 对非屏蔽大对数电缆。

8.4.5 垂直子系统缆线的绑扎

垂直子系统敷设缆线时，应对缆线进行绑扎。双绞电缆、光缆及其他信号电缆应根据缆线的类别、数量、缆径、缆线芯数分束绑扎。绑扎间距不宜大于1.5m，间距应均匀，防止缆线因重量产生拉力而造成缆线变形，不宜绑扎过紧或使缆线受到挤压。

在绑扎缆线的时，特别注意的是应该按照楼层进行分组绑扎。

8.4.6 垂直子系统缆线的敷设方式

垂直干线是建筑物的主要缆线，它为从设备间到每层楼上的管理间之间传输信号提供通路。垂直子系统的布线方式有垂直型的，也有水平型的，这主要根据建筑的结构而定。大多数建筑物都是垂直向高空发展的，因此很多情况下会采用垂直型的布线方式。但是也有很多建筑物是横向发展，如飞机场候机厅、工厂仓库等建筑，这时也会采用水平型的主干布线方式。因此，主干缆线的布线路由既可能是垂直型的，也可能是水平型的，或是两者的综合。

在新的建筑物中，通常利用竖井通道敷设垂直干线。

在竖井中敷设垂直干线一般有两种方式：向下垂放电缆和向上牵引电缆。相比较而言，向下垂放比向上牵引容易。

1. 向下垂放缆线的一般步骤

1）把缆线卷轴放到最顶层。

2）在离房子的开口（孔洞处）3～4 m 处安装缆线卷轴，并从卷轴顶部馈线。

3）在缆线卷轴处安排所需的布线施工人员（人数视卷轴尺寸及缆线质量而定），另外，每层楼上要有一个工人，以便引寻下垂的缆线。

4）旋转卷轴，将缆线从卷轴上拉出。

5）将拉出的缆线引导进竖井中的孔洞。在此之前，先在孔洞中安放一个塑料的套状保护物，以防止孔洞不光滑的边缘擦破缆线的外皮。

6）慢慢地从卷轴上放缆线并进入孔洞向下垂放，注意速度不要过快。

7）继续放线，直到下一层布线人员将缆线引到下一个孔洞。

8）按前面的步骤继续慢慢地放线，并将缆线引入各层的孔洞，直至缆线到达指定楼层进入横向通道。

2. 向上牵引缆线的一般步骤

向上牵引缆线需要使用电动牵引绞车，其主要步骤如下：

1）按照缆线的质量，选定绞车型号，并按绞车制造厂家的说明书进行操作。先往绞车中穿一条绳子。

2）起动绞车，并往下垂放一条拉绳（确认此拉绳的强度能保护牵引缆线），直到安放缆线的底层。

3）如果缆线上有一个拉眼，则将绳子连接到此拉眼上。

4）起动绞车，慢慢地将缆线通过各层的孔向上牵引。

5）缆线的末端到达顶层时，停止绞车。

6）在地板孔边沿上用夹具将缆线固定。

7）当所有连接制作好后，从绞车上释放缆线的末端。

8.5 垂直子系统的工程技术实训项目

8.5.1 实训项目一 PVC 线槽/线管布线实训

【实训目的】

1）通过设计垂直子系统布线路径和距离，熟练掌握垂直子系统的设计工作。

2）通过线槽/线管的安装和穿线等，熟练掌握垂直子系统的施工方法。

3）通过核算、列表以及领取材料和工具，训练规范施工的能力。

【实训要求】

1）计算和准备好实验需要的材料和工具。

2）完成竖井内模拟布线实训，合理设计施工布线系统，路径合理。

3）垂直布线平直、美观，接头合理。

4）掌握垂直子系统线槽/线管的接头和三通连接以及大线槽开孔、安装、布线、盖板的方法和技巧。

5）掌握锯弓、螺钉旋具、电动旋具等工具的使用方法和技巧。

【实训材料和工具】

1）PVC 塑料管、管接头、管卡若干。

2）40PVC 线槽、接头、弯头等。

3）锯弓、锯条、钢卷尺、十字头螺钉旋具、电动旋具、人字梯等。

【实训设备】

推荐实训设备：“西元”牌网络综合布线实训装置 1 套，产品型号：KYSYZ-12-1233。

【实训步骤】

1）设计一种使用 PVC 线槽/线管从管理间到楼层设备间机柜的垂直子系统，并且绘制施工图。

3 或 4 人成立一个项目组，选举项目负责人，每人设计一种垂直子系统布线设计图，并且绘制图样。项目负责人指定一种设计方案进行实训。

2）按照设计图，核算实训材料规格和数量，掌握工程材料核算方法，列出材料清单。

3）按照设计图需要，列出实训工具清单，领取实训材料和工具。

4）PVC 线槽安装方法如图 8-10 所示。PVC 线管安装方法如图 8-11 所示。

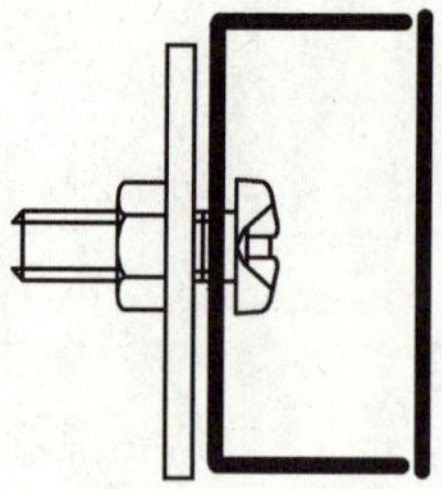

图 8-10　线槽安装图

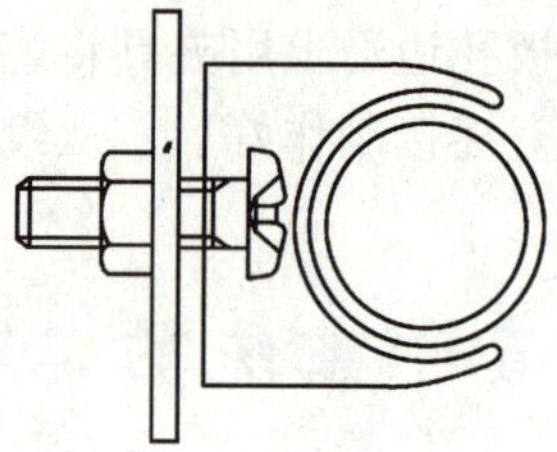

图 8-11　管卡安装图

5）明装布线实训时，边布管边穿线。

【实训分组】

为了满足全班 40 人同时实训并充分利用实训设备，实训前必须进行合理分组，保证每组的实训内容相同，难易程度相同。布线方法如下所述：

1）根据规划和设计好的布线路径准备好实验材料和工具，从货架上取下以下材料（任意一组）。

组一：40PVC 线管、直接头、三通、管卡、M6 螺栓、锯弓等材料和工具备用。

组二：40PVC 线槽、直接头、三通、M6 螺栓、锯弓等材料和工具备用。

2）根据设计的布线路径在墙面安装管卡，在垂直方向每隔 500～600mm 安装 1 个管卡。

3）在拐弯处用 90° 弯头连接，安装 PVC 线槽。两根 PVC 线槽之间用直接连接，3 根线槽之间用三通连接。同时在槽内安装 4-UTP 网线。安装线槽前，根据需要在线槽上开直径为 8mm 的孔，用 M6 螺栓固定。

对于 PVC 管，在拐弯处用 90° 弯头连接，两根 PVC 管之间用直接头连接，3 根管之间用三通连接，同时在 PVC 管内穿 4-UTP 网线。

4）机柜内必须预留网线 1.5m。

5）分组实训路径如图 8-12 所示。

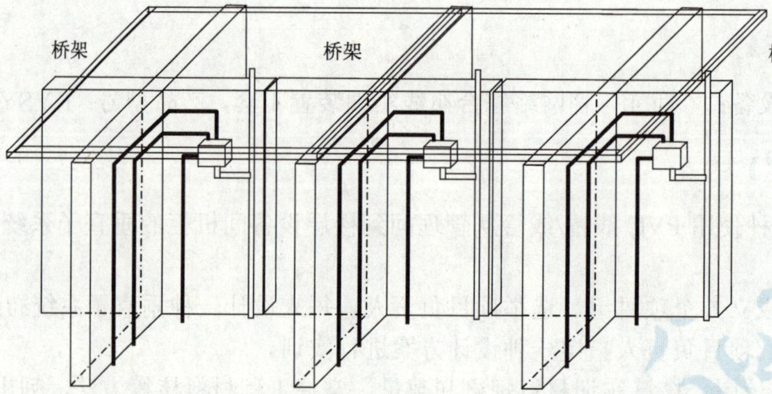

图 8-12　垂直布线系统实训——分组布线示意图

实训装置有长 1.2m、宽 1.2m 的角共 12 个，可以模拟 12 个建筑物竖井进行垂直子系统布线实验。12 个小组可以同时进行实验。

【实训报告】

1）画出垂直子系统 PVC 线槽或管布线路径图。

2）计算布线需要的弯头、接头等的材料和工具的数量。

3）总结使用工具时的体会和技巧。

8.5.2 实训项目二 钢缆扎线实训

【实训目的】

1）通过设计垂直子系统布线路径和距离，熟练掌握垂直子系统的设计工作。

2）通过墙面安装钢缆，熟练掌握垂直子系统的施工方法。

3）通过核算、列表，以及领取材料和工具，训练规范施工的能力。

【实训要求】

1）计算和准备好实训需要的材料和工具。

2）完成竖井内钢缆扎线实训，合理设计施工布线系统，路径合理。

3）垂直布线平直、美观，扎线整齐合理。

4）掌握垂直子系统支架、钢缆和扎线的方法和技巧。

5）掌握活扳手、U 形卡、线扎等工具和材料的使用方法和技巧。

6）掌握扎线的间距要求。

【实训材料和工具】

1）直径 5mm 钢缆、U 形卡、支架若干。

2）锯弓、锯条、钢卷尺、十字头螺钉旋具、活扳手、人字梯等。

【实训设备】

推荐实训设备：“西元”牌网络综合布线实训装置 1 套，产品型号为 KYSYZ-12-1233。

【实训步骤】

1）规划和设计布线路径，确定在建筑物竖井内安装支架和钢缆的位置和数量。

2）计算和准备实验材料和工具。

3）安装和布线。

【实训分组】

为了满足全班 40 人同时实训并充分利用实训设备，实训前必须进行合理分组，保证每组的实训内容相同，难易程度相同。以“西元”牌网络综合布线实训装置为例进行分组，具体可以按照实训设备规格和实训人数设计。

布线方法如下所述：

1）根据规划和设计好的布线路径准备好实验材料和工具，从货架上取下支架、钢缆、

U 形卡、活扳手、线扎、M6 螺栓、锯弓等材料和工具备用。

2）根据设计的布线路径在墙面上安装支架，在水平方向每隔 500～600mm 安装 1 个支架，在垂直方向每隔 1 000mm 安装 1 个支架。支架安装方法如图 8-13 所示。

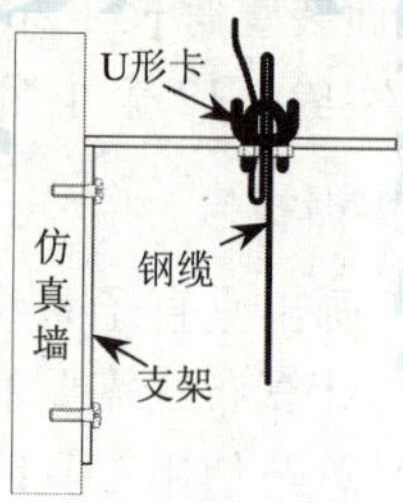

图 8-13　钢缆固定示意图

3）支架安装好以后，根据需要的长度用钢锯裁好合适长度的钢缆，必须预留两端绑扎长度，用 U 形卡将钢缆按照图 8-13 所示固定在支架上。

4）用线扎将缆线绑扎在钢缆上，间距 500mm 左右。在垂直方向均匀分布缆线的重量。绑扎时不能太紧，以免破坏网线的绞绕节距；也不能太松，避免缆线的重量将缆线拉伸。

5）每个小组实训路径如图 8-14 所示。

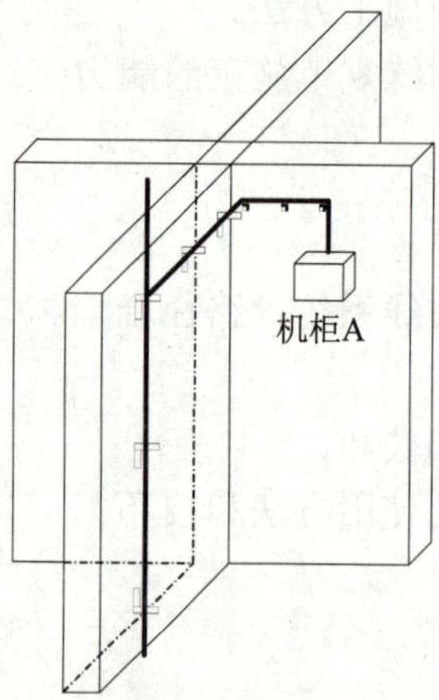

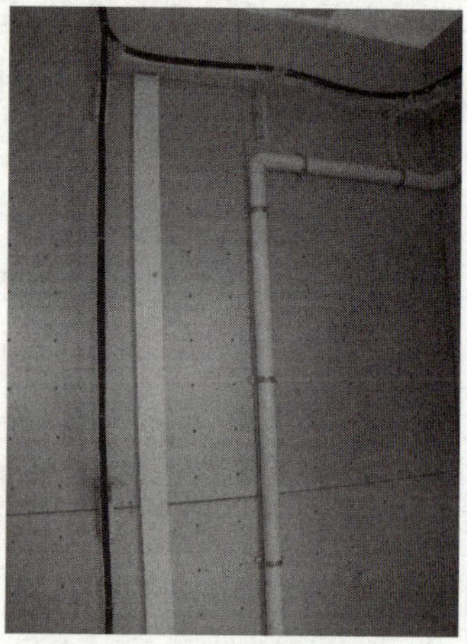
图 8-14　垂直布线系统实训——钢缆扎线布线实训示意图

6）分组实训路径如图 8-15 所示。

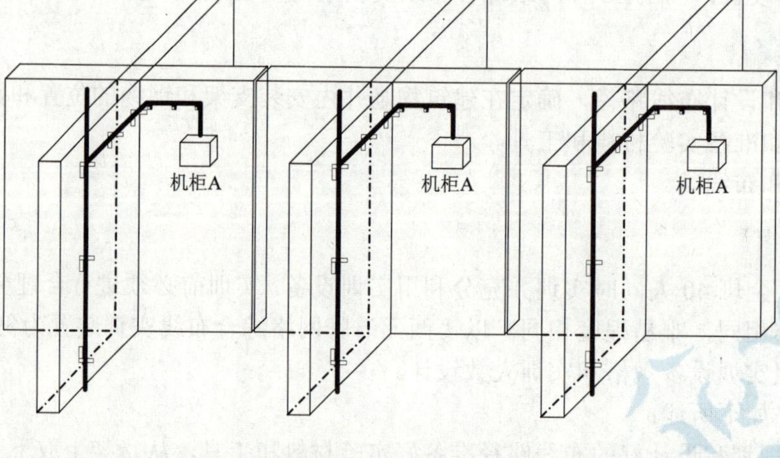

图 8-15　垂直布线系统实训——钢缆扎线布线实训分组示意图

实训装置有长 1.2m、宽 1.2m 的角共 12 个，可以模拟 12 个建筑物竖井进行垂直子系统布线实训。12 个小组可以同时进行实训。

【实训报告】

1）写出钢缆绑扎缆线的基本要求和注意事项。

2）计算需要的 U 形卡、支架等材料和工具的数量。

8.6 工程经验

举例来说，在某一次的网络综合布线工程施工过程中，将一栋 5 层公寓楼的垂直布线所有的缆线绑扎在了一起，在测试时，发现有一层的缆线无法测通，经过排查发现是垂直子系统的布线出现了问题，需要重新布线。在换线的过程中无法抽动该层的缆线，又将所有绑扎的缆线逐层放开，才更换好。所以，在施工过程中，垂直系统的绑扎要分层绑扎，并做好标记。

同时值得注意的是，在许多捆缆线的场合，位于外围的缆线受到的压力比线束里面的大，压力过大会使缆线内的扭绞线对变形，影响性能，表现为回波损耗成为主要的故障模式。回波损耗的影响能够累积下来，这样每一个过紧的系缆带造成的影响都累加到总回波损耗上。可以想象最坏的情况，在长长的悬线链上固定着一根缆线，每隔 300mm 就有一个系缆带。这样固定的缆线如果有 40m，那么缆线就有 134 处被挤压着。当系缆带时，要注意系带时的力度，系缆带只要足以束住缆线就足够了。

8.7 2010 年全国职业院校技能大赛中职组《网络综合布线技术》竞赛分析

BD-FD3-FD1 子系统的安装与端接。

根据网络综合布线工程示意图（如图 8-16 所示）完成 BD 到 FD 之间的设备与缆线的安装和端接。

从标识为 BD 的设备向 FD3 机柜安装 1 根 ϕ20 PVC 线管，一端用管卡、螺钉固定在 BD 设备侧面立柱上；另一端用管卡固定在布线实训装置钢板上，并且穿入 FD3 机柜内部 20～30mm。要求横平竖直，牢固美观。

从 FD3 机柜经 FD2 向 FD1 机柜垂直安装 1 根 39mm×18mm 线槽，两端安装堵头。

从 BD 设备 35U 处的 24 口铜缆配线架，向 FD3、FD2、FD1 机柜分别安装 1 根网络双绞线，并且分别端接在 6U 机柜内配线架的第 24 口。

在 BD 设备 35U 处的 24 口铜缆配线架端接位置为：FD1 路由网线端接在第 1 口，FD2 路由网线端接在第 2 口，FD3 路由网线端接在第 3 口。

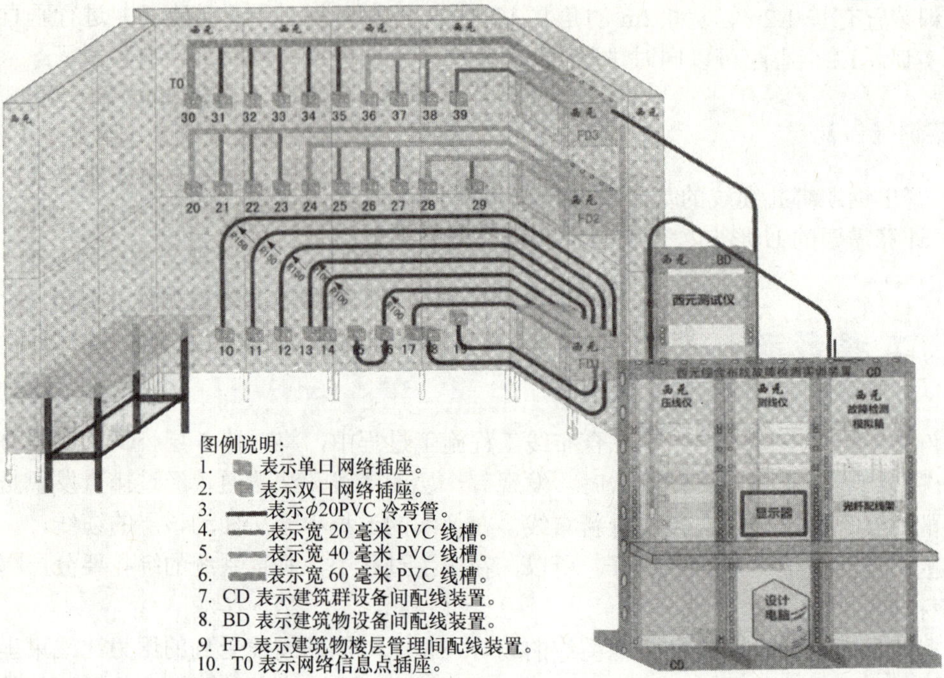

图 8-16　网络综合布线工程示意图

评判要点：

1）线槽、线管安装横平竖直。

2）固定牢固。

3）接缝小于 1mm。

4）模块端接正确。

5）有线标。

竞赛作品如图 8-17 所示。

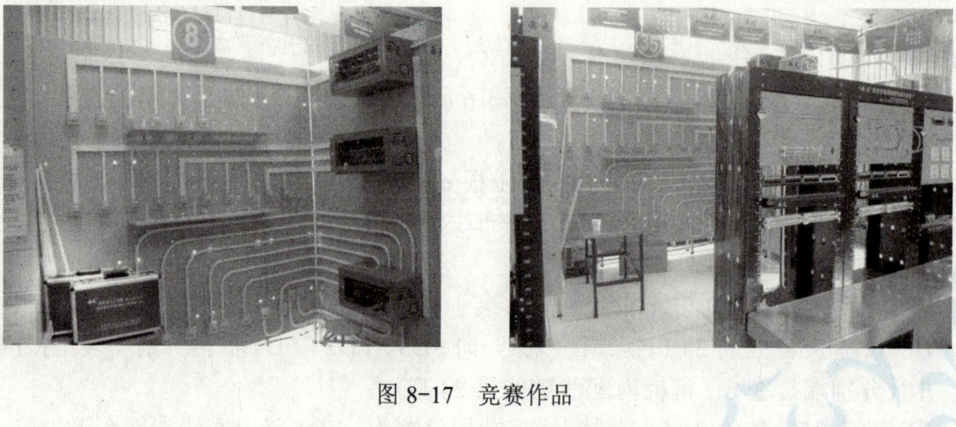

图 8-17　竞赛作品

第 9 章

设备间子系统工程技术

9.1 设备间子系统的基本概念

设备间子系统是一个集中化设备区，连接系统公共设备及通过垂直干线子系统连接至管理间子系统，如局域网（LAN）、主机、建筑自动化和保安系统等。

设备间子系统是大楼中数据、语音垂直主干缆线终接的场所，也是建筑群的缆线进入建筑物终接的场所，更是各种数据语音主机设备及保护设施的安装场所，如图 9-1 所示。设备间子系统一般设在建筑物中部或在建筑物的一、二层，避免设在顶层或地下室，位置不应远离电梯，而且为以后的扩展留下余地。建筑群的缆线进入建筑物时应有相应的过流、过压保护设施。

设备间子系统空间要按 ANSI/TIA/EIA-569 要求设计。设备间子系统空间用于安装电信设备、连接硬件、接头套管等，为接地和连接设施、保护装置提供控制环境，是系统进行管理、控制、维护的场所。设备间子系统所在的空间还有对门窗、天花板、电源、照明、接地的要求。

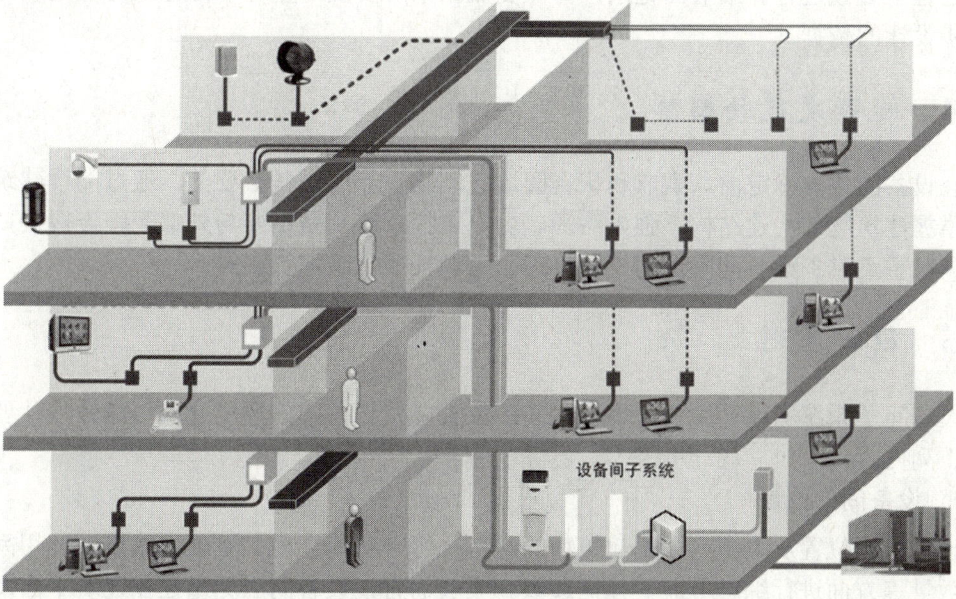

图 9-1　设备间示意图

设备间的主要设备有数字程控交换机、计算机等，对于它的使用面积，必须有一个通盘的考虑。

9.2 设备间子系统的设计原则

9.2.1 设计步骤

设计人员应与用户方商议，根据用户方要求及现场情况具体确定设备间的最终位置。只有确定了设备间位置后，才可以设计综合布线的其他子系统，因此进行用户需求分析时，确定设备间位置是一项重要的工作。

9.2.2 需求分析

设备间子系统是综合布线的精髓，设备间的需求分析围绕整个楼宇的信息点数量、设备的数量、规模、网络构成等进行，每幢建筑物内应至少设置 1 个设备间，如果电话交换机与计算机网络设备分别安装在不同的场地或根据安全需要，也可设置两个或两个以上设备间，以满足不同业务的设备安装需要。

9.2.3 技术交流

在进行需求分析后，要与用户进行技术交流，不仅要与技术负责人交流，也要与项目或者行政负责人进行交流，进一步充分和广泛地了解用户的需求，特别是未来的扩展需求。在交流中重点了解规划的设备间子系统附近的电源插座、电力电缆、电器管理等情况。在交流过程中必须进行详细书面记录，每次交流结束后要及时整理书面记录，这些书面记录是初步设计的依据。

9.2.4 阅读建筑物图样

在设备间位置确定前，索取和认真阅读建筑物设计图样是必要的，通过阅读建筑物图样可掌握建筑物的土建结构、强电路径、弱电路径，特别是主要与外部配线连接接口的位置，同时重点掌握设备间附近的电器管理、电源插座、暗埋管线等。

9.2.5 设计原则

设备间子系统的设计主要考虑设备间的位置以及设备间的环境要求。具体设计要点可参考下列内容：

1. 设备间的位置

设备间的位置及大小应根据建筑物的结构、综合布线规模、管理方式以及应用系统设备的数量等方面进行综合考虑，择优选取。一般而言，设备间应尽量建在建筑平面及其综合布线干线综合体的中间位置。在高层建筑内，设备间也可以设置在 1、2 层。

确定设备间的位置可以参考以下设计规范：

1）应尽量建在综合布线垂直子系统的中间位置，并尽可能地靠近建筑物电缆引入区和网络接口，以方便干线缆线的进出。

2）应尽量避免设在建筑物的高层或地下室以及用水设备的下层。

3）应尽量远离强振动源和强噪声源。

4）应尽量避开强电磁场的干扰。

5）应尽量远离有害气体源以及易腐蚀物、易燃物、易爆物。

6）应便于接地装置的安装。

2. 设备间的面积

设备间的使用面积不仅要考虑所有设备的安装面积，还要考虑预留工作人员管理操作设备的地方。设备间的使用面积可按照下述两种方法之一确定。

方法一：已知 S_b 为与综合布线有关的并安装在设备间内的设备所占面积（m^2）；S 为设备间的使用总面积（m^2），那么

$$S=(5\sim7)\Sigma S_b$$

方法二：当设备尚未选型时，则设备间使用总面积 S 为

$$S=KA$$

式中 A——设备间的所有设备台（架）的总数；

K——系数，取值为 4.5～5.5m^2/台（架）。

设备间最小使用面积不得小于 20m^2。

3. 建筑结构

设备间的建筑结构主要依据设备大小、设备搬运及设备重量等因素而设计。设备间的高度一般为 2.5～3.2m。设备间门的大小至少为高 2.1m、宽 1.5m。

设备间的楼板承重设计一般分为两级：

A 级≥500kg / m^2

B 级≥300kg / m^2

4. 设备间的环境要求

设备间内安装计算机、计算机网络设备、电话程控交换机、建筑物自动化控制设备等硬件设备，这些设备的运行需要相应的温度、湿度、供电、防尘等要求。设备间内的环境设置可以参照国家计算机用房设计标准 GB 50174—1993《电子计算机机房设计规范》、程控交换机的 CECS09: 89《工业企业程控用户交换机工程设计规范》等相关标准及规范。

（1）温、湿度

综合布线有关设备的温、湿度要求可分为 A、B、C 三级，设备间的温、湿度也可参照 3 个级别进行设计，3 个级别具体要求见表 9-1。

表 9-1　设备间温、湿度要求

项　　目	A 级	B 级	C 级
温度/℃	夏季：22±4 冬季：18±4	12～30	8～35
相对湿度（%）	40～65	35～70	20～80

设备间的温、湿度控制可以通过安装降温或加温、加湿或除湿功能的空调设备来实现。选择空调设备时，南方地区主要考虑降温和除湿功能；北方地区要具有降温、升温、除湿、加湿功能。空调的功率主要根据设备间的大小及设备多少而定。

（2）尘埃

设备间内的电子设备对尘埃要求较高，尘埃过高会影响设备的正常工作，降低设备的工作寿命。设备间的尘埃指标一般可分为 A，B 两级，见表 9-2。

表 9-2　设备间尘埃指标要求

项　　目	A 级	B 级
粒度/μm	＞0.5	＞0.5
个数（粒/dm^3）	＜10 000	＜18 000

要降低设备间的尘埃度关键在于定期清扫灰尘，工作人员进入设备间应更换干净的鞋具。

（3）空气

设备间内应保持空气洁净，有良好的防尘措施，并防止有害气体侵入。允许有害气体限值分别见表 9-3。

表 9-3　有害气体限值

有害气体（mg/m^3）	二氧化硫（SO_2）	硫化氢（H_2S）	二氧化氮（NO_2）	氨（NH_3）	氯（Cl_2）
平均限值	0.2	0.006	0.04	0.05	0.01
最大限值	1.5	0.03	0.15	0.15	0.3

（4）照明

为了方便工作人员在设备间内操作设备和维护相关综合布线器件，设备间内必须安装足够照明度的照明系统，并配置应急照明系统。设备间内距地面 0.8m 处，照明度不应低于 200lx。设备间配备的事故应急照明，在距地面 0.8m 处，照明度不应低于 5lx。

（5）噪声

为了保证工作人员的身体健康，设备间内的噪声应小于 70dB。如果长时间在 70～80dB 噪声的环境下工作，不但影响人的身心健康和工作效率，还可能造成人为的噪声事故。

（6）电磁场干扰

根据综合布线系统的要求，设备间无线电干扰的频率应在 0.15～1 000MHz 范围内，噪声不大于 120dB，磁场干扰场强不大于 800A/m。

（7）供电系统设备间供电电源要求

1）频率：50Hz。

2）电压：220/380V。

3）相数：三相五线制或三相四线制/单相三线制。

设备间供电电源允许变动范围见表 9-4。

表 9-4　设备间供电电源允许变动的范围

项　　目	A 级	B 级	C 级
电压变动（%）	−5～+5	−10～+7	−15～+10
频率变动（%）	−0.2～+0.2	−0.5～+0.5	−1～+1
波形失真率（%）	＜±5	＜±7	＜±10

根据设备间内设备的使用要求，设备要求的供电方式分为 3 类：

1）需要建立不间断供电系统。

2）需建立带备用的供电系统。

3）按一般用途供电考虑。

5. 设备间的设备管理

设备间内的设备种类繁多，而且缆线布设复杂。为了管理好各种设备及缆线，设备间内的设备应分类分区安装，设备间内所有进出线装置或设备应采用不同色标，以区别各类用途的配线区，方便线路的维护和管理。

6. 安全分类

设备间的安全分为 A、B、C 3 个类别，具体规定见表 9-5。

表 9-5 设备间的安全要求

安全项目	A类	B类	C类
场地选择	有要求或增加要求	有要求或增加要求	无要求
防火	有要求或增加要求	有要求或增加要求	有要求或增加要求
内部装修	要求	有要求或增加要求	无要求
供配电系统	要求	有要求或增加要求	有要求或增加要求
空调系统	要求	有要求或增加要求	有要求或增加要求
火灾报警及消防设施	要求	有要求或增加要求	有要求或增加要求
防水	要求	有要求或增加要求	无要求
防静电	要求	有要求或增加要求	无要求
防雷击	要求	有要求或增加要求	无要求
防鼠害	要求	有要求或增加要求	无要求
电磁波的防护	有要求或增加要求	有要求或增加要求	无要求

A 类：对设备间的安全有严格的要求，设备间有完善的安全措施。

B 类：对设备间的安全有较严格的要求，设备间有较完善的安全措施。

C 类：对设备间的安全有基本的要求，设备间有基本的安全措施。

根据设备间的要求，设备间安全可按某一类执行，也可按某些类综合执行。综合执行是指一个设备间的某些安全项目可按不同的安全类型执行。例如，某设备间按照安全要求可选防电磁干扰 A 类，火灾报警及消防设施为 B 类。

7. 结构防火

为了保证设备使用安全，设备间应安装相应的消防系统，配备防火防盗门。

8. 火灾报警及灭火设施

安全级别为 A、B 类设备间内应设置火灾报警装置。在机房内、基本工作房间、活动地板下、吊顶上方及易燃物附近都应设置烟感和温感探测器。

A 类设备间内设置二氧化碳（CO_2）自动灭火系统，并备有手提式二氧化碳（CO_2）灭火器。

B 类设备间内在条件许可的情况下，应设置二氧化碳自动灭火系统，并备有手提式二氧化碳灭火器。

C 类设备间内应备有手提式二氧化碳灭火器。

A、B、C 类设备间除纸介质等易燃物质外，禁止使用水、干粉或泡沫等易产生二次破坏的灭火器。

为了在发生火灾或意外事故时方便设备间工作人员迅速向外疏散，对于规模较大的建筑物，在设备间或机房应设置直通室外的安全出口。

9．接地要求

设备间设备安装过程中必须考虑设备的接地。根据综合布线相关规范要求，接地要求如下：

1）直流工作接地电阻一般要求不大于 4Ω，交流工作接地电阻也不应大于 4Ω，防雷保护接地电阻不应大于 10Ω。

2）建筑物内部应设有一套网状接地网络，保证所有设备共同的参考等电位。如果综合布线系统单独设置接地系统，且能保证与其他接地系统之间有足够的距离，则接地电阻值规定为小于或等于 4Ω。

3）为了获得良好的接地，推荐采用联合接地方式。所谓联合接地方式就是将防雷接地、交流工作接地、直流工作接地等统一接到共用的接地装置上。当综合布线采用联合接地系统时，通常利用建筑钢筋做防雷接地引下线，而接地体一般利用建筑物基础内钢筋网作为自然接地体，使整幢建筑的接地系统组成一个笼式的均压整体。联合接地电阻要求小于或等于 1Ω。

4）接地所使用的铜线电缆规格与接地的距离有直接关系，一般接地距离在 30m 以内，接地导线采用直径为 4mm 的带绝缘套的多股铜缆线。接地铜缆规格与接地距离的关系见表 9-6。

表 9-6　接地铜线电缆规格与接地距离的关系

接地距离/m	接地导线直径/mm	接地导线截面积/mm^2
小于 30	4.0	12
30～48	4.5	16
48～76	5.6	25
76～106	6.2	30
106～122	6.7	35
122～150	8.0	50
151～300	9.8	75

10．内部装饰

设备间装修材料使用符合 GBJ 16—1987《建筑设计防火规范》中规定的难燃材料或阻燃材料，应能防潮、吸音、不起尘、抗静电等。

（1）地面

为了方便敷设电缆线和电源线，设备间的地面最好采用抗静电活动地板，其接地电阻应在 0.11～1 000MΩ 之间。具体要求应符合国家标准 SJ/T10796—1996《计算机机房用活动地板技术条件》。

带有走线口的活动地板为异型地板，其走线口应光滑，防止损伤电线、电缆。设备间地面所需异型地板的块数由设备间所需引线的数量来确定。设备间地面切忌铺毛制地毯，因为毛制地毯容易产生静电，而且容易产生积灰。放置活动地板的设备间的建筑地面应平整、光洁、防潮、防尘。

（2）墙面

墙面应选择不易产生灰尘，也不易吸附灰尘的材料。目前大多数是在平滑的墙壁上涂阻燃漆，或在墙面上覆盖耐火的胶合板。

（3）顶棚

为了吸音及布置照明灯具，一般在设备间顶棚下加装一层吊顶。吊顶材料应满足防火要求。目前，我国大多数采用铝合金或轻钢作为龙骨，安装吸音铝合金板、阻燃铝塑板、喷塑石英板等。

（4）隔断

根据设备间放置的设备及工作需要，可用玻璃将设备间隔成若干个房间。隔断可以选用防火的铝合金或轻钢作为龙骨，安装 10mm 厚玻璃。或从地板面至 1.2m 处安装难燃双塑板，1.2m 以上安装 10mm 厚玻璃。

9.2.6 设备间内的缆线敷设

1. 活动地板方式

这种方式是缆线在活动地板下的空间敷设，由于地板下空间大，因此电缆容量和条数多，路由自由短捷，节省电缆费用，缆线敷设和拆除均简单方便，能适应线路增减变化，有较高的灵活性，便于维护管理，但造价较高，会减少房屋的净高，对地板表面材料也有一定要求，如耐冲击性、耐火性、抗静电、稳固性等。

2. 地板或墙壁内沟槽方式

这种方式是缆线在建筑中预先建成的墙壁或地板内沟槽中敷设，沟槽的断面尺寸大小根据缆线终期容量来设计，上面设置盖板保护。这种方式造价较活动地板低，便于施工和维护，也有利于扩建，但沟槽设计和施工必须与建筑设计和施工同时进行，在配合协调上较为复杂。沟槽方式因是在建筑中预先制成，因此在使用中会受到限制，缆线路由不能自由选择和变动。

3. 预埋管路方式

这种方式是在建筑的墙壁或楼板内预埋管路，其管径和根数根据缆线需要来设计。穿放缆线比较容易，维护、检修和扩建均有利，造价较低，技术要求不高，是一种最常用的方式。但预埋管路必须在建筑施工中进行，缆线路由受管路限制，不能变动，所以使用中会受到一些限制。

4. 机架走线架方式

这种方式是在设备（机架）上沿墙安装走线架（或槽道）的敷设方式，走线架和槽道的尺寸根据缆线需要设计，它不受建筑的设计和施工限制，可以在建成后安装，便于施工和维护，也有利于扩建。机架上安装走线架或槽道时，应结合设备的结构和布置来考虑，在层高较低的建筑中不宜使用。

9.3 设备间子系统的设计实例

9.3.1 设计实例一 设备间布局设计图

在进行设备间布局时，一定要将安装设备区域和管理人员办公区域分开考虑，这样不但便于管理人员的办公，而且便于设备的维护，如图 9-2 所示。设备区域与办公区域使用玻璃隔断分开。

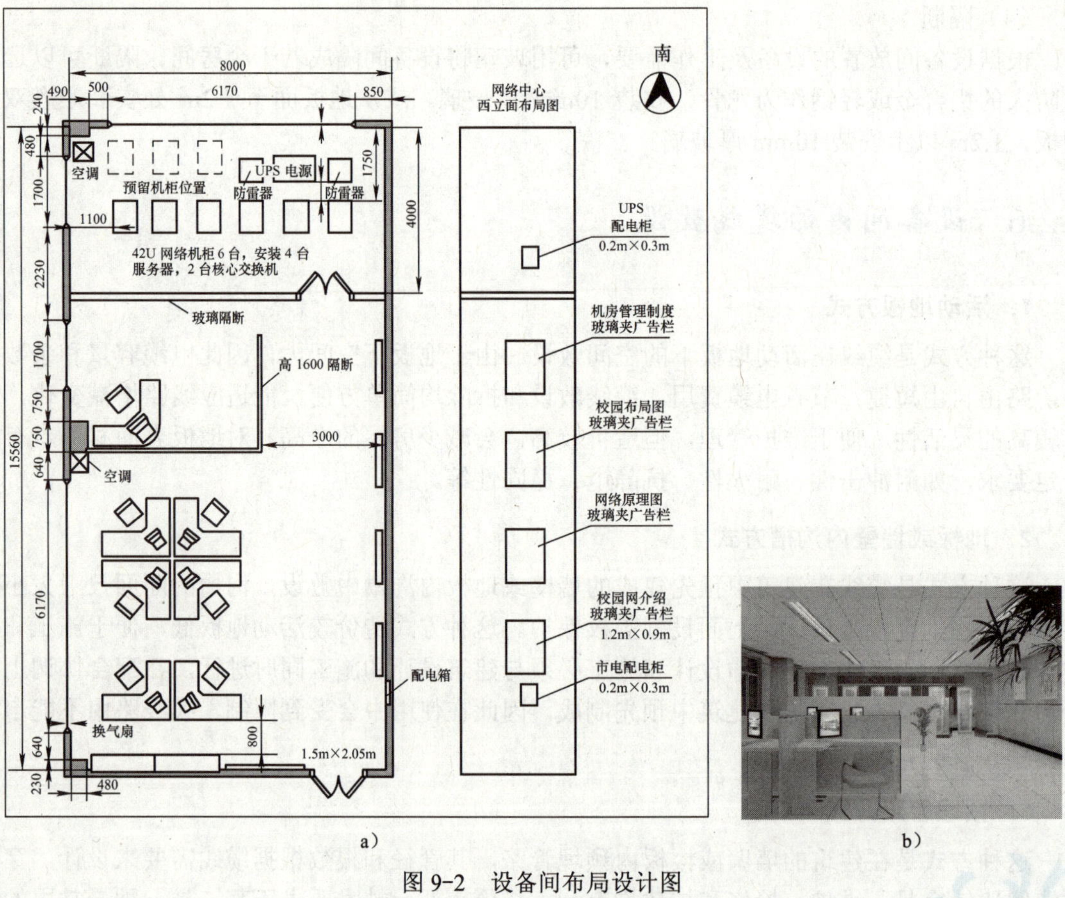

a） b）

图 9-2 设备间布局设计图

a）设备间布局平面图 b）设备间装修效果图

9.3.2 设计实例二 设备间预埋管路图

设备间的布线管道一般采用暗敷预埋方式，如图 9-3 所示。

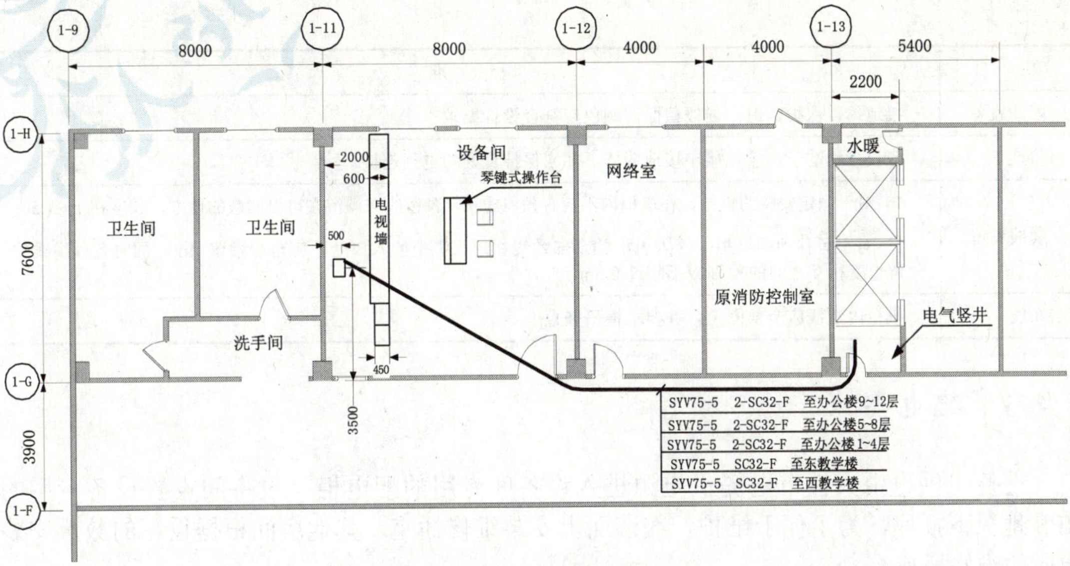

图 9-3 设备间预埋管路图

9.4 设备间子系统的工程技术

9.4.1 设备间子系统的标准要求

GB 50311—2007《综合布线系统工程设计规范》第 6 章安装工艺要求中，对设备间的设置要求如下：

每幢建筑物内应至少设置 1 个设备间，如果电话交换机与计算机网络设备分别安装在不同的场地或根据安全需要，也可设置两个或两个以上设备间，以满足不同业务的设备安装需要。

如果一个设备间以 $10m^2$ 计算，大约能安装 5 个 19in 的机柜。在机柜中安装电话大对数电缆多对卡接式模块，数据主干缆线配线设备模块，大约能支持总量为 6 000 个信息点所需（其中电话和数据信息点各占 50%）的建筑物配线设备安装空间。

9.4.2 设备间机柜的安装要求

设备间内机柜的安装要求标准见表 9-7。

表 9-7 机柜安装要求标准

项目	标准
安装位置	应符合设计要求，机柜应离墙 1m，便于安装和施工。所有安装螺钉不得有松动，保护橡皮垫应安装牢固
底座	安装应牢固，应按设计图的防震要求进行施工
安放	安放应竖直，柜面水平，垂直偏差≤1‰，水平偏差≤3mm，机柜之间缝隙≤1mm
表面	完整，无损伤，螺钉坚固，每平方米表面凹凸度应<1mm
接线	接线应符合设计要求，接线端子各种标志应齐全，保持良好

（续）

项　目	标　准
配线设备	接地体，保护接地，导线截面，颜色应符合设计要求
接地	应设接地端子，接入楼宇接地端排，并应保持良好的电气连接
缆线预留	1）对于固定安装的机柜，在机柜内不应有预留线长，预留线应预留在可以隐蔽的地方，长度在 1～1.5m 2）对于可移动的机柜，连入机柜的全部缆线在连入机柜的入口处，应至少预留 1m，同时各种缆线的预留长度相互之间的差别应不超过 0.5m
布线	机柜内走线应全部固定，并要求横平竖直

9.4.3 配电要求

设备间供电由大楼市电提供电源进入设备间专用的配电柜。设备间设置设备专用的 UPS 地板下插座，为了便于维护，在墙面上安装维修插座。其他房间根据设备的数量安装相应的维修插座。

配电柜除了满足设备间设备的供电以外，并留出一定的余量，以备今后的扩容。

9.4.4 设备间安装防雷器

1. 防雷基本原理

所谓雷击防护就是通过合理、有效的手段将雷电流的能量尽可能地引入大地，防止其进入被保护的电子设备，是疏导，而不是堵雷或消雷。

根据国际电工委员会的最新防雷理论，外部和内部的雷电保护已采用面向电磁兼容性（EMC）的雷电保护新概念。对于感应雷的防护，已经同直击雷的防护同等重要。

在雷电流的冲击下，防雷器在极短时间内与地网形成通路，使雷电流在到达设备之前，通过防雷器和地网泄放入地。当雷电流脉冲泄放完成后，防雷器自动恢复为正常高阻状态，被保护设备继续工作。

直击雷的防护已经是一个很早就被重视的问题。现在的直击雷防护基本采用有效的避雷针、避雷带或避雷网作为接闪器，通过引下线使直击雷能量泄放入地。

2. 防雷设计

依据 GB 50057 第 6 章中的有关规定，对计算机网络中心设备间电源系统采用三级防雷设计。

第一、二级电源防雷：防止从室外窜入的雷电过电压、防止开关操作过电压、感应过电压、反射波效应过电压。一般在设备间总配电处，选用电源防雷器分别在 L-N、N-PE 间进行保护，可最大限度地确保被保护对象不因雷击而损坏，更大限度地保护设备安全。

第三级电源防雷：防止开关操作过电压、感应过电压。主要考虑到设备间的重要设备（服务器、交换机、路由器等）多，必须在其前端安装电源防雷器，如图 9-4 所示。

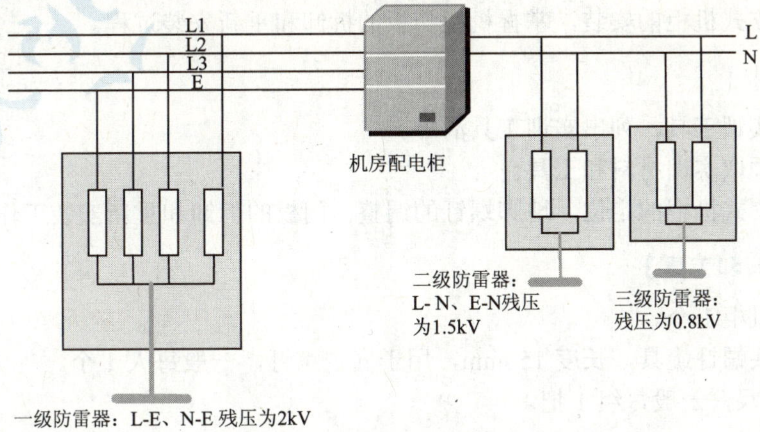

图 9-4　防雷器安装位置

9.4.5　设备间防静电措施

为了防止静电带来的危害，更好地保护机房设备，更好地利用布线空间，应在中央机房等关键的房间内安装高架防静电地板。

设备间用防静电地板有钢结构和木结构两大类，其要求是既具有防火、防水和防静电功能，又要轻、薄并具有较高的强度和适应性，且有微孔通风。防静电地板下面或防静电吊顶板上面的通风道应留有足够余地以作为机房敷设线槽、缆线的空间，这样既便于大量线槽、缆线施工，同时也使机房整洁美观。

在设备间铺设抗静电地板时，同时要安装静电泄漏系统。铺设静电泄漏地网，通过将静电泄漏干线和机房安全保护地的接地端子封在一起，将静电泄漏掉。

中央机房、设备间的高架防静电地板的安装注意事项：

1）清洁地面，用水冲洗或拖湿地面，必须等到地面完全干了以后才可施工。

2）画地板网格线和缆线管槽路径标识线，这是确保地板横平竖直的必要步骤。先将每个支架的位置正确标注在地面坐标上，之后应当马上将地板下面集中的大量线槽、缆线的出口、安放方向、距离等一同标注在地面上，并准确地画出定位螺钉的孔位，而不能急于安放支架。

3）敷设线槽、缆线时，先敷设防静电地板下面的线槽，这些线槽都是金属可锁闭和开启的，因而这一工序是将线槽位置全面固定，并同时安装接地引线，然后布放缆线。

4）支架及线槽系统的接地保护，这一工序对于网络系统的安全至关重要。特别注意连接在地板支架上的接地铜带，作为防静电地板的接地保护。注意一定要等到所有支架安放完成后再统一校准支架高度。

9.5　设备间子系统的工程技术实训项目

实训项目　立式机柜的安装

【实训目的】

1）通过立式机柜的安装，了解机柜的布置原则、安装方法及使用要求。

2）通过立式机柜的安装，掌握机柜门板的拆卸和重新安装过程。

【实训要求】

1）准备实训工具，列出实训工具清单。

2）独立领取实训材料和工具。

3）完成立式机柜的定位、地脚螺钉的调整、门板的拆卸和重新安装工作。

【实训材料和工具】

1）立式机柜 1 个。

2）十字头螺钉旋具，长度 150mm，用于固定螺钉，一般每人 1 个。

3）5m 卷尺，一般每组 1 把。

【实训设备】

推荐实训设备一：“西元”牌网络综合布线实训室。

推荐实训设备二：教学用教室。

【实训步骤】

1）准备实训工具，列出实训工具清单。

2）领取实训材料和工具。

3）确定立式机柜安装位置。

立式机柜在管理间、设备间或机房的布置必须考虑远离配电箱，四周保证有 1m 的通道和检修空间。

2～3 人组成一个项目组，选举项目负责人，每组设计一种设备安装图，并且绘制图样。项目负责人指定 1 种设计方案进行实训。

4）实际测量尺寸。

5）准备好需要安装的设备——立式机柜，如图 9-5 所示，将机柜就位，然后将机柜底部的定位螺栓向下旋转，将 4 个轱辘悬空，保证机柜不能转动。

图 9-5　机柜安装示意图

6）安装完毕后，学习机柜门板的拆卸和重新安装。

【实训报告要求】

1）画出立式机柜安装位置布局示意图。

2）分步陈述实训程序或步骤，以及安装注意事项。

3）总结实训体会和操作技巧。

9.6　工程经验

1. 工程经验一　设备间设备的进场

在安装前，必须对设备间的建筑和环境条件进行检查，具备下列条件后方可开工：

1）设备间的土建工程已全部竣工，室内墙壁已充分干燥。设备间门的高度和宽度应不妨碍设备的搬运，房门锁和钥匙齐全。

2）设备间地面应平整光洁，预留暗管、地槽和孔洞的数量、位置、尺寸均应符合工艺设计要求。

3）电源已经接入设备间，应满足施工需要。

4）设备间的通风管道应清扫干净，空气调节设备应安装完毕，性能良好。

5）在铺设活动地板的设备间内，应对活动地板进行专门检查，地板板块铺设严密坚固，符合安装要求，每平方米水平误差应不大于 2mm，地板应接地良好，接地电阻和防静电措施应符合要求。

2．工程经验二　设备的散热

设备间的交换机、服务器等设备的周围空间不要太拥挤，以利于散热。

第 10 章

进线间和建筑群子系统工程技术

在第 1 章中已经介绍了进线间子系统和建筑群子系统的基本概念，本章主要介绍进线间子系统、建筑群子系统的设计原则和施工的工程技术。

10.1 进线间子系统的设计原则

进线间主要作为室外电、光缆引入楼内的成端与分支及光缆的盘长空间位置。对于光缆至大楼、至用户、至桌面的应用及容量日益增多，进线间就显得尤为重要。

1. 进线间的位置

一般一个建筑物宜设置 1 个进线间，一般提供给多家电信运营商和业务提供商使用，通常设于地下一层。外线宜从两个不同的路由引入进线间，有利于与外部管道沟通。进线间与建筑物红外线范围内的人孔或手孔采用管道或通道的方式互连。

由于许多的商用建筑物地下一层环境条件大大改善，可安装电、光的配线架设备及通信设施。在不具备设置单独进线间或入楼电、光缆数量及入口设施较少的建筑物也可以在入口处采用挖地沟或使用较小的空间完成缆线的成端与盘长。入口设施则可安装在设备间，最好是单独设置场地，以便功能区分。

2. 进线间面积的确定

进线间因涉及因素较多，难以统一提出具体所需面积，可根据建筑物实际情况，并参照通信行业和国家的现行标准要求进行设计。

进线间应满足缆线的敷设路由、成端位置及数量、光缆的盘长空间和缆线的弯曲半径，以及充气维护设备、配线设备安装所需要的场地空间和面积。

进线间的大小应按进线间的进局管道最终容量及入口设施的最终容量设计。同时应考虑满足多家电信业务经营者安装入口设施等设备的面积。

3. 缆线配置要求

建筑群主干电缆和光缆、公用网和专用网电缆、光缆及天线馈线等室外缆线进入建筑物时，应在进线间成端转换成室内电缆、光缆，在缆线的终端处可由多家电信业务经营者设置入口设施，入口设施中的配线设备应按引入的电、光缆容量配置。

电信业务经营者或其他业务服务商在进线间设置安装入口配线设备时，应与 BD（建筑物配线设备）或 CD（建筑群配线设备）之间敷设相应的连接电缆、光缆，实现路由互通。缆线类型与容量应与配线设备相一致。

4．入口管孔数量

进线间应设置管道入口。在进线间缆线入口处的管孔数量应留有充分的余量，以满足建筑物之间、建筑物弱电系统、外部接入业务及多家电信业务经营者和其他业务服务商缆线接入的需求，建议留有 2～4 孔的余量。

5．进线间的设计

进线间宜靠近外墙和在地下设置，以便于缆线引入。进线间设计应符合下列规定：

1）进线间应防止渗水，宜设有抽排水装置。

2）进线间应与布线系统垂直竖井沟通。

3）进线间应采用相应防火级别的防火门，门向外开，宽度不小于 1000mm。

4）进线间应设置防有害气体措施和通风装置，排风量按每小时不小于 5 次容积计算。

5）进线间如安装配线设备和信息通信设施时，应符合设备安装设计的要求。

6）与进线间无关的管道不宜通过。

6．进线间入口管道处理

进线间入口管道所有布放缆线和空闲的管孔应采取防火材料封堵，做好防水处理。

10.2 建筑群子系统的设计原则

10.2.1 设计步骤

1）确定敷设现场的特点：包括确定整个工地的大小、工地的界线、建筑物的数量等。

2）确定电缆系统的一般参数：包括确认起点，端接点位置，所涉及的建筑物及每座建筑物的层数，每个端接点所需的双绞线的对数，有多个端接点的每座建筑物所需的双绞线总对数等。

3）确定建筑物的电缆入口：建筑物入口管道的位置应便于连接公用设备。根据需要在墙上穿过一根或多根管道。

4）确定明显障碍物的位置：包括确定土壤类型、电缆的布线方法、地下公用设施的位置、查清拟定的电缆路由中沿线各个障碍物位置或地理条件、对管道的要求等。

5）确定主电缆路由和备用电缆路由：包括确定可能的电缆结构、所有建筑物是否共用一根电缆，查清在电缆路由中哪些地方需要获准后才能通过，选定最佳路由方案等。

6）选择所需电缆的类型和规格：包括确定电缆长度，画出最终的结构图，画出所选定路由的位置和挖沟详图，确定入口管道的规格，选择每种设计方案所需的专用电缆，保证电缆可进入口管道，选择设计用电缆规格和材料等。

7）确定每种选择方案所需的劳务成本：包括确定布线时间、计算总时间、计算每种设计方案的成本，用总时间乘以当地的工时费以确定成本。

8）确定每种选择方案的材料成本：包括确定电缆成本、所有支持结构的成本、所有支撑硬件的成本等。

9）选择最经济、最实用的设计方案：把每种选择方案的劳务费成本加在一起，得到每种方案的总成本，比较各种方案的总成本，选择成本较低者，确定比较经济的方案是否有重大缺点，以致抵消了经济上的优点。

10.2.2 需求分析

用户需求分析是方案设计的重要环节，设计人员要通过多次反复地与用户沟通来详细掌握用户的具体需求情况。在建筑群子系统设计时，进行需求分析的内容应包括工程的总体概况、工程各类信息点统计数据、各建筑物信息点分布情况、各建筑物平面设计图、现有系统的状况、设备间位置等。了解以上情况后，具体分析从一个建筑物到另一个建筑物之间的布线距离、布线路径，逐步明确和确认布线方式和布线材料。

10.2.3 技术交流

在进行需求分析后，要与用户进行技术交流，这是非常必要的。由于建筑群子系统往往覆盖整个建筑物群的平面，布线路径也经常与室外的强电线路、给（排）水管道、道路和绿化等项目线路有多次的交叉或者并行实施，因此不仅要与技术负责人交流，也要与项目或者行政负责人进行交流。在交流中重点了解每条路径上的电路、水路、气路的安装位置等详细信息。在交流过程中必须进行详细的书面记录，每次交流结束后要及时整理书面记录。

10.2.4 阅读建筑物图样

建筑物主干布线子系统的缆线较多，路由集中，是综合布线系统的重要骨干线路，索取和认真阅读建筑物设计图样是不能省略的程序，通过阅读建筑物图样可掌握建筑物的土建结构、强电路径、弱电路径，同时要重点掌握在综合布线路径上的强电管道、给（排）水管道、其他暗埋管线等。在阅读图样时，进行记录或者标记，正确处理建筑群子系统布线与电路、水路、气路和电器设备的直接交叉或者路径冲突问题。

10.2.5 建筑群子系统的规划和设计

建筑群子系统主要应用于多幢建筑物组成的建筑群综合布线场合，单幢建筑物的综合布线系统可以不考虑建筑群子系统。建筑群子系统的设计主要考虑布线路由选择、缆线选择、缆线布线方式等内容。建筑群子系统应按下列要求进行设计：

1．考虑环境美化要求

建筑群主干布线子系统设计应充分考虑建筑群覆盖区域的整体环境美化要求，建筑群干线电缆尽量采用地下管道或电缆沟敷设方式。因客观原因最后选用了架空布线方式的，也要尽量选用原已架空布设的电话线或有线电视电缆的路由，干线电缆与这些电缆一起敷设，以减少架空敷设的电缆线路。

2. 考虑建筑群未来发展的需要

在缆线布线设计时，要充分考虑各建筑需要安装的信息点种类、信息点数量，以选择相对应的干线电缆的类型及敷设方式，这样的话，综合布线系统建成后，可以保持相对稳定，且能满足今后一定时期内各种新的信息业务发展的需要。

3. 缆线路由的选择

考虑到节省投资，缆线路由应尽量选择距离短、线路平直的路由，但具体的路由还要根据建筑物之间的地形或敷设条件而定。在选择路由时，应考虑原有已铺设的地下各种管道，缆线在管道内应与电力缆线分开敷设，并保持一定间距。

4. 电缆引入要求

建筑群干线电缆、光缆进入建筑物时，都要设置引入设备，并在适当位置终端转换为室内电缆、光缆。引入设备应安装必要保护装置以达到防雷击和接地的要求。干线电缆引入建筑物时，应以地下引入为主，如果采用架空方式，应尽量采取隐蔽方式引入。

5. 干线电缆、光缆交接要求

建筑群的干线电缆、主干光缆布线的交接不应多于两次。从每幢建筑物的楼层配线架到建筑群设备间的配线架之间只应通过一个建筑物配线架。

6. 建筑群子系统布线缆线的选择

建筑群子系统敷设的缆线类型及数量由综合布线连接应用系统种类及规模来决定。一般来说，计算机网络系统常采用光缆作为建筑物布线缆线，在网络工程中，经常使用62.5μm/125μm（62.5μm 是光纤纤芯直径，125μm 是纤芯包层的直径）规格的多模光缆，有时也用 50μm/125μm 和 100μm/140μm 规格的多模光纤。户外布线大于 2km 时，可选用单模光纤。

电话系统常采用 3 类大对数电缆作为布线缆线。

有线电视系统常采用同轴电缆或光缆作为干线电缆。

10.3 建筑群子系统的设计实例

10.3.1 设计实例一　室外管道的铺设

在设计建筑群子系统的埋管图时，一定要根据建筑物之间数据或语音信息点的数量来确定埋管规格，如图 10-1 所示。

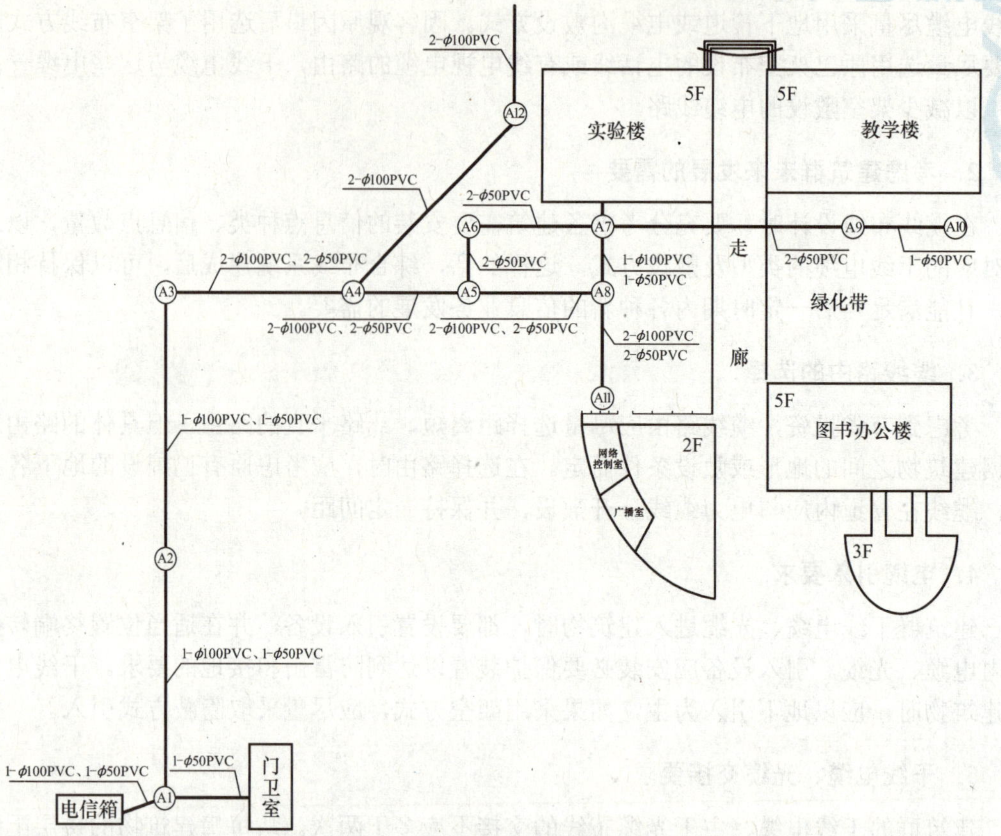

图 10-1　建筑群之间预埋管图

注意：室外管道进入建筑物的最大管外径不宜超过 100mm。

10.3.2　设计实例二　室外架空图

建筑物之间线路的连接还有一种方式就是架空方式。设计架空路线时，需要考虑建筑物的承受能力和角度，如图 10-2 所示。

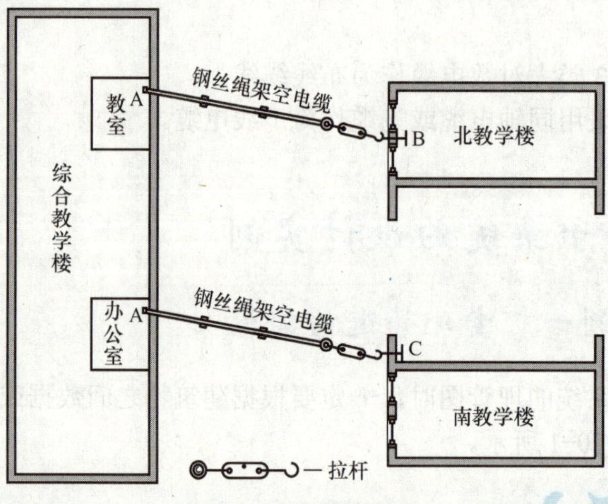

图 10-2　室外架空图

10.4 建筑群子系统的工程技术

10.4.1 建筑群子系统缆线布放的标准要求

GB 50311—2007《综合布线系统工程设计规范》第 6 章安装工艺要求内容中的第 6.5.3 条规定：建筑群之间的缆线宜采用地下管道或电缆沟敷设方式，并应符合相关规范的规定。

10.4.2 建筑群子系统的布线距离的计算

建筑物子系统的布线距离主要通过两栋建筑物之间的距离来确定。一般在每个室外接线井里预留 1m 的缆线。

10.4.3 建筑群子系统缆线布线方法

建筑群子系统的缆线布设方式有 4 种：架空布线法、直埋布线法、地下管道布线法和隧道内电缆布线法，下面将详细介绍这 4 种方法。

1．架空布线法

架空布线法通常应用于有现成电线杆、对电缆的走线方式无特殊要求的场合。这种布线方式造价较低，但影响环境美观且安全性和灵活性不足。架空布线法要求用电线杆将缆线在建筑物之间悬空架设，一般先架设钢丝绳，然后在钢丝绳上挂放缆线。架空布线使用的主要材料和配件有缆线、钢缆、固定螺栓、固定拉攀、预留架、U 形卡、挂钩、标志管等，如图 10-3 所示，在架设时需要使用滑车、安全带等辅助工具。

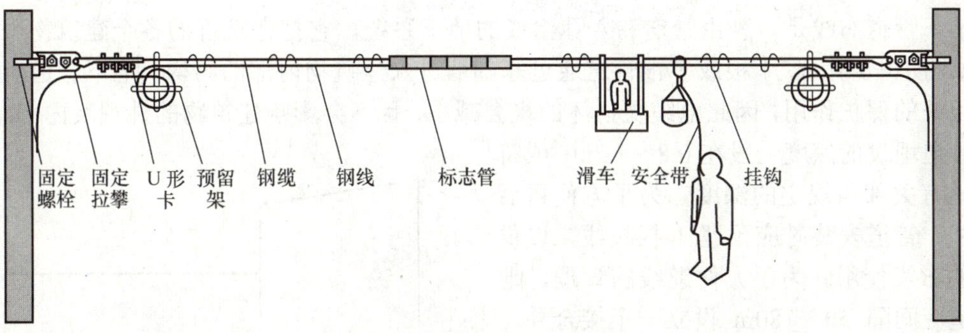

图 10-3 架空布线主要材料

架空电缆通常穿入建筑物外墙上的 U 形电缆保护套，然后向下（或向上）延伸，从电缆孔进入建筑物内部，如图 10-4 所示。建筑物到最近处的电线杆相距应小于 30m。建筑物的电缆入口可以是穿墙的电缆孔或管道，电缆入口的孔径一般为 5cm。一般建议另设一根同样口径的备用管道，如果架空线的净空有问题，可以使用天线杆型的入口。该天线的支架一般不应高于屋顶 1200mm。如果再高，就应使用拉绳固定。通信电缆与电力电缆之间的间距应遵守当地有关部门的规定。

架空缆线敷设时，一般步骤如下：

1）电线杆以 30～50m 的间隔距离为宜。

2）根据缆线的质量选择钢丝绳，一般选 8 芯钢丝绳。

3）接好钢丝绳。

4）架设缆线。

5）每隔 0.5m 架一个挂钩。

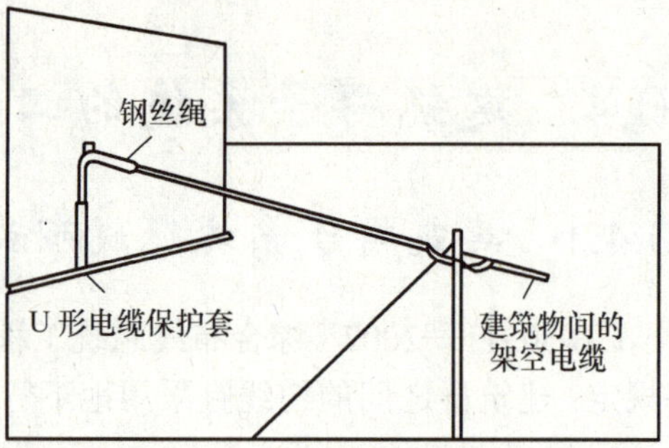

图 10-4　架空布线法

2．直埋布线法

直埋布线法根据选定的布线路由在地面上挖沟，然后将缆线直接埋在沟内。直埋布线的电缆除了穿过基础墙的那部分电缆有管保护外，电缆的其余部分直埋于地下，没有保护，如图 10-5 所示。直埋电缆通常应埋在距地面 0.6m 以下的地方，或按照当地有关部门的有关规定去施工。

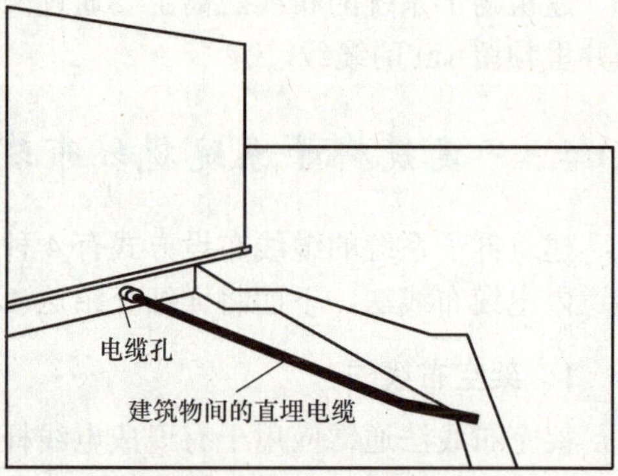

图 10-5　直埋布线法

当建筑群子系统采用直埋沟内敷设时，如果在同一个沟内埋入了其他的图像、监控电缆，应设立明显的共用标志。

直埋布线法的路由选择受到土质、公用设施、天然障碍物（如木、石头）等因素的影响。直埋布线法具有较好的经济性和安全性，总体优于架空布线法，但更换和维护电缆不方便且成本较高。

3．地下管道布线法

地下管道布线是一种由管道和入孔组成的地下系统，它把建筑群的各个建筑物进行互连。如图 10-6 所示，1 根或多根管道通过基础墙进入建筑物内部的结构。地下管道对电缆起到很好的保护作用，因此电缆受损坏的机会减小，且不会影响建筑物的外观及内部结构。

管道埋设的深度一般在 0.8～1.2m，或符合当地有关部门规定的深度。为了方便日后的布线，管道安装时应预埋 1 根拉线，以供以后的布线使用。为了方便缆线的管理，地下管道应间隔 50～180m 设立一个接合井，以方便人员维护。接合井可以是预制的，也可以是现场浇筑的。

此外安装时至少应预留 1～2 个备用管孔，以供扩充之用。

地埋布线材料如图 10-7 所示。

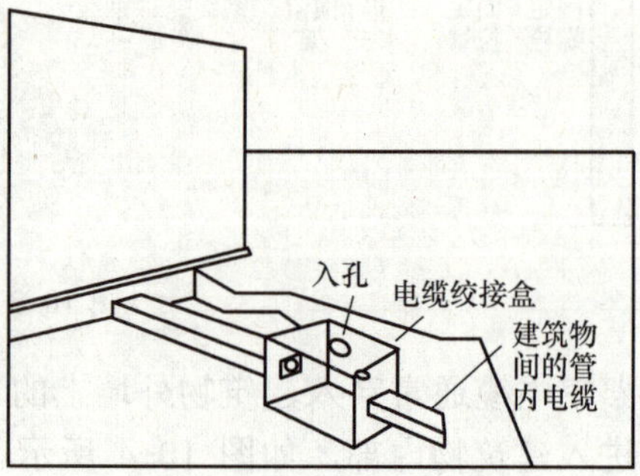

图 10-6　地下管道布线法

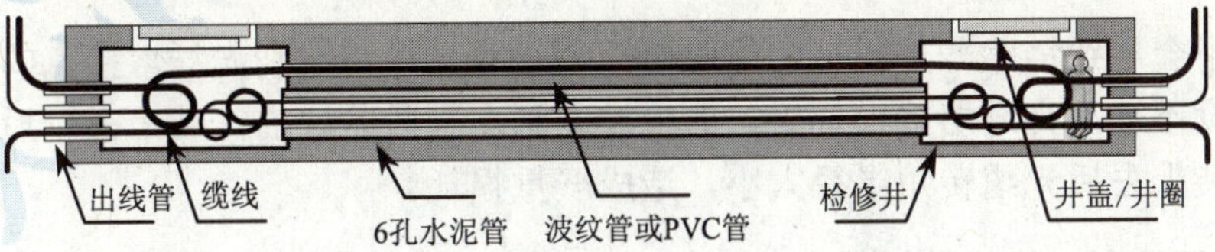

图 10-7 地埋布线材料图

4. 隧道内电缆布线法

在建筑物之间通常有地下通道，大多是供暖、供水的，利用这些通道来敷设电缆不仅成本低，而且可以利用原有的安全设施。如考虑到暖气泄漏等因素，电缆安装时应与供气、供水、供暖的管道保持一定的距离，安装在尽可能高的地方，可根据民用建筑设施的有关条件进行施工。

以上介绍了管道内、直埋、架空、隧道 4 种建筑群的布线方法，它们的优缺点见表 10-1。

表 10-1 4 种建筑群布线方法比较

方 法	优 点	缺 点
管道内	提供最佳的机械保护 任何时候都可敷设电缆 敷设、扩充和加固都很容易 保持建筑物的外貌	挖沟、开管道和入孔的成本很高
直埋	提供某种程度的机械保护 保持建筑物的外貌	挖沟成本高 难以安排电缆的敷设位置 难以更换和加固
架空	如果本来就有电线杆，则成本最低	没有提供任何机械保护 灵活性差 安全性差 影响建筑物美观
隧道	保持建筑物的外貌，如果本来就有隧道，则成本最低且安全	热量或泄漏的热气可能会损坏电缆、可能被水淹没

10.5 工程经验

1. 工程经验一 路径的勘察

建筑群子系统的布线工作开始前，首先要勘察室外施工现场，确定布线的路径和走向，同时避开强电管道和其他管道。

2. 工程经验二 避开动力线，谨防线路短路

2001 年，某中学铺设一路室外缆线，由于当时在施工中没有将网络和广播系统分管道布线。在使用了两年以后，由于广播系统电缆中间的接头出现老化，并且发生了短路，把该管道内的所有线路都损坏了。通过这样的教训，值得注意的是，在室外布线中，一定将弱电缆线的信号线和供电缆线分管道铺设。

3. 工程经验三 管道的铺设

铺设室外管道时要采用直径较大的，要留有余量。铺设光缆时要特别注意转弯半径，转弯半径过小会导致链路严重损耗，仔细检查每一条光缆，特别光纤熔接点的面板盒，有的面板盒深度不够，光纤熔接做好后，面板没装到盒上时是好的，装上去以后测试就通不过，原因是装上去后光缆转角半径太小，造成严重损耗。

4．工程经验四　缆线的铺设

为防止意外破坏，室外电缆一般应穿入埋在地下的管道内，如需架空，则应架高（高 4m 以上），而且一定要固定在墙上或电线杆上，切勿搭架在电线杆、电线、墙头甚至门框和窗框上。

在条件允许的情况下，弱电应走自己的弱电井，减少受电磁干扰的概率。

10.6　2010 年全国职业院校技能大赛中职组《网络综合布线技术》竞赛分析

CD-BD 建筑群子系统光缆链路布线安装。

按照图 10-8 所示路由完成建筑群子系统光缆安装。

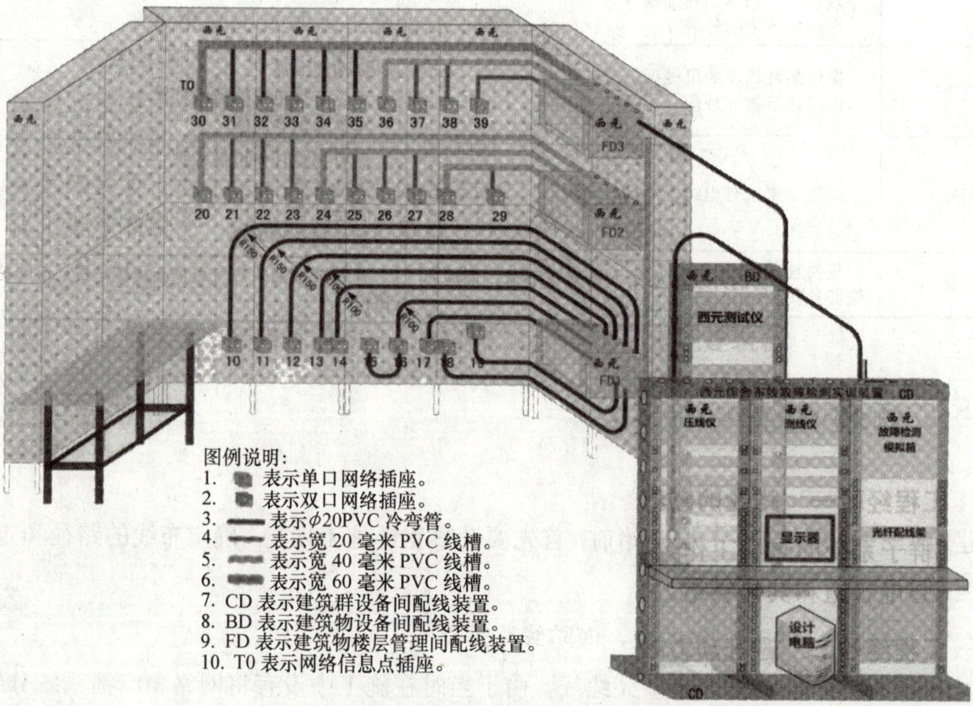

图 10-8　网络综合布线工程示意图

1）从标识 CD 的综合布线故障检测实训装置，向标识 BD 的设备安装 1 根 ϕ20 PVC 管，CD 端的线管用 L 形支架、管卡、螺钉安装固定在设备顶部；BD 端的线管用管卡、螺钉固定在设备侧面。

2）在 PVC 管内穿 4 根 4 芯室内光缆，其中，两根为单模，两根为多模。

评判要点：

1）线管安装横平竖直。

2）光缆铺设正确。

竞赛作品如图 10-9 所示。

图 10-9　竞赛作品

习　题

1）进线间设计应符合哪些规定？

2）简述建筑物子系统的设计步骤。

3）建筑物子系统的缆线布设方式有哪些？

第 11 章

光纤熔接工程技术

11.1 光纤概述

11.1.1 光纤

光纤是一种将信息从一端传送到另一端的媒介，是一条玻璃或塑胶纤维作为信息通过的传输媒介。光纤和同轴电缆相似，只是没有网状屏蔽层，中心是光传播的玻璃芯。在多模光纤中，芯的直径是 15～50μm，与人的头发的粗细相当。而单模光纤，芯的直径为 8～10μm。芯外面包围着一层折射率比芯低的玻璃封套，以使光纤保持在芯内，再外面的是一层薄的塑料外套，用来保护封套。光纤通常被扎成束，外面有外壳保护。纤芯通常是由石英玻璃制成的横截面积很小的双层同心圆柱体，它质地脆，易断裂，因此需要外加一个保护层。

11.1.2 光纤与光缆的区别

通常，光纤与光缆两个名词会被混淆，光纤在实际使用前外部由几层保护结构包覆，包覆后的缆线即被称为光缆。外层的保护结构可防止糟糕环境对光纤的伤害，如水、火、电击等。光缆包括光纤、缓冲层及披覆。

11.2 光纤的传输特点

由于光纤是一种传输媒介，它可以像一般铜缆线一样，传送电话语音或计算机数据等，所不同的是，光纤传送的是光信号而非电信号，光纤传输具有同轴电缆无法比拟的优点而成为远距离信息传输的首选媒介。光纤具有很多独特的优点：

1）传输损耗低。损耗是传输介质的重要特性，它只决定了传输信号所需中继的距离。光纤作为光信号的传输介质具有低损耗的特点。如使用 62.5/125μm 的多模光纤，850nm 波长的衰减约为 3.0dB/km；1 300nm 波长更低，约为 1.0dB/km。如果使用 9/125μm 单模光纤，1 300nm 波长的衰减仅为 0.4dB/km；1 550nm 波长衰减为 0.3dB/km，所以一般的 LD 光源可传输 15～20km。目前已经出现传输 100km 的产品。

2）传输频带宽。光纤的频宽可达 1GHz 以上。一般图像的带宽为 6MHz 左右，所以用一芯光纤传输一个通道的图像绰绰有余。光纤高频宽的好处不仅仅是可以同时传输多通道图像，还可以传输语音、控制信号或接点信号，有的甚至可以用一芯光纤通过特殊的光纤被动元件达到双向传输的功能。

3）抗干扰性强。光纤传输中的载波是光波，它是频率极高的电磁波，远远高于一般电波通信所使用的频率，所以不受干扰，尤其是强电干扰。同时由于光波受束于光纤之内，因此无辐射、无污染，传送信号无泄露，保密性强。

4）安全性能高。光纤采用玻璃材质，不导电，防雷击；光纤传输不像传统电路因短路或接触不良而产生火花，因此在易燃易爆场合下特别适用。光纤无法像电缆一样进行窃听，一旦光缆遭到破坏马上就会发现，因此安全性更强。

5）重量轻，机械性能好。光纤细小如丝，重量相当轻，即使是多芯光缆，重量也不会因为芯数增加而成倍增长，而电缆的重量一般都与外径成正比。

6）光缆使用寿命长。普通视频缆线最多使用10～15年，光缆的使用寿命长达30～50年。

11.3 光纤的传输原理和工作过程

光纤是光波传输的介质，是由介质材料构成的圆柱体，分为芯子和包层两部分。光波沿芯子传播。在实际工程应用中，光纤是指由预制棒拉制出纤丝经过简单被覆后的纤芯，纤芯再经过被覆，加强和防护，成为能够适应各种工程应用的光缆。

11.3.1 光纤传输原理

光波在光纤中的传播过程是利用光的折射和反射的原理来进行的，一般来说，光纤芯子的直径要比传播光的波长高几十倍以上，因此利用几何光学的方法定性分析是足够的，而且对问题的理解也很简明、直观。

当一束光纤投射到两个不同折射率的介质交界面上时，发生折射和反射现象。对于多层介质形成的一系列界面，其折射率 $n1>n2>n3>\cdots>nm$，则入射光线在每个界面的入射角逐渐加大，直到形成全反射。由于折射率的变化，入射光线受到偏转的作用，传播方向改变。

光纤由芯子、包层和套层组成。套层的作用是保护光纤，对光的传播没有什么作用。芯子和包层的折射率不同，其折射率的分布主要有两种形式：连续分布型（又称梯度分布型）和间断分布型（又称阶跃分布型）。

当入射光经过光纤端面的折射后进入光纤，除了与轴向方向一致的光沿直线传播外，其余的光线则投射到芯子和包层的交界面：一种在界面形成全反射，这些光线将与光轴保持不变的夹角，呈锯齿状无损耗地在光纤芯子内向前传播，称为传播光；另一种在界面处只有一部分形成反射，还有一部分折射进入包层，最后被套层吸收，反射的光线再次到达界面时又会有一部分损耗，因而不能传播，称为非传播光。

实际上进入光纤的大部分不是上面所讲的轴面光，因此还有一种称为泄漏光，如果芯子和包层的界面十分平坦，这些光线将形成全反射而得到传播，但事实上仅部分反射，尽管损耗比非传播光小还是不能很好地传播。对于长距离传输来说，只有传播光是有意义的。

进入光纤的光线在向芯子包层界面传播时，由于芯子折射率逐渐减小，受到一个向心偏转的作用，与轴线夹角 θ 小于一定值的光纤不能到达界面或到达界面形成全反射，因而受束于芯子内、呈波浪状无损耗地向前传播，成为传播光。其余的光由于有一部分在界面处折射进入包层，所以逐渐被吸收掉而不能传播。

因此，光纤芯子和包层的折射率及折射率的分布与光纤的传播特性有密切关系。

11.3.2 光纤传输过程

首先由发光二极管（LED）或注入型激光二极管（ILD）发出光信号沿光媒体传播，在另一端则有 PIN 或 APD（光敏二极管）作为检波器接收信号。对光载波的调制为移幅键控法，又称亮度调制（Intensity Modulation）。典型的做法是在给定的频率下，以光的出现和消失来表示两个二进制数字。发光二极管（LED）和注入型激光二极管（ILD）的信号都可以用这种方法调制，PIN 和 ILD 检波器直接响应亮度调制。功率放大是指将光放大器置于光发送端之前，以提高入纤的光功率，使整个线路系统的光功率得到提高；在线中继放大是指建筑群较大或楼间距离较远时，可起中继放大作用，提高光功率；前置放大是指在接收端的光电检测器之后将微信号进行放大，以提高接收能力。

11.4 光纤熔接工程技术

光纤传输具有传输频带宽、通信容量大、损耗低、不受电磁干扰、光缆直径小、重量轻、原材料来源丰富等优点，因而正成为主流的传输媒介之一。光在光纤中传输时会产生损耗，这种损耗主要由光纤自身的传输损耗和光纤接头处的熔接损耗组成。光缆一经定购，其光纤自身的传输损耗也基本确定，而光纤接头处的熔接损耗则与光纤的本身及现场施工有关。努力降低光纤接头处的熔接损耗，则可增大光纤中继放大传输距离和提高光纤链路的衰减裕量。

11.4.1 光纤熔接技术原理

光纤连接采用熔接方式。熔接是指通过将光纤的端面熔化后将两根光纤连接到一起，这个过程与金属线焊接类似，通常要用电弧来完成。熔接如图 11-1 所示。

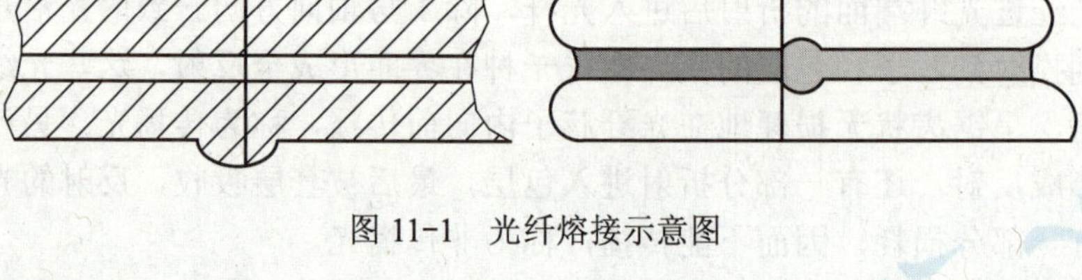

图 11-1　光纤熔接示意图

熔接连接光纤不产生缝隙，因此不会引入反射损耗，入射损耗也很小，在 0.01～0.15dB 之间。在光纤进行熔接前要把它的涂覆层剥离。机械接头本身是保护连接的光纤的护套，但熔接在连接处却没有任何的保护。因此，熔接光纤设备包括重新涂覆器，它涂覆熔接区域。作为选择的另一种方法是，使用熔接保护套管。它们是一些分层的小管，其基本结构和通用尺寸如图 11-2 所示。

将保护套管套在接合处，然后对它们进行加热。内管是由热缩材料制成的，因此这些套管就可以牢牢地固定在需要保护的地方，加固件可避免光纤在这一区域受到弯曲。

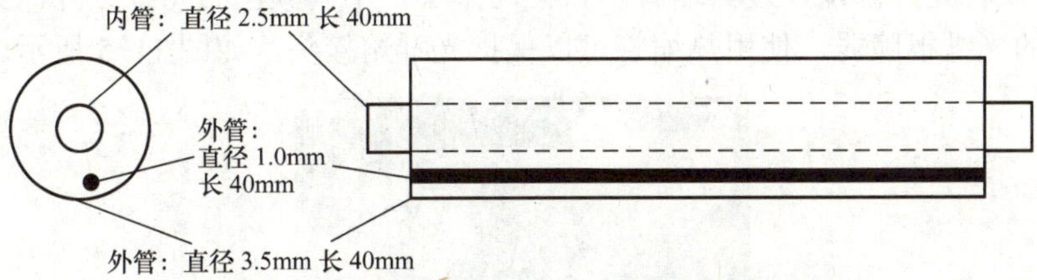

图 11-2　光纤熔接保护套管的基本结构和通用尺寸

11.4.2　光纤熔接的过程和步骤

1. 光纤熔接机产品结构

光纤熔接机如图 11-3 和图 11-4 所示。

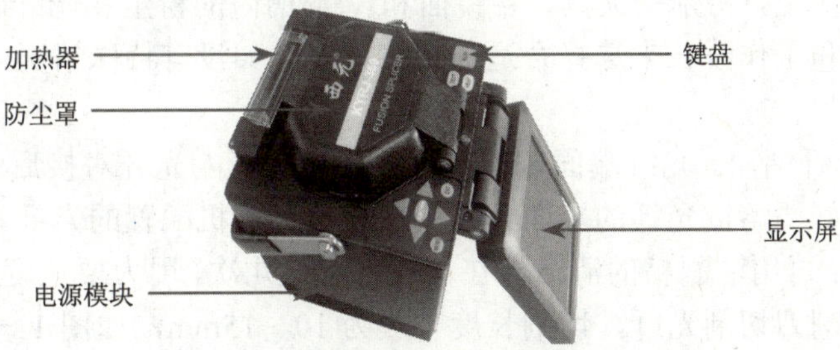

图 11-3　光纤熔接机俯视图

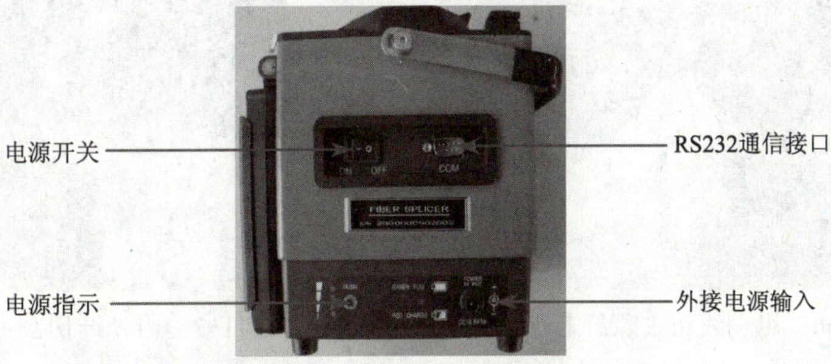

图 11-4　光纤熔接机侧视图

2. 光纤熔接的过程和步骤

1）开剥光缆，并将光缆固定到接续盒内。在开剥光缆之前应去除施工时受损变形的部分，使用专用开剥工具，将光缆外护套开剥长度 1m 左右，如遇铠装光缆时，用老虎钳将铠装光缆护套里护缆钢丝夹住，利用钢丝将缆线外护套开剥，并将光缆固定到接续盒内，用卫生纸将油膏擦拭干净后，穿入接续盒。固定钢丝时一定要压紧，不能有松动。否则，有可能造成光缆打滚折断纤芯。注意剥光缆时不要伤到束管。注意事项：在剥除光纤的套管时要使套管长度足够伸进容纤盘内，并有一定的滑动余地，使得翻动纤盘时避免套管口上的光纤受到损伤。

2）分纤。将光纤分别穿过热缩管。将不同束管，不同颜色的光纤分开，穿过热缩管。剥去涂覆层的光纤很脆弱，使用热缩管可以保护光纤熔接头，如图 11-5 所示。

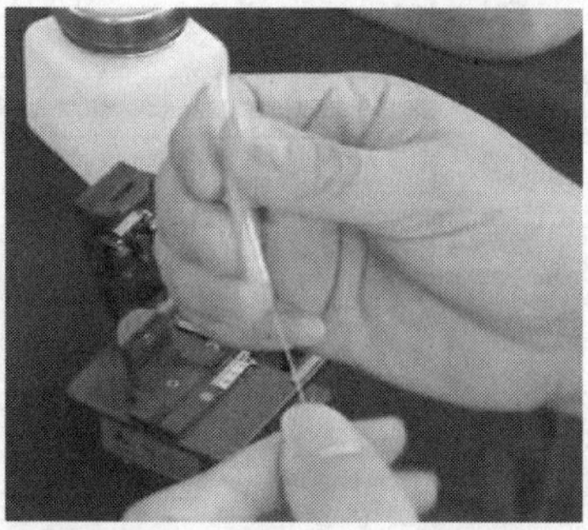

图 11-5　光纤穿热缩管护套

3）准备熔接机。打开熔接机电源，采用预置的程序进行熔接，并在使用中和使用后及时去除熔接机中的灰尘，特别是夹具、各镜面和 V 形槽内的粉尘和光纤碎末。熔接前要根据系统使用的光纤和工作波长来选择合适的熔接程序。如没有特殊情况，一般都选用自动熔接程序。

4）制作对接光纤端面。光纤端面制作的好坏将直接影响光纤对接后的传输质量，所以在熔接前一定要做好要熔接光纤的端面。首先用光纤熔接机配置的光纤专用剥线钳剥去光纤纤芯上的涂覆层，再用沾酒精的清洁棉在裸纤上擦拭几次，用力要适度，如图 11-6 所示，然后用精密光纤切割刀切割光纤，切割长度一般为 10～15mm，如图 11-7 所示。

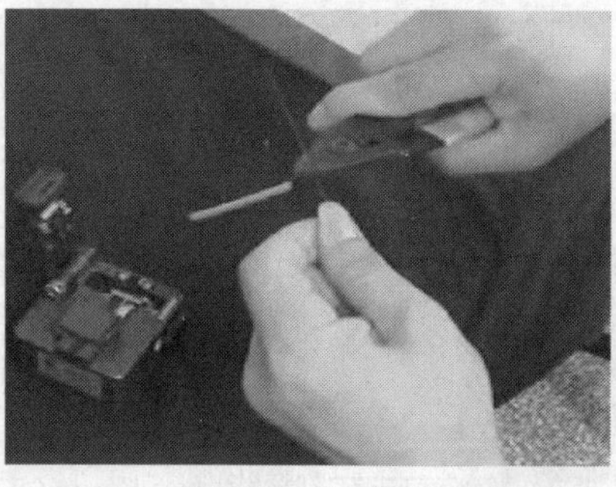

图 11-6　用剥线钳去除纤芯涂覆层

图 11-7　用光纤切割刀切割光纤

5）放置光纤。将光纤放在熔接机的 V 形槽中，小心压上光纤压板和光纤夹具，要根据光纤切割长度设置光纤在压板中的位置，一般将对接的光纤的切割面基本都靠近电极尖端位置。关上防风罩，按“SET”键即可自动完成熔接。需要的时间一般根据使用的熔接机而不同，一般需要 8～10s，如图 11-8 所示。

6）移出光纤、用加热炉加热热缩管。打开防风罩，把光纤从熔接机上取出，再将热缩管放在裸纤中间，再放到加热炉中加热。加热炉可使用 20mm 微型热缩管和 40mm 及

60mm 一般热缩管，20mm 热缩管需 40s，60mm 热缩管为 85s，如图 11-9 所示。

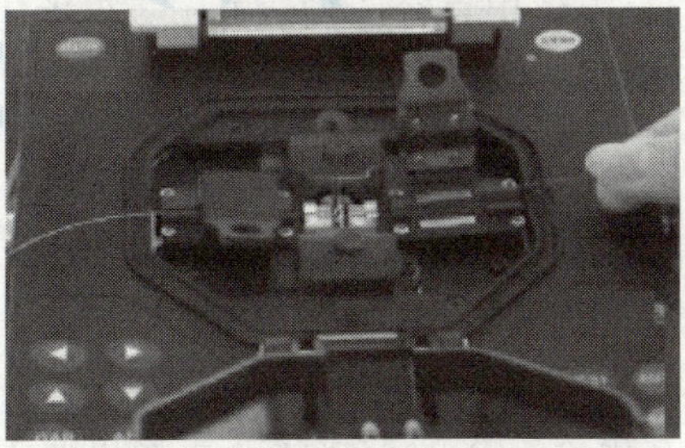

图 11-8　熔接光纤

图 11-9　用加热炉加热热缩管

7）盘纤固定。将熔接好的光纤盘到光纤收容盘内，在盘纤时，盘圈的半径越大，弧度越大，整个线路的损耗越小。所以一定要保持一定的半径，使激光在光纤传输时，避免产生一些不必要的损耗。

8）密封和挂起。如果在野外熔接时，熔接盒一定要密封好，防止进水。熔接盒进水后，由于光纤及光纤熔接点长期浸泡在水中，可能会出现部分光纤衰减增加。最好将熔接盒做好防水措施并用挂钩挂在吊线上。至此，光纤熔接完成。

在工程施工过程中，光纤熔接是一项细致的工作，此项工作做得好与坏直接影响整套系统的运行，因为它是整套系统的基础，这就要求在现场操作时仔细观察、规范操作，这样才能提高实践操作技能，全面提高光纤熔接质量。

11.4.3　光缆熔接质量检查

在熔接的整个过程中，要保证光纤的熔接质量，以减少因盘纤带来的附加损耗和封盒可能对光纤造成的损害，但决不能仅凭肉眼进行判断。

1）熔接过程中对每一芯光纤进行实时跟踪监测，检查每一个熔接点的质量。

2）每次盘纤后，对所盘光纤进行例检，以确定盘纤带来的附加损耗。

3）封熔接盒前对所有光纤进行统一测定，查明有无漏测和光纤预留空间对光纤及接头有无挤压。

4）封盒后，对所有光纤进行最后监测，以检查封盒是否对光纤有损害。

11.4.4　造成光纤熔接损耗的主要因素

造成光纤熔接损耗的因素较多，大体可分为光纤本征因素和光纤非本征因素两类。

1. 光纤本征因素

光纤本征因素是指光纤自身因素，主要有 4 点：

1）光纤模场直径不一致。

2）两根光纤芯径失配。

3）纤芯截面不圆。

4）纤芯与包层同心度不佳。

其中光纤模场直径不一致影响最大，按 CCITT 建议，单模光纤的容限标准如下。

模场直径：（9～10μm）±10%，即容限约±1μm；包层直径：125±3μm；模场同心度误差≤6%，包层不圆度≤2%。

2．光纤非本征因素

影响光纤熔接损耗的非本征因素即熔接技术。

1）轴心错位：单模光纤纤芯很细，两根对接光纤轴心错位会影响熔接损耗。当错位 1.2μm 时，熔接损耗达 0.5dB。

2）轴心倾斜：当光纤断面倾斜 1° 时，约产生 0.6dB 的熔接损耗，如果要求熔接损耗≤0.1dB，则单模光纤的倾角应为≤0.3°。

3）端面分离：活动连接器的连接不好，很容易产生端面分离，造成熔接损耗较大。当熔接机放电电压较低时，也容易产生端面分离。

4）端面质量：光纤端面的平整度差时也会产生损耗，甚至气泡。

5）熔接点附近光纤物理变形：光缆在架设过程中的拉伸变形，熔接盒中夹固光缆压力太大等，都会对熔接损耗有影响，甚至熔接几次都不能改善。

3．其他因素

熔接人员操作水平、操作步骤、盘纤工艺水平、熔接机中电极清洁程度、熔接参数设置、工作环境清洁程度等均会影响到熔接损耗的值。

11.4.5 降低光纤熔接损耗的措施

1．一条线路上尽量采用同一批次的优质名牌裸纤

对于同一批次的光纤，其模场直径基本相同，光纤在某点断开后，两端间的模场直径可视为一致，因而在此断开点熔接可使模场直径对光纤熔接损耗的影响降到最低程度。

2．光缆架设按要求进行

在光缆敷设施工中，严禁光缆打小圈及折、扭曲。敷放光缆应严格按光缆施工要求，从而最低限度地降低光缆施工中光纤受损伤的概率，避免光纤芯受损伤导致的熔接损耗增大。

3．挑选经验丰富、训练有素的光纤熔接人员进行熔接

现在熔接大多是熔接机自动熔接，但熔接人员的水平直接影响熔接损耗的大小。熔接人员应严格按照光纤熔接工艺流程图进行熔接，不符合要求的应重新熔接，对熔接损耗值较大的点，反复熔接次数以 3～4 次为宜，多根光纤熔接损耗都较大时，可剪除一段光缆重新开缆熔接。

4．熔接光缆应在整洁的环境中进行

严禁在多尘及潮湿的环境中操作，光缆熔接部位及工具、材料应保持清洁，不得让光纤接头受潮，准备切割的光纤必须清洁，不得有污物。切割后光纤不得在空气中暴露时间过长，尤其是多尘潮湿的环境。

5. 选用精度高的光纤端面切割器来制备光纤端面

光纤端面的好坏直接影响到熔接损耗的大小，切割的光纤应为平整的镜面，无毛刺，无缺损。光纤端面的轴线倾角应小于 1°，高精度的光纤端面切割器不但提高光纤切割的成功率，也可以提高光纤端面的质量，这对光纤维护及抢修尤为重要。

6. 熔接机的正确使用

熔接机的功能就是把两根光纤熔接到一起，所以正确使用熔接机也是降低光纤熔接损耗的重要措施。根据光纤类型正确合理地设置熔接参数、预放电电流、时间及主放电电流、主放电时间等，并且在使用中和使用后及时去除熔接机中的灰尘，特别是夹具、各镜面和 V 形槽内的粉尘和光纤碎末。每次使用前应使熔接机在熔接环境中放置至少 15 分钟，特别是在放置与使用环境差别较大的地方（如冬天的室内与室外），根据当时的气压、温度、湿度等环境情况，重新设置熔接机的放电电压及放电位置，以及使V形槽驱动器复位等调整。

11.4.6 光纤熔接损耗的测量

光损耗是度量一个光纤接头质量的重要指标，有几种测量方法可以确定光纤接头的光损耗，如使用光时域反射仪或熔接接头的损耗评估方案等。

1. 熔接接头损耗评估

某些熔接机使用一种光纤成像和测量几何参数的断面排列系统。通过从两个垂直方向观察光纤，计算机处理并分析该图像来确定包层的偏移、纤芯的畸变、光纤外径的变化和其他关键参数，使用这些参数来评价接头的损耗。依赖于接头和它的损耗评估算法求得的熔接损耗可能和真实的熔接损耗有相当大的差异。

2. 使用光时域反射仪（OTDR）

光时域反射仪（Optical Time Domain Reflectometer，OTDR）又称背向散射仪，其原理：往光纤中传输光脉冲时，由于在光纤中散射的微量光，返回光源侧后，可以利用时机来观察反射的返回光程度。由于光纤的模场直径影响它的后向散射，因此在接头两边的光纤可能会产生不同的后向散射，从而遮蔽接头的真实损耗。如果从两个方向测量接头的损耗，并求出这两个结果的平均值，便可消除单向 OTDR 测量的人为因素误差。然而，多数情况是操作人员仅从一个方向测量接头损耗，其结果并不十分准确，事实上，由于具有失配模场直径的光纤引起的损耗可能比内在接头损耗自身大 10 倍。

11.5 盘纤

盘纤是一门技术，也是一门艺术。科学的盘纤方法，可使光纤布局合理、附加损耗小、经得住时间和恶劣环境的考验，可避免因挤压造成的断纤现象。

11.5.1 盘纤规则

1）沿松套管或光缆分支方向为单元进行盘纤，前者适用于所有的熔接工程；后者仅适用于主干光缆末端且为一进多出。分支多为小对数光缆。该规则是每熔接和热缩完一个或几个松套管内的光纤、或一个分支方向光缆内的光纤后，盘纤一次。优点是避免了光纤松套管间或不同分支光缆间光纤的混乱，使之布局合理、易盘、易拆，更便于日后维护。

2）以预留盘中热缩管安放单元为单位盘纤，此规则是根据熔接盒内预留盘中某一小安放区域内能够安放的热缩管数目进行盘纤。避免了由于安放位置不同而造成的同一束光纤参差不齐、难以盘纤和固定，甚至出现急弯、小圈等现象。

3）特殊情况，如在熔接中出现光分路器、上/下路尾纤、尾缆等特殊器件时要先熔接、热缩、盘绕普通光纤，在依次处理上述情况后，为了安全常另盘操作，以防止挤压引起附加损耗的增加。

11.5.2 盘纤的方法

1）先中间后两边，即先将热缩后的套管逐个放置于固定槽中，然后再处理两侧余纤。优点：有利于保护光纤接点，避免盘纤可能造成的损害。在光纤预留盘空间小、光纤不易盘绕和固定时，常用此种方法。

2）从一端开始盘纤，固定热缩管，然后再处理另一侧余纤。优点：可根据一侧余纤长度灵活选择铜管安放位置，方便、快捷，可避免出现急弯、小圈现象。

3）特殊情况的处理，如个别光纤过长或过短时，可将其放在最后，单独盘绕；带有特殊光器件时，可将其另一盘处理，若与普通光纤共盘时，应将其轻置于普通光纤之上，两者之间加缓冲衬垫，以防止挤压造成断纤，且特殊光器件尾纤不可太长。

4）根据实际情况采用多种图形盘纤。按余纤的长度和预留空间大小，顺势自然盘绕，且勿生拉硬拽，应灵活地采用圆、椭圆、“CC”、“～”多种图形盘纤（注意 $R \geqslant 4\text{cm}$），尽可能最大限度地利用预留空间和有效降低因盘纤带来的附加损耗。

11.6 光纤熔接工程技术实训项目

实训项目 光纤熔接

【实训目的】

1）熟悉和掌握光缆的种类和区别。

2）熟悉和掌握光缆工具的用途、使用方法和技巧。

3）熟悉光缆跳线的种类。

4）熟悉光缆耦合器的种类和安装方法。

5）熟悉和掌握光纤的熔接方法及注意事项。

【实训要求】

1）完成光缆的两端剥线。不允许损伤光缆光芯，而且长度合适。

2）完成光缆的熔接实训。要求熔接方法正确，并且熔接成功。

3）完成光缆在光纤熔接盒的固定。

4）完成耦合器的安装。

5）完成光纤收发器与光纤跳线的连接。

【实验设备主要工具】

1）光纤熔接机如图 11-10 所示。

2）光纤工具箱如图 11-11 所示。

【实训项目和步骤】

1）光缆的两端剥线。

2）光缆在熔接盒内的固定。

3）光缆熔接。

4）光纤耦合器的安装。

5）完成布线系统光纤部分的连接。

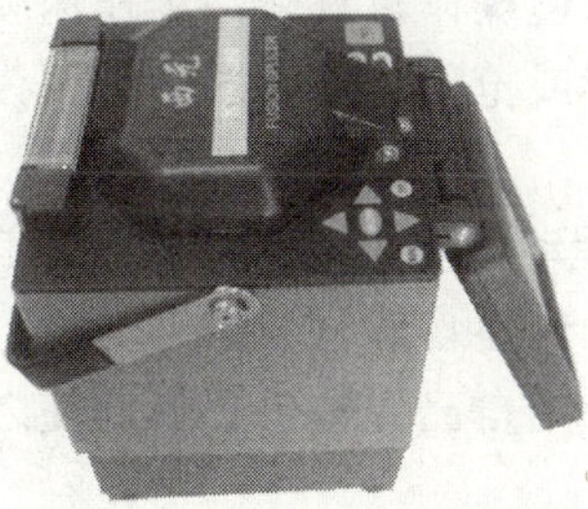

图 11-10 光纤熔接机

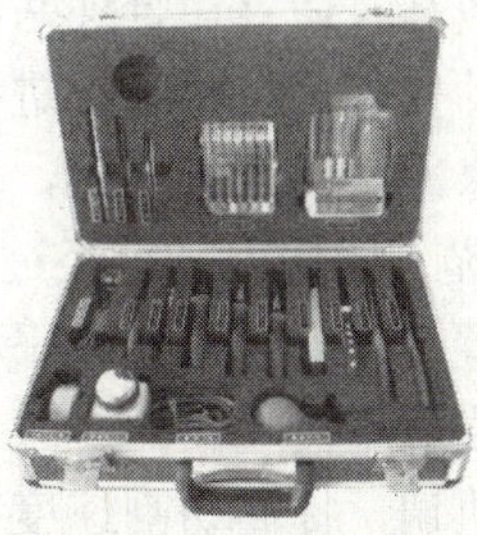

图 11-11 光纤工具箱

【实训报告要求】

1）以表格形式列出实训材料和工具的数量、规格、用途。

2）分步陈述实训程序或步骤，以及安装注意事项。

3）总结实训体会和操作技巧。

11.7 工程经验

1. 工程经验一 光纤涂覆层的剥除

光纤涂覆层的剥除，首先用左手大拇指和食指捏紧纤芯将光纤纤芯持平，所露长度以8cm为准，将余纤放在无名指、小拇指之间，以增加力度，防止打滑。右手握紧剥线钳，剥纤钳应与光纤垂直，上方向内倾斜一定角度，然后用钳口轻轻卡住光纤随之用力，顺光纤轴向平推出去，在这需注意的是力度的把握，用力过大会将纤芯弄断。力度太小，光纤涂覆层去不掉。

2. 工程经验二　裸纤的清洁

裸纤的清洁在光纤的熔接过程中起到了非常重要的作用，这就要求在实际工程中真正要做好裸纤的清洁，应按下面的两步操作进行：

1）观察光纤剥除部分的涂覆层是否全部剥除，若有残留，应重新剥除。如有极少量不易剥除的涂覆层，可用棉球蘸适量酒精，一边浸渍，一边逐步擦除。

2）将棉花撕成层面平整的小块，蘸少许酒精（以两指相捏无溢出为宜），折成“V”形，夹住已剥覆的光纤，顺光纤轴向擦拭，力争一次成功，一块棉花使用 2～3 次后要及时更换，每次要使用棉花的不同部位和层面，这样既可提高棉花利用率，又防止了裸纤的二次污染。

3. 工程经验三　裸纤的切割

裸纤的切割是光纤端面制作中最为关键的部分，精密、优良的切刀是基础，而严格、科学的操作规范是保证。

1）切刀的选择：切刀有手动和电动两种。前者操作简单，性能可靠，随着操作者水平的提高，切割效率和质量可大幅度提高，且要求裸纤较短，但该切刀对环境温差要求较高；后者切割质量较高，适宜在野外寒冷条件下作业，但操作较复杂，工作速度恒定，要求裸纤较长。熟练的操作者在常温下进行快速光缆接续或抢险，采用手动切刀为宜；反之初学者或在野外较寒冷条件下作业时，采用电动切刀。

2）操作规范：操作人员应经过专门训练以掌握动作要领和操作规范。首先要清洁切刀和调整切刀位置，切刀的摆放要平稳，切割时，动作要自然、勿重、勿急，避免断纤、斜角、毛刺及裂痕等不良端面的产生。合理分配和使用自己的右手手指，使之与切口的具体部件相对应、协调，提高切割速度和质量。

3）谨防端面污染：热缩套管应在剥涂覆层前穿入，严禁在端面制作后穿入。裸纤的清洁、切割和熔接的时间应紧密衔接，不可间隔过长，特别是已制作的端面，切勿放在空气中。移动时要轻拿轻放，防止与其他物件擦碰。在接续中应根据环境，对切刀“V”形槽、压板、刀刃进行清洁，谨防端面污染。

4. 工程经验四　光纤的熔接

光纤熔接是接续工作的中心环节，因此高性能熔接机和熔接过程中科学操作是十分必要的。

应根据光缆工程要求，配备蓄电池容量和精密度合适的熔接设备。

熔接前根据光纤的材料和类型，设置好最佳预熔主熔电流和时间，以及光纤送入量等关键参数。熔接过程中还应及时清洁熔接机“V”形槽、电极、物镜、熔接室等，随时观察熔接中有无气泡、过细、过粗、虚熔、分离等不良现象，注意 OTDR 测试仪表跟踪监测结果，及时分析产生上述不良现象的原因，采取相应的改进措施。如多次出现虚熔现象，应检查熔接的两根光纤的材料、型号是否匹配，切刀和熔接机是否被灰尘污染，并检查电极氧化情况，若均无问题则应适当提高熔接电流。

11.8 2010年全国职业院校技能大赛中职组《网络综合布线技术》竞赛分析

光缆熔接

按照如图11-12所示的光缆熔接示意图，完成建筑群子系统光缆熔接。

图11-12 光缆熔接示意图

将光缆的两端分别穿入两个光纤配线架内部，在光纤配线架内，将光缆与尾纤熔接，尾纤另一端插接在对应的耦合器上。要求光纤熔接部位安装保护套管，将熔接好的光纤小心安装在绕线盘内，并且盖好绕线盘盖板。熔接时尽量保留尾纤长度，并且整理和绑扎美观。

注意：将耦合器防尘护套存放在光纤配线架内部，安装光纤配线架盖板。

评判要点：

1）熔接正确。

2）盘线美观。

3）光纤配线架盖板安装牢固。

竞赛过程和作品如图11-13所示。

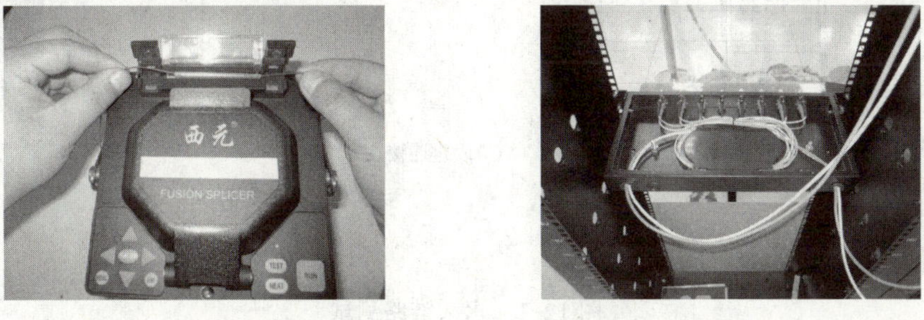

a）　　b）

图11-13 竞赛过程和作品

习 题

1）简述光纤的传输特点。

2）简述光纤熔接的过程和步骤。

3）简述产生光纤熔接损耗的主要因素。

第 12 章

综合布线系统工程的测试

在综合布线工程的测试中，主要有永久链路测试和信道测试两种。本章针对这两种测试进行介绍。

12.1 永久链路测试

永久链路测试（Permanent Link Test）一般是指从配线架上的跳线插座算起，到工作区墙面板插座位置，对这段链路进行的物理性能测试，如图 12-1 所示。

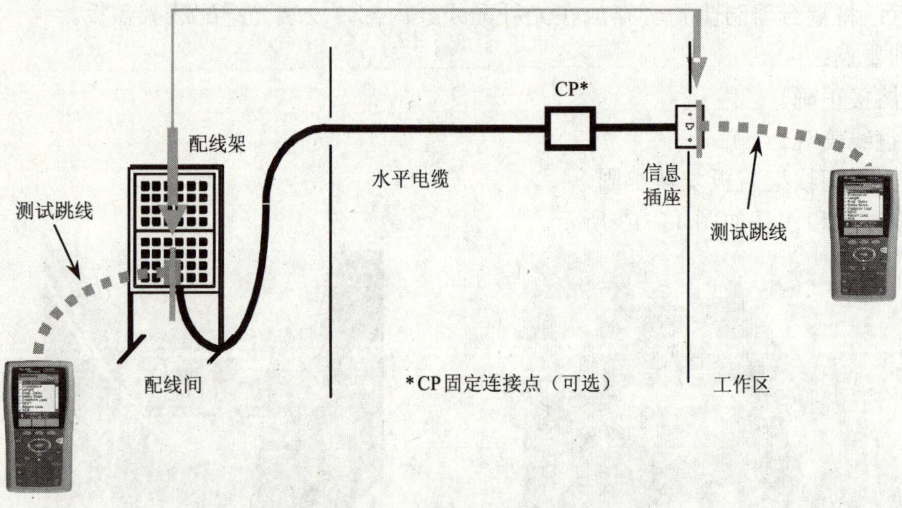

图 12-1 永久链路测试

一般来说，等级越高需要测试的参数种类就越多。但也不总是这样，如 Cat6A 电缆链路需要测试外部串音 ANEXT 等参数，而 Class F（7 类）链路就不需要测试外部串音参数（已屏蔽）。以下所列是数据电缆需要测试的主要参数，不同类型的电缆参数数量有所取舍。

Wire Map——接线图（开路/短路/错对/串绕等）

Length——长度

Propagation Delay——传输时延

Delay Skew——时延偏离

Insertion Lose（Attenuation）——插入损耗（衰减）

NEXT——近端串音

PS NEXT——综合近端串音

Return Loss——回波损耗

ACR/ACR-N——衰减串音比

ACR-F（EL FEXT）——远端衰减串音比（等效远端串音）

PSACR-F（PS ELFEXT）——综合远端串音比（综合等效远端串音）

ANEXT/PSANEXT——外部近端串音/外部综合近端串音

举例：一条典型的实际安装的水平布线系结构如图 12-2 所示。

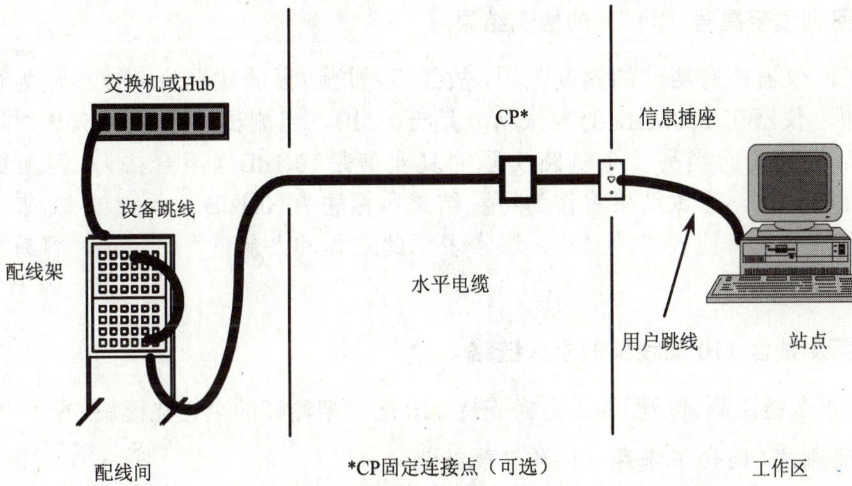

图 12-2 典型的水平链路应用图

如果选用布线系统厂商提供的设备跳线来作为永久链路的测试跳线，则可能因为此测试跳线的抗弯折寿命很短（50～400 次），以及测试跳线的 RJ45 水晶插头与仪器的测试插座配合度因测试磨损、机械连接角度频繁波动和劣化，需要经常校准测试跳线的误差（建议弯折 50 次左右就要校准一次）或者经常更换新的测试跳线并校准，否则就可能出现因测试跳线本身参数漂移和两端水晶头配合参数波动带来的“不可重复性问题”。

在测试永久链路时，要注意以下问题：

1. 如何选择测试标准

最常用的标准是“通用型测试标准”，少部分用户还要求使用“应用型测试标准”或者“器件供应商自定义型标准”进行测试。

通用标准是直接跟电缆物理性质相关的标准，一般都高于应用标准。其中 TIA568B、ISO11801、和 GB 50312—2007 等是使用最多的测试标准，基本涵盖了被检测链路总数的 99%以上。这些标准要求对电缆链路本身的物理参数进行测试，如线序、长度、串音、衰减、回波损耗（RL）、衰减串音比（ACR）等参数。

2．如何读取仪器存储的数据

可用基于 PC 的通信和数据管理软件，如“Link Ware”，从仪器中取出测试后存储的数据，并用此软件来管理测试的大量数据，也可以用此软件将数据输出为多种报告格式供用户使用，包括文本格式、CSV 格式、PDF 格式等。软件可以从相关网站上免费下载安装使用（语言可选）。

仪器操作程序提示如下。

仪器一般的操作程序：开机，选择测试标准（Setup），安装测试适配器（信道或永久链路），实施测试（按测试键），存数据（取文件名），测试下一条链路。用计算机（或读卡器）取出仪器当中存储的结果（使用 LinkWare 软件），管理（整理、分析、输出、打印）报告等。

3．如何判读带星号（“*”）的检测结果

由于任何仪器都有测试的精度范围，故靠近精度边沿的数据将会被标注为带星号的数据。例如，仪器在 100MHz 的测试精度是±0.2dB，当测试结果为+0.5dB 时，测试结果肯定是合格的，而当另一条链路实际的真实值是−0.1dB（不合格），但测试结果为+0.1dB（合格）时，测试结果将作为可疑结果，标注为+0.1dB（pass*）。如果一项综合布线工程测试结果有比较多的“*”，通常表示此工程的“余量”比较小，容易让用户产生疑义。

4．如何测试含 110 配线架的永久链路

可以在永久链路测试适配器上更换支持 110 配线架测试的个性化模块。

5．如何测试 Class F 链路（俗称 7 类链路）

由于 7 类链路模块与 6 类完全不兼容，为非 RJ45 结构，目前已被 TIA 标准委员会批准的是 Siemon 公司的 Tera F 结构和 Nexans 公司的 GG-RJ 结构，此时需要使用 7 类测试适配器（如 DTX-PLA011）来进行测试。

6．如何测试 Cat6A 或者 Class E_A 链路

如果被测链路使用屏蔽电缆（FTP），则可以直接使用支持 Cat6A 或者 Class E_A 的永久链路适配器进行测试；如果是非屏蔽电缆（UTP）链路，则还需要增加测试电缆之间的干扰，如图 12-3 所示。电缆束中心的一根电缆会最大强度地被周围的6根电缆工作时间辐射出来的电磁波干扰（外部串音），这些干扰会破坏中心电缆中传递的信号，导致误码率上升。

图 12-3　UTP 之间的互相干扰（6 包 1）

测试外部串音的方法：用一个仪器单元在周围电缆中仿真发送信号，然后用另一个仪器单元在中心电缆中接收感应到的外部串音信号，两个仪器单元之间使用同步模块连接起来，以便测试“动作”一致，如图 12-4 所示。一个（主机）

单元所连接的链路就是6包1电缆束的中心电缆，负责感应接收来自于另一个（远端）单元所连接的链路辐射出的“外来干扰”信号。当6根外包电缆依次将干扰信号都传递给主机单元所连接的中心电缆后，测试工作就基本结束，接着软件会将干扰信号“求和”，得出外部串音的各种参数（PS NEXT、PSACR-F等。）由于外部串音的测试工作量大，测试速度慢，所以不是所有链路都做这种测试，而是抽样进行测试。抽样的对象就是类似6包1结构的电缆链路（也可以试48包1）。抽样的比例为1%或5条（取多数），取最长和周围捆扎有最多电缆的链路。

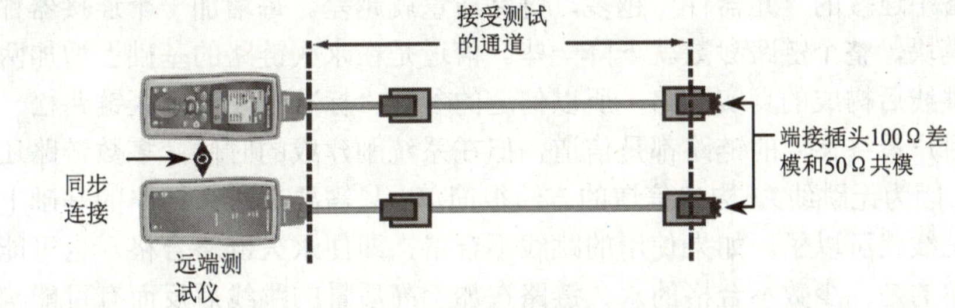

图12-4 测试外部串音方法一

图12-5是另一种测试外部串音的方法，此方法使用已有的链路作为同步链路，适合仪器分开在链路两端的测试模式。测试结果仍然使用软件（如AXTALK）进行分析和输出报告。

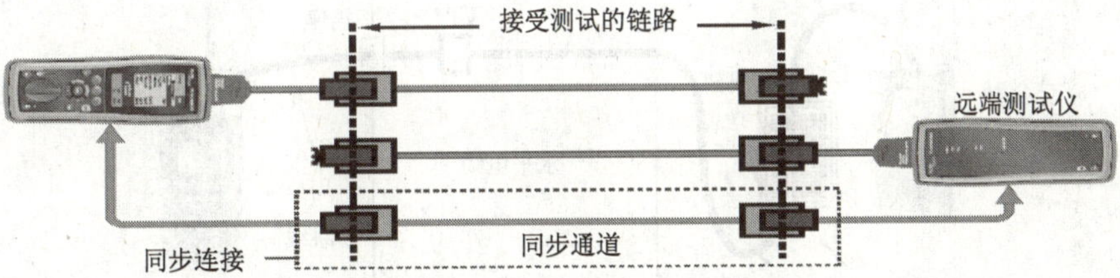

图12-5 测试外部串音方法二

7. 如何确定外部串音链路的测试数量

上面介绍的外部串音测试方法是以“6包1”为例来进行测试的，这种测试被较多地运用在生产测试中。在实际链路的测试中，很可能超过6包1的数量，如施工中常将线槽或桥架中的每12根电缆打成一捆，或者将24根、48根电缆打成一捆。测试时，测试仪主机用来接收干扰信号（信号接收机），测试仪副机（远端机）作为干扰信号发送源（信号发生器）。那么，如何选择被干扰链路，测试多少数量才算合适呢？

由于测试工作量较大，不会将所有电缆都进行外部干扰测试，否则测试总量将是一个天文数字。先介绍一下如何选择被干扰链路。首先，在链路中选择比较长的被干扰链路，其次，从配线架处目视观察后，选择比较容易被干扰的链路（基本上就是居中的链路），再次，选择比较“粗壮”的电缆捆（12、24甚至48根/捆）作为最差被干扰链路，如果选择的这些被干扰（“受害”）链路测试均合格，则一般不再进行更多链路的选择测试。

选定了被干扰链路，就可以方便地选择干扰链路了。步骤一，与被干扰链路同在“一捆”的链路可以作为干扰链路。步骤二，由于配线架处是干扰密度最大、干扰“进入”最多的地方，所以被干扰链路周围上下几个插座链连接的链路也作为干扰链路。

12.2 信道测试

信道测试（Channel Test）又称为通道测试，一般是指从交换机端口上设备跳线的 RJ45 水晶头算起，到服务器网卡前用户跳线的 RJ45 水晶头结束，对这段链路进行的物理性能测试，如图 12-6 所示。

一条链路中连接的“元器件”越多，链路质量就越差。每增加一个连接器件，如增加一根跳线或模块，整个链路参数就下降一些。信道是在永久链路的基础上增加两端的设备跳线和用户跳线后构成的真实链路，所以信道的参数“标准”要比永久链路松一些。

通常，用户最终使用的链路都是信道，但在系统刚建成的时候，多数链路还是永久链路而非信道（因为无跳线）。构建信道的方法很简单，只需要在永久链路的基础上增加设备跳线和用户跳线就可以了。如果使用的跳线不合格，即便永久链路合格，也可能导致信道不合格。有趣的是，少数不合格的永久链路在加上高质量的跳线后反而有可能构建成一条合格的信道。所以，需要控制链路质量的用户会格外关注永久链路的质量检查——以后只需要增加合格的跳线，就基本上可以保证 100%地构建一条合格的信道。

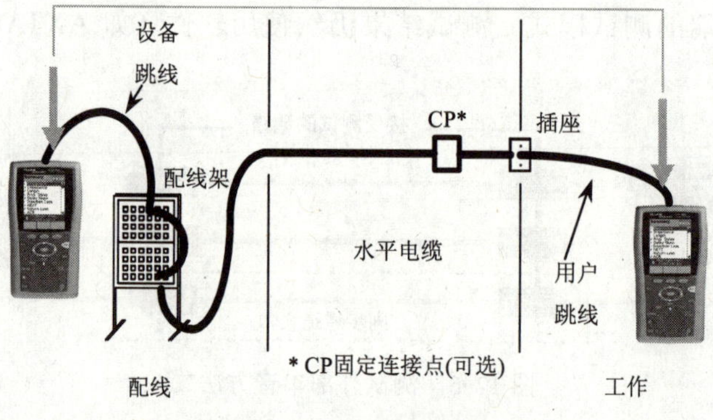

图 12-6 信道测试模型

那么，选用什么链路模型来作为验收测试的标准比较好呢？基本上，对布线系统质量要求最高的用户会坚持采用“永久链路+信道测试”的方法来检验最终完成系统的质量。多数用户则只需关注永久链路的质量，开通用户时只要跳线检验合格，就可以构建一个 100%合格的系统，平时只要重点关注少数几条核心链路的信道质量即可。

信道测试与永久链路的测试方法相似，取出数据的方法也完全相同，不同的只是选取的测试模式不一样，使用的测试适配器不同而已，在此不做详细讨论。信道测试适配器对于 Cat6A 链路级别以下的形状和参数都相似，但 7 类链路由于接口为非 RJ45 结构，所以适配器也是专门的 Tera 结构。

Cat6A 的外部串音测试与永久链路的测试方式相似（使用 Cat6A 信道适配器），此略。

12.3 综合布线系统工程的测试

综合布线系统工程的测试主要是针对各个子系统（如水平子系统、垂直子系统等）当中的物理链路进行质量检测。测试的对象有电缆和光缆。在设备开通时，部分用户会选择性地进行“信道测试”或者“跳线测试”，以提高链路的可靠性。这些测试对象均可以在测试仪器中选定对应的标准进行测试。

1．如何测试电缆跳线

永久链路作为质量验收的必测内容被广泛使用，信道的测试多数在开通用户时有选择性地进行。为了既保证信道质量总能合乎要求，又不进行信道测试，用户只需要重点把握好跳线的质量就可以了。因为只要跳线质量合格，那么合格的永久链路加上合格的跳线就几乎能 100%地保证由此构成的信道合格。为此，需要对准备投入使用的跳线进行质量检测，有时候这种测试还是以批量的方式进行的，使用跳线测试适配器即可轻松地进行。

特别提示，不能用信道测试代替跳线测试，因为两者的标准、模式、补偿等完全不同。

2．如何测试整卷线

整卷线购入后有时需要做进货验收，此时可以使用整卷线测试适配器进行测试。方法很简单，更换测试适配器（如 LABA/MN），将整卷线的 4 个线对剥去外皮（1cm），插入适配器测试连接孔中，选择整卷线测试标准（如 Cat6 spool），按下测试键并保存结果即可。

3．如何测试光纤

光纤的现场工程测试分一类测试（tier 1）和二类测试（tier 2）。一类测试是用光源和光功率计测试光纤的衰减值，并依据标准判断是否合格，附带测试光纤的长度；二类测试是“通用型”测试和“应用型”测试，主要就是测试光纤的衰减值和长度是否符合标准规定的要求，以此判断安装的光纤链路是否合格。在仪器中先安装光纤测试模块，然后开机挑选一个测试标准，随后即可进行正常测试。测试结果存入仪器中或稍后用软件导入计算机中进行保存和处理。仪器会根据选择的标准自动进行判定是否合格。

应用型测试是主要诊断具体某种应用进行的测试。例如，计划要上千兆光纤设备，需要测试一根光纤是否能支持 1000Base-F（千兆以太网光纤链路）的这种具体应用。可以在仪器中选择对应标准进行测试，并自动进行合格判定。

用测试光纤衰减值的方法来认证光纤链路质量，这种方法被称为“一类测试”(tier 1)。对于要求高的用户，为了保证光纤链路的各个结构元素都合格(光纤、接头、熔接点、插座等)，确保高速应用的质量，需要在一类测试的基础上，增加测试 OTDR 曲线，判断链路中的熔接点、连接点等质量是否符合要求，这种测试就叫做“二类测试”。

二类测试需要选择具备二类测试功能（OTDR+衰减+长度测试）的测试仪。

除了一类测试和二类测试外，部分高端用户对光纤链路还有视频检测和链路结构测试的需求。视频检测可以用光纤显微镜来检查跳线插头端面的洁净度、椭圆度、同心度、光洁度、突台等，以此帮助确认跳线的质量水平是否合乎要求，也可以根据 OTDR 曲线指示的位置，检查插座的类似质量指标。

4．如何测试综合布线的接地

综合布线系统的接地主要是机架接地和屏蔽电缆接地，机架接地和一般的弱电设备接地方式及接地电阻要求是相同的，一般使用接地电阻测试仪进行测试。

屏蔽电缆的接地端一般与机架或者机架接地端相连，对于屏蔽层的直流连通性测试，标准中没有数值要求，只要求连通即可。测试方法：在电缆认证测试仪设置菜单中选择测试电缆类型为 FTP，即可在测试电缆参数的同时自动增加对屏蔽层连通性的测试，结果自动合并且保留在参数测试报告中。

5. 如何测试含防雷器的电缆链路

为了防止服务器和交换机端口不被雷击感应电压和浪涌电压损坏，可以在电缆连路中串入防雷器。

接入防雷器的链路一般按照通道模式进行测试。某些特殊的防雷器是按照固定安装模式接入链路的，这种防雷器则可以纳入永久链路的测试模式。建议用户先对无防雷器的链路进行测试，然后再对加装防雷器的链路进行测试，测试参数合并或并列到验收测试报告中，以便比较。

12.4 工程经验

1. 工程经验一　用 130m 长的 6 类线运行百兆网能通过 FLUKE 测试吗

不能通过 6 类链路测试，但百兆网可以正常使用。衰减值（插入损耗）、长度、延时、ACR 等多数参数均不会通过测试。如果用百兆网应用标准进行测试，除了“长度/延时”指标稍差外，其他指标基本上都能通过测试。

2. 工程经验二　综合布线时为什么要重视综合串音、平衡性和回波损耗

在进行综合布线系统测试时，应注意综合串音、平衡性和回波损耗等问题。综合串音是指一对以上缆线同时进行传输时，各线对间串音的和。平衡性是指电缆和连接件的平衡性。平衡性类似于阻抗，它的好坏是衡量电磁兼容性（EMC）的重要参数。一般采用纵向变换损耗（LCL）和纵向转移损耗（LCTL）两个参数来定义其平衡性。回波损耗（SRL）是衡量链路全程结构是否一致的重要综合参数，它主要是由于链路中阻抗不均匀性引起的，通常发生在接头和插座处。

3. 工程经验三　如何确定综合布线工程第三方检测的标准和数量

在施工结束后，乙方一般会进行自检自查，然后甲方会请第三方来进行抽测。由于在施工合同中经常出现没有规定测试的模式，乙方、第三方可能会采用不同的测试模式，测试的结果（如合格率）会发生“争议”。第三方一般采用永久链路模式进行验收测试，而乙方则倾向采用信道验收测试。建议在合同或者附加合同中规定检测标准和模式，以减少争议和提高链路合格率。

抽查数量可根据 GB 50312—2007 中的要求，按照 15%的比例抽测，不足 100 条链路的则全部测试，如果合格率低于 99%，则整个工程要进行全测。

4. 工程经验四　综合布线几种盘线方式的测试对比

在施工过程中，有时会将两端多余的网线盘起来，这样会影响网线的测试项目，有时还能造成测试不能通过的情况，见表 12-1。

表 12-1　网线不同状态时的测试结果

测试参数＼缆线测试状态	在缆线正常状态下	从缆线 15m 处将缆线卷成 2 圈，直径为 1m	从缆线 15m 处将缆线卷成 1 圈，直径为 1m
长度	50.3m	50.3m	50.3m
传播延时	252ns	252ns	252ns
延时偏移	9ns	9ns	9ns
插入损耗	13.5dB/10.5dB	13.6dB/10.4dB	13.5dB/10.5dB
回波损耗	17.6dB/0.6dB	12.2dB/-0.7dB	17.4dB/0.5dB
NEXT	62.6dB/7.0dB	62.5dB/6.9dB	62.5dB/6.9dB
PSNEXT	61.9dB/9.3dB	61.4dB/9.1dB	61.4dB/9.1dB
ACR	60.2dB/8.5dB	59.7dB/8.3dB	59.7dB/8.3dB
PSACR	59.7dB/11.0dB	59.1dB/10.7dB	59.1dB/10.7dB
ELFEXT	50.4dB/15.1dB	53.8dB/15.2dB	53.8dB/15.2dB
PSELFEXT	47.2dB/17.3dB	53.3dB/17.6dB	53.3dB/17.6dB
测试结果	测试通过	测试未通过	测试通过

注：1. 网线采用 AMP（安普）超 5 类双绞线。

2. 测试仪器使用 FLUKE1800AP。

12.5　2010 年全国职业院校技能大赛中职组《网络综合布线技术》竞赛分析

1. 认识大赛设备——综合布线故障检测实训装置

综合布线故障检测实训装置中配有一套故障模拟箱，该设备具有综合布线故障检测实训功能，为 2010 年全国职业院校技能大赛中职组《网络综合布线技术》指定产品，如图 12-7 所示。

图 12-7　综合布线故障检测实训装置

故障模拟箱模拟了常见布线工程中的开路、短路、跨接、反接、回波、串音、阻抗、CP 点、T568B 故障等 11 种故障，配合电缆测试仪，可进行布线故障检测实训。

1）开路：指链路中某根连线中断。开路故障如图 12-8 所示。

开路故障维修方法是找出开路故障点，将有故障的一段链路更换成完好的连线。

2）短路：指链路中的 8 根连线中某两根连线彼此之间短路连通。短路故障如图 12-9

所示。

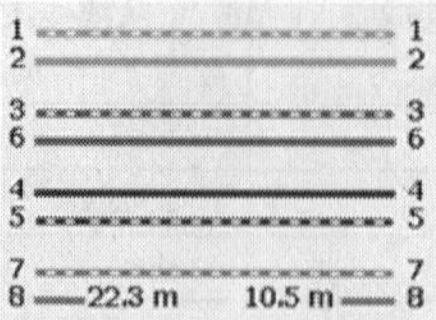

图 12-8　开路故障示意图

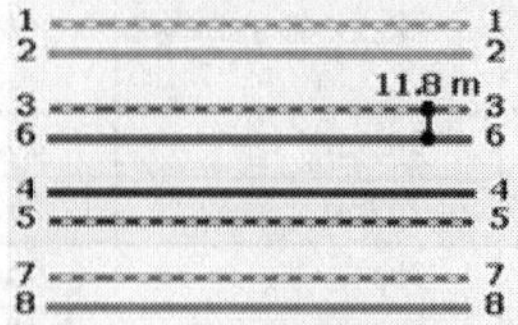

图 12-9　短路故障示意图

故障维修方法是找出短路故障点，将有短路故障的一段链路重新更换成完好的连线。

3）跨接：指链路中的某对双绞线跨过两根以上的线序与另外的接口连接所导致的接线错误。跨接故障如图 12-10 所示。

跨接故障的维修方法是找出链路故障点，在出现故障的位置重新按照正确线序打线。

4）反接：指链路中两根连线之间相互线序接反。反接故障如图 12-11 所示。

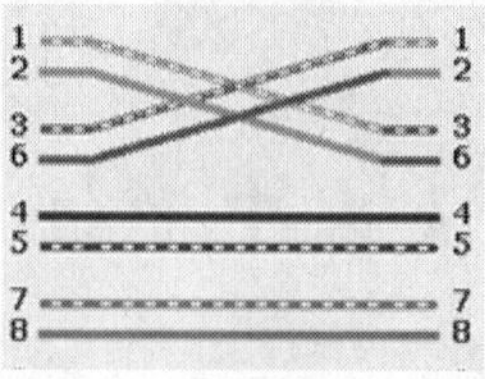

图 12-10　跨接故障示意图

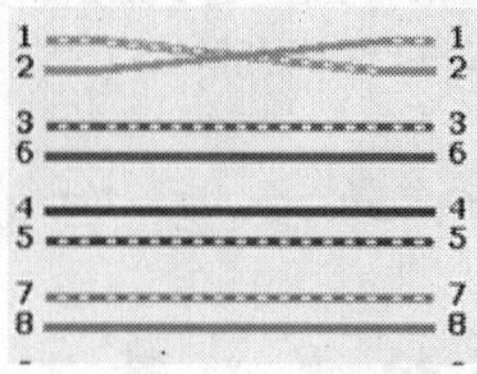

图 12-11　反接故障示意图

反接故障的维修方法是找出链路故障点，在出现故障的位置重新按照正确线序打线。

5）阻抗：指链路中某根连线因电缆性能的改变等原因导致阻值异常增大，引发链路传输能量的反射，影响链路的正常传输。阻抗故障的维修方法是找出链路异常点，更换电缆，同时在更换电缆时一定要防止电缆发生意外从而可能影响电缆物理结构发生改变的因素产生。

6）串音：在一条双绞线中，当信号在一对缆线上传输时，同时会在相邻的线对中产生感应信号，即一对线发送信号时另一相邻的线对中将收到信号，这种现象称为串音。

7）回波：即回波损耗，又称为反射损耗。是电缆链路由于阻抗不匹配所产生的反射，是一对线自身的反射。

2. 综合布线系统常见故障检测和分析

用 FLUKE1800 缆线分析仪，检测西元综合布线故障检测实训装置（如图 12-7 所示）中已经设定的 12 个永久链路，按照 GB 50312—2007 判断每个永久链路检测结果是否合格，判断主要故障类型，分析故障主要原因，并且将检测结果和故障类型、原因等填写在表 12-2 中。

要求：故障检测结果正确，故障类型判断准确全面，主要原因分析正确。

表 12-2　综合布线系统常见故障检测分析表

序　号	链 路 名 称	检 测 结 果	主要故障类型	主要故障的原因分析
1	A1 链路			
2	A2 链路			
3	A3 链路			
4	A4 链路			
5	A5 链路			

（续）

序　号	链 路 名 称	检 测 结 果	主要故障类型	主要故障的原因分析
6	A6 链路			
7	B1 链路			
8	B2 链路			
9	B3 链路			
10	B4 链路			
11	B5 链路			
12	B6 链路			

检测分析人：　　　　　　　　（只能填写机位号）　　　　　　时间：　　年　　月　　日

评判要点：

检测结果为失败或通过，故障类型为开路、短路、跨接、反接、回波、串音、阻抗、CP 点、T568B 故障等，原因分析为具体产生故障的原因。

竞赛过程如图 12-12 所示。

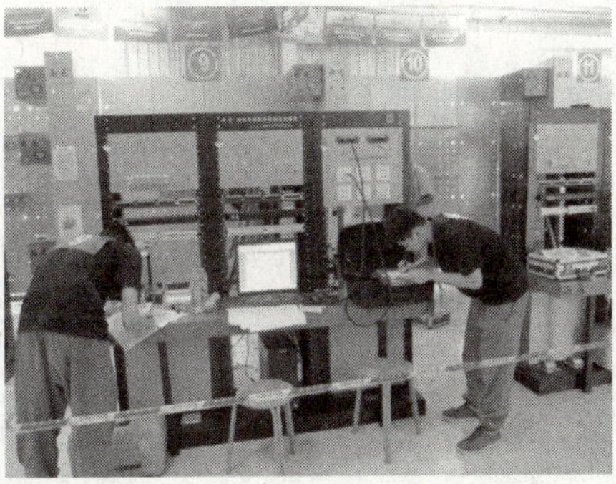

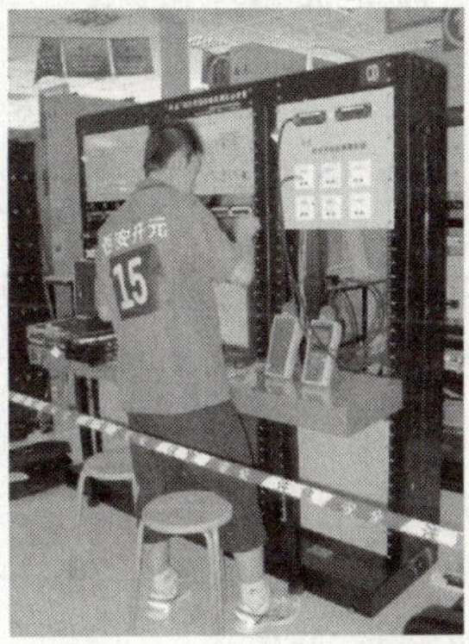

图 12-12　竞赛过程

习　　题

1）简述永久链路测试和信道测试的概念。

2）如何测试电缆跳线？

3）如何测试光纤？

第 13 章

综合布线系统工程概预算

综合布线系统工程概预算是综合布线设计环节的一部分，它对综合布线项目工程的造价估算和投标估价，以及后期的工程决算都有很大的影响。

根据工程技术要求及规模容量，按设计施工图样统计工程量并乘以相应的定额即可概、预算出工程的总体造价。统计工程量时，尽量要与概预算定额的分部、分项工程定额子目划分相一致，按标准化要求进行统计，以便采用微机编制概预算，采用综合布线工程概预算编制计算机管理系统。工程量统计一定要准确可靠，才能保证概预算的准确度。

13.1　综合布线系统工程概预算概述

建设工程的概预算是对工程造价进行控制的主要依据，它包括设计概算和施工图预算。设计概算是设计文件的重要组成部分，应严格按照批准的可行性研究报告和其他有关文件进行编制。施工图预算则是施工图设计文件的重要组成部分，应在批准的初步设计概算范围内进行编制。

概预算必须由持有勘察设计证书资格的单位编制。同样，其编制人员也必须持有信息工程概预算资格证书。

综合布线系统的概预算编制办法，原则上参考通信建设工程概算、预算编制办法作为依据，并应根据工程的特点和其他要求，结合工程所在地区，按地区（计委）建委规定的有关工程概算、预算定额和费用定额编制工程概预算。

13.1.1　概算的作用

1）概算是确定和控制固定资产投资、编制和安排投资计划、控制施工图预算的主要依据。

2）概算是签订建设项目总承包合同、实行投资包干以及核定贷款额度的主要依据。

3）概算是考核工程设计技术经济合理性和工程造价的主要依据之一。

4）概算是筹备设备、材料和签订订货合同的主要依据。

5）概算在工程招标承包制中是确定标底的主要依据。

13.1.2　预算的作用

1）预算是考核工程成本、确定工程造价的主要依据。

2）预算是签订工程承、发包合同的依据。

3）预算是工程价款结算的主要依据。

4）预算是考核施工图设计技术经济合理性的主要依据之一。

13.1.3 概算的编制依据

1）批准的可行性研究报告。

2）初步建设或扩大初步设计图样、设备材料表和有关技术文件。

3）建筑与建筑群综合布线工程费用有关文件。

4）通信建设工程概算定额及编制说明。

13.1.4 预算的编制依据

1）批准初步设计或扩大初步设计概算及有关文件。

2）施工图、通用图、标准图及说明。

3）《建筑与建筑群综合布线》预算定额。

4）通信工程预算定额及编制说明。

5）通信建设工程费用定额及有关文件。

13.1.5 概算文件的内容

1）工程概况、规模及概算总价值。

2）编制依据，依据的设计、定额、价格，以及地方政府有关规定和工业和信息化部未作统一规定的费用计算依据说明。

3）投资分析，主要分析各项投资的比例和费用构成，分析投资情况，说明建设的经济合理性及编制中存在的问题。

4）其他需要说明的问题。

13.1.6 预算文件的内容

1）工程概况，预算总价值。

2）编制依据及对采用的收费标准和计算方法的说明。

3）工程技术经济指标分析。

4）其他需要说明的问题。

13.2 综合布线系统工程的工程量计算原则

1. 工程量计算要求

工程量计算是确定安装工程直接费用的主要内容，是编制单位、单项工程造价的依据。工程量计算是否准确，将直接关系到预算的准确性。运用概预算的编制方法，以设计图样为依据，并对设计图样的工程量按一定的规范标准进行汇总，就是工程量计算。工程量计算是编制施工图预算的一项复杂而又十分重要的步骤，其具体要求：

1）工程量的计算应按规则进行，即工程量项目的划分、计量单位的取定、有关系数的调整换算等。工程量是以物理计量单位和自然计算单位所表示的各分项工程的数量。

2）工程量的计算无论是初步设计，还是施工图设计，都要依据设计图样。

3）工程量的计算方法各不相同，而要求从事概预算的人员，应在总结经验的基础上，找出计算工程量中影响预算及时性和准确性的主要矛盾，同时还要分析工程量计算中各个分项工程量之间的共性和个性关系，然后运用合理的方法加以解决。

2. 计算工程量时应注意的问题

1）要及时地计算出工程量，首先要熟悉图样，看懂有关文字说明，掌握施工现场有关的问题。

2）要正确划分项目和选用计量单位，所划分的项目和项目排列的顺序及选用的计量单位应与定额的规定完全一致。

3）计算中采用的尺寸要符合图样中的尺寸要求。

4）工程量应以安装就位的净值为准，用料数量不能作为工程量。

5）对于小型建筑物和构筑物，可另行单独规定计算规则或估列工程量和费用。

3. 工程量计算的顺序

1）顺时针计算法，即从设计图样右上角开始，按顺时针方向逐步计算，但一般不采用。

2）横竖计算法，又称坐标法，即以设计图样的轴线或坐标为工具分别从左到右，或从上到下逐步计算。

3）编号计算方法，即按设计图样上注明的编号分类进行计算，然后汇总同类工程量。

13.3 综合布线系统工程概预算的步骤及程序

1. 概、预算的编制程序

1）收集资料，熟悉图样。在编制概、预算前，应收集有关资料，如工程概况、材料和设备的价格、所用定额、有关文件等，并熟悉图样，为准确编制概、预算做好准备。

2）计算工程量。根据设计图样，计算出全部工程量，并填入相应表格中。

3）套用定额，选用价格。根据汇总的工程量，套用《综合布线工程预算定额项目》，并分别套用相应的价格。

4）计算各项费用。根据费用定额的有关规定，计算各项费用并填入相应的表格中。

5）复核。认真检查、核对。

6）拟写编制说明。按编制说明内容的要求，拟写说明编制中的有关问题。

7）审核出版，填写封皮，装订成册。

2. 引进设备安装工程概、预算编制

1）引进设备安装工程概、预算的编制是指引进设备的费用、安装工程费用及相关的税金和费用的计算。无论从何国引进，除必须编制引进的设备价款外，一律按设备到岸价（CIF）的外币折成人民币价格，再按本办法有关条款进行概、预算的编制。

2）引进设备安装工程应由国内设备单位作为总体设计单位，并编制工程总概、预算。

3）引进设备安装工程概、预算编制的依据：经国家或有关部门批准的订货合同、细目及价格，国外有关技术经济资料及相关文件，国家及原邮电行业通信工程概、预算编制办法、定额和有关规定。

4）引进设备安装工程概、预算应用两种货币形式表现，外币表现可用美元。

5）引进设备安装工程概、预算除包括本办法和费用定额规定的费用外，还包括关税、增值税、工商统一费、进口调节税、海关监理费、外贸手续费、银行财务费和国家规定应记取的其他费用，其记取标准和办法按国家和相关部门有关规定办理。

3．概、预算的审批

1）设计概算的审批。设计概算由建设单位主管部门审批，必要时可由委托部门审批；设计概算必须经过批准方可作为控制建设项目投资及编制修正概算的依据。设计概算不得突破批准的可行性研究报告投资额，若突破时，由建设单位报原可行性研究报告批准部门审批。

2）施工图预算的审批。施工图预算应由建设单位审批；施工图预算需要由设计单位修改，由建设单位报主管部门审批。

4．综合布线系统工程概预算编制软件

综合布线系统工程概预算过去一直是手工编制。随着计算机的普及和应用，近年来相关技术单位开发出了综合布线系统工程概预算编制软件。综合布线系统工程概预算软件既有Windows 单用户版，又有网络版，通用于综合布线行业的建设单位、设计单位和监理企业，让它们可以进行综合布线系统工程专业的概预算、结算的编制和审核，同时此种软件还具有审计功能。

13.4　综合布线系统工程的预算设计方式

13.4.1　IT 行业的预算设计方式

IT 行业的预算设计方式取费的主要内容一般由材料费、施工费、设计费、测试费、税金等组成。表 13-1 是一种典型的 IT 行业的综合布线系统工程预算表。

表 13-1　典型的 IT 行业的综合布线系统工程预算表

序　号	名　称	单　价	数　量	金额/元
1	信息插座（含模块）	100 元/套	130 套	13 000
2	5 类 UTP	1 000 元/箱	12 箱	12 000
3	线槽	6.8 元/m	600 m	4 080
4	48 口配线架	1 350 元/个	2 个	2 700
5	配线架管理环	120 元/个	2 个	240
6	钻机及标签等零星材料			1 500
7	设备总价（不含测试费）			33 520
8	设计费（5%）			1 676
9	测试费（5%）			1 676
10	督导费（5%）			1 676
11	施工费（15%）			5 028
12	税金（3.41%）			1 140
13	总计			44 716

13.4.2 建筑行业的预算设计方式

建筑行业流行的设计方案取费是按国家的建筑预算定额标准来核算的，一般由下述内容组成：材料费、人工费（直接费小计、其他直接费、临时设施费、现场经费）、直接费、企业管理费、利润税金、工程造价和设计费等。

1．核算材料费与人工费

由分项布线工程明细项的定额进行累加求得材料费与人工费。

2．核算其他直接费

① 其他直接费=人工费×费率，如费率取 28.9%。
② 临时设施费=（人工费+人工其他直接费）×费率，如费率取 14.7%。
③ 现场经费=（人工费+人工其他直接费）×费率，如费率取 18.8%。
④ 其他直接费合计=其他直接费+临时设施费+现场经费。

3．核算各项规定取费

① 直接费=材料费+工程费+其他直接费合计。
② 企业管理费=人工费×费率，如费率取 103%。
③ 利润=人工费×费率，如费率取 46%。
④ 税金=（直接费+企业管理费+利润）×费率，如费率取 3.4%。
⑤ 小计=①+②+③+④。
⑥ 建筑行业劳保统筹基金=⑤×费率，如费率取 1%。
⑦ 建材发展补充基金=⑤×费率，如费率取 2%。
⑧ 工程造价=⑤+⑥+⑦。
⑨ 设计费=工程造价×费率，如费率取 10%。
⑩ 合计=⑧+⑨。

13.5 建筑与建筑群综合布线系统工程预算定额参考

13.5.1 综合布线设备安装

1．敷设管路

工作内容：

1）敷设钢管。管材检查、配管、锉管内口、敷管、固定、试通、接地、伸缩及沉降处理、做标记等。

2）敷设硬质 PVC 管。管材检查、配管、锉管内口、敷管、固定、试通、做标记等。

3）敷设金属软管。管材检查、配管、敷管、连接接头、做标记等。

敷设管路定额见表 13-2。

表 13-2 敷设管路定额表

定额编号			TX8-001	TX8-002	TX8-003	TX8-004	TX8-005
项目			敷设钢管（100 m）		敷设硬质 PVC 管（100 m）		敷设金属软管（根）
			ϕ25 mm 以下	ϕ50 mm 以下	ϕ25 mm 以下	ϕ50 mm 以下	
名称		单位	数量				
人工	技工	工日	2.63	3.95	1.76	2.64	—
	普工	工日	10.52	15.78	7.04	10.56	0.40
主要材料	钢管	m	103.00	103.00	—	—	—
	硬质 PVC 管	m	—	—	105．00	105.00	—
	金属软管	m	—	—	—	—	*
	配件	套	*	*	*	*	*
机械	交流电焊机（21 kV·A 以内）	台班	0.60	0.90	—	—	—

2．敷设线槽

工作内容：

1）敷设金属线槽。线槽检查、安装线槽及附件、接地、做标记、穿墙处封堵等。

2）敷设塑料线槽。线槽检查、测位、安装线。

敷设线槽定额见表 13-3。

表 13-3 敷设线槽定额表

定额编号			TX8-006	TX8-007	TX8-008	TX8-009	TX8-010
项目			敷设金属线槽			敷设塑料线槽	
			150 mm 宽以下	300 mm 宽以下	300 mm 宽以上	100 mm 宽以下	100 mm 宽以上
名称		单位	数量				
人工	技工	工日	5.85	7.61	9.13	3.51	4.21
	普工	工日	17.55	22.82	27.38	10.53	12.64
主要材料	金属线槽	m	105.00	105.00	105.00	—	—
	塑料线槽	m	—	—	—	105.00	105.00
	配件	套	*	*	*	*	*
机械							

3．安装过线（路）盒和信息插座底盒（接线盒）

工作内容：开孔、安装盒体、密封连接处。

安装过线（路）盒和信息插座底盒（接线盒）定额见表 13-4。

表 13-4　安装过线（路）盒和信息插座底盒（接线盒）定额表

定额编号			TX8-011	TX8-012	TX8-013	TX8-014	TX8-015	TX8-016	TX8-017
项目			安装过线（路）盒（半周长）		安装信息插座底盒（接线盒）				
			200 mm以下	200 mm以上	明装	砖墙内	混凝土墙内	木地板内	防静电钢质地板内
名称		单位	数量						
人工	技工	工日	—	0.90	—	—	—	—	—
	普工	工日	0.40	0.40	0.40	0.98	1.37	0.84	1.68
主要材料	过线（路）盒	个	10.00	10.00	—	—	—	—	—
	信息插座底盒或接线盒	个	—	—	10.20	10.20	10.20	10.20	10.20
机械									

注：1．安装过线（路）盒，包括在线槽和管路两种类型上均执行本定额。

2．明装信息插座底盒的工作内容中无“开孔”工序。

4．安装桥架

工作内容：固定吊杆或支架、安装桥架、墙上钉固桥架、接地、穿墙处封堵、做标记等。安装桥架定额见表 13-5。

表 13-5　安装桥架定额表

定额编号			TX8-018	TX8-019	TX8-020	TX8-021	TX8-022	TX8-023
项目			安装吊装式桥架			安装支撑式桥架		
			100mm宽以下	300mm宽以下	300mm宽以上	100mm宽以下	300mm宽以下	300mm宽以上
名称		单位	数量					
人工	技工	工日	0.37	0.41	0.45	0.28	0.31	0.34
	普工	工日	3.33	3.66	4.03	2.52	2.77	3.05
主要材料	桥架	m	10.10	10.10	10.10	10.10	10.10	10.10
	配件	套	*	*	*	*	*	*
机械								

注：安装桥架，包括梯形、托盘式和槽式 3 种类型均执行本定额。

定额编号			TX8-024	TX8-025	TX8-026
项目			垂直安装桥架		
			100mm 宽以下	300mm 宽以下	300mm 宽以上
名称		单位	数量		
人工	技工	工日	0.17	0.22	0.29
	普工	工日	1.36	1.77	2.30
主要材料	桥架	m	10.10	10.10	10.10
	立柱	m	—	—	—
	配件	套	*	*	*
机械					

注：垂直安装密封桥架，按本定额工日乘以 1.2 系数计取。

5. 开槽

工作内容：划线定位、开槽、水泥砂浆抹平等。

开槽定额见表13-6。

表13-6　开槽定额表

定额编号			TX8-027	TX8-028
项目			开槽	
			砖槽	混凝土槽
名称		单位	数量	
人工	技工	工日	—	—
	普工	工日	0.07	0.28
主要材料	水泥#325	kg	1.00	1.00
	粗砂	kg	3.00	3.00
机械				

注：本定额是按预埋长度为1m、ϕ25mm以下的钢管取定的开槽定额工日。

6. 安装机柜、机架、接线箱、抗震底座

工作内容：开箱检查、清洁搬运、安装固定、附件安装、接地等。

安装机柜、机架、接线箱、抗震底座定额见表13-7。

表13-7　安装机柜、机架、接线箱、抗震底座定额表

定额编号			TX8-029	TX8-030	TX8-031	TX8-032
项目			安装机柜、机架（架）		安装接线箱（个）	制作安装抗震底座（个）
			落地式	墙挂式		
名称		单位	数量			
人工	技工	工日	2.00	3.00	2.70	1.67
	普工	工日	0.67	1.00	0.90	0.83
主要材料	机柜（机架）	个	1.00	1.00	—	—
	接线箱	个	—	—	1.00	—
	抗震底座	个	—	—	—	1.00
	附件	套	*	*	*	*
机械						

13.5.2　布放缆线

1. 布放电缆

1）管、暗槽内穿放电缆。

工作内容：检验、抽测电缆、清理管（暗槽）、制作穿线端头（钩）、穿放引线、穿放电缆、做标记、封堵出口等。布放电缆定额见表13-8。

表 13-8　布放电缆定额表

定额编号			TX8-033	TX8-034	TX8-035	TX8-036	TX8-037
项　目			穿放 4 对对绞电缆	穿放大对数对绞电缆			
				非屏蔽 50 对以下	非屏蔽 100 对以下	屏蔽 50 对以下	屏蔽 100 对以下
名　称		单　位	数　量				
人工	技工	工日	0.85	1.20	1.68	1.32	1.85
	普工	工日	0.85	1.20	1.68	1.32	1.85
主要材料	对绞电缆	m	102.50/103.00	102.50	102.50	103.00	103.00
	镀锌铁线 ϕ1.5 mm	kg	0.12	0.12	0.12	0.12	0.12
	镀锌铁线 ϕ4.0 mm	kg	—	1.80	1.80	1.80	1.80
	钢丝 ϕ1.5 mm	kg	0.25	—	—	—	—
机械							

注：1．屏蔽电缆包括总屏蔽及总屏蔽加线对屏蔽两种形式，这两种形式的对绞电缆均执行本定额。

2．以分数形式表示的材料数量，分子为非屏蔽电缆数量，分母为屏蔽电缆数量。

2）桥架、线槽、网络地板内明布电缆。

工作内容：检验、抽测电缆、清理槽道、布放、绑扎电缆、做标记、封堵出口等。

明布电缆定额见表 13-9。

表 13-9　明布电缆定额表

定额编号			TX8-038	TX8-039	TX8-040
项　目			明布 4 对对绞电缆	明布大对数对绞电缆	
				50 对以下	100 对以下
名　称		单　位	数　量		
人工	技工	工日	0.51	0.96	0.29
	普工	工日	0.51	0.96	2.30
主要材料	4 对对绞电缆	m	102.50/103.00	—	10.10
	50 对以下对绞电缆	m	—	102.50/103.00	—
	100 对以下对绞电缆	m	—	—	102.50/103.00
机械					

注：以分数形式表示的材料数量，分子为非屏蔽电缆数量，分母为屏蔽电缆数量。

2. 光缆、光缆护套、光纤束的布放

工作内容：

1）管道、暗槽内穿放光缆。检验、测试光缆、清理管（暗槽）、制作穿线端头（钩）、穿放引线、穿放光缆、出口衬垫、做标记、封堵出口等。

2）桥架、线槽、网络地板内明布光缆。检验、测试光缆、清理槽道、布放、绑扎光缆、加垫套、做标记、封堵出口等。

3）布放光缆护套。清理槽道、布放、绑扎光缆护套、加垫套、做标记、封堵出口等。

4）气流法布放光纤束。检验、测试光纤、检查护套、气吹布放光纤束、做标记、封堵出口等。

光缆布线定额见表 13-10。

表 13-10　光缆布线定额表

定额编号			TX8-041	TX8-042	TX8-043	TX8-44
项　目			管、暗槽内穿放光缆	桥架、线槽、网络地板内明布光缆	布放光缆护套	气流法布放光纤束
名　称		单　位	数　量			
人工	技工	工日	1.36	0.90	0.90	0.89
	普工	工日	1.36	0.90	0.90	0.13
主要材料	光缆	m	102.00	102.00	—	—
	光缆护套	m	—	—	102.00	—
	光纤束	m	—	—	—	102.00
机械	气流敷设机（套）	台班	—	—	—	0.02

13.5.3　缆线终接

1. 缆线终接和终接部件安装

工作内容：

1）卡接对绞电缆，包括编扎固定对绞缆线、卡线、做屏蔽、核对线序、安装固定接线模块（跳线盘）、做标记等。缆线终接和终接部件安装定额见表 13-11。

2）安装 8 位模块式信息插座，包括固定对绞线、核对线序、卡线、做屏蔽、安装固定面板及插座、做标记等。信息插座安装定额表见表 13-12。

3）安装光纤信息插座，包括编扎固定光纤、安装光纤连接器及面板、做标记等。

4）安装光纤连接盘，包括安装插座及连接盘、做标记等。

5）光纤连接，包括端面处理、纤芯连接、测试、包封护套、盘绕、固定光纤等。

6）制作光纤连接器，包括制装接头、磨制、测试等。

光纤连接定额见表 13-13。

表 13-11　缆线终接和终接部件安装定额表

定额编号			TX8-045	TX8-046	TX8-047	TX8-048
项目			卡接 4 对对绞电缆（配线架侧）（条）		卡接大对数对绞电缆（配线架侧）（100 对）	
			非屏蔽	屏蔽	非屏蔽	屏蔽
名称		单位	数量			
人工	技工	工日	0.06	0.08	1.13	1.50
	普工	工日	—	—	—	—
主要材料						
机械						

表 13-12　信息插座安装定额表

定额编号			TX8-049	TX8-050	TX8-051	TX8-052	TX8-053	TX8-054
项目			安装 8 位模块式信息插座				安装光纤信息插座	
			单口		双口		双口	四口
			非屏蔽	屏蔽	非屏蔽	屏蔽		
名称		单位	数量					
人工	技工	工日	0.45	0.55	0.75	0.95	0.30	0.40
	普工	工日	0.07	0.07	0.07	0.07	—	—
主要材料	8 位模块式信息插座（单口）	个	10.00	10.00	—	—	—	—
	8 位模块式信息插座（双口）	个	—	—	10.00	10.00	—	—
	光纤信息插座（双口）	个	—	—	—	—	10.00	—
	光纤信息插座（四口）	个	—	—	—	—	—	10.00
机械								

注：计算安装双口以上 8 位模块式信息插座的工日定额时在双口的基础上乘以系数 1.6。

表 13-13　光纤连接定额

定额编号			TX8-055	TX8-056	TX8-057	TX8-058	TX8-059	TX8-060	TX8-061
项目			安装光纤连接盘（块）	光纤连接					
				机械法（芯）		熔接法（芯）		磨制法（端口）	
				单模	多模	单模	多模	单模	多模
名称		单位	数量						
人工	技工	工日	0.65	0.43	0.34	0.50	0.40	0.50	0.45
	普工	工日	—	—	—	—	—	—	—
主要材料	光纤连接盘	块	1.00	—	—	—	—	—	—
	光纤连接器材	套	—	1.01	1.01	1.01	1.01	—	—
	磨制光纤连接器材	套	—	—	—	—	—	1.05	1.05
机械	光纤熔接机	台班	—	—	—	0.03	0.03	—	—

2. 制作跳线

工作内容：量裁缆线、制作跳线连接器、检验测试等。

制作跳线定额见表 13-14。

表 13-14 制作跳线定额表

定额编号			TX8-062	TX8-063	TX8-064
项目			电缆跳线	光纤跳线	
				单模	多模
名称		单位	数量		
人工	技工	工日	0.08	0.95	0.81
	普工	工日	—	—	—
主要材料	4 对对绞线	m	*	—	—
	光缆	m	—	*	*
	跳线连接器	个	2.20	2.20	2.20
机械					

13.5.4 综合布线系统测试

工作内容：测试、记录、编制测试报告等。

综合布线系统测试定额见表 13-15。

表 13-15 综合布线系统测试定额表

定额编号			TX8-065	TX8-066	TX8-067
项目			电缆链路测试	光纤链路测试	
				单光纤	双光纤
名称		单位	数量		
人工	技工	工日	0.10	0.10	0.10
	普工	工日	—	—	—
主要材料					
机械					

13.6 综合布线系统工程概预算实训项目

13.6.1 实训项目一 按 IT 行业的预算方式做工程预算

【实训目的】

1）通过按照 IT 行业预算方式做工程预算项目实训，掌握各种项目费用的取费基数标准。

2）熟悉综合布线过程中使用的材料种类、规格。

3）掌握 IT 行业综合布线工程项目预算方法。

4）学会工程数据表格的制作方法。

【实训要求】

1）使用 Microsoft Word 或 Microsoft Excel 完成项目材料的整理。

2）完成本校网络综合布线系统工程预算。

【实训步骤】

1）分析项目使用材料的种类。

2）制作综合布线系统工程预算表。

3）填写综合布线系统工程预算表。

4）工程预算。

【实训报告要求】

1）掌握综合布线系统工程预算表的制作方法。

2）基本掌握 Microsoft Word、Microsoft Excel 软件在工程技术中的应用。

3）完成工程预算。

4）总结实训经验和方法。

13.6.2 实训项目二 按建筑行业的预算方式做工程预算

【实训目的】

1）通过按照建筑行业预算方式做工程预算项目实训，掌握各项目定额标准。

2）熟悉综合布线预算表的编制。

3）掌握建筑行业综合布线系统工程项目预算方法。

【实训要求】

1）使用综合布线系统工程概预算编制软件。

2）根据对综合布线系统工程的了解，查找相关的资料和预算定额，完成本校网络综合布线系统工程预算。

【实训步骤】

1）分析项目使用材料的种类。

2）使用软件编制综合布线系统工程预算表。

3）套用综合布线系统工程定额。

4）完成工程预算。

【实训报告要求】

1）掌握综合布线系统工程预算定额的套用。

2）基本掌握综合布线系统工程概预算编制软件的使用。

3）完成工程预算。

4）总结实训经验和方法。

13.7 2010年全国职业院校技能大赛中职组《网络综合布线技术》竞赛分析

材料预算表设计。

根据网络综合布线工程示意图（如图 13-1 所示）完成该工程项目材料预算表。要求按照表 13-16 格式，依据 IT 行业预算方法编制，材料名称、规格和单价等可参考表 13-17，表中没有列出的材料，该预算中不予考虑。要求材料名称和规格/型号正确，数量合理，单价和计算正确。

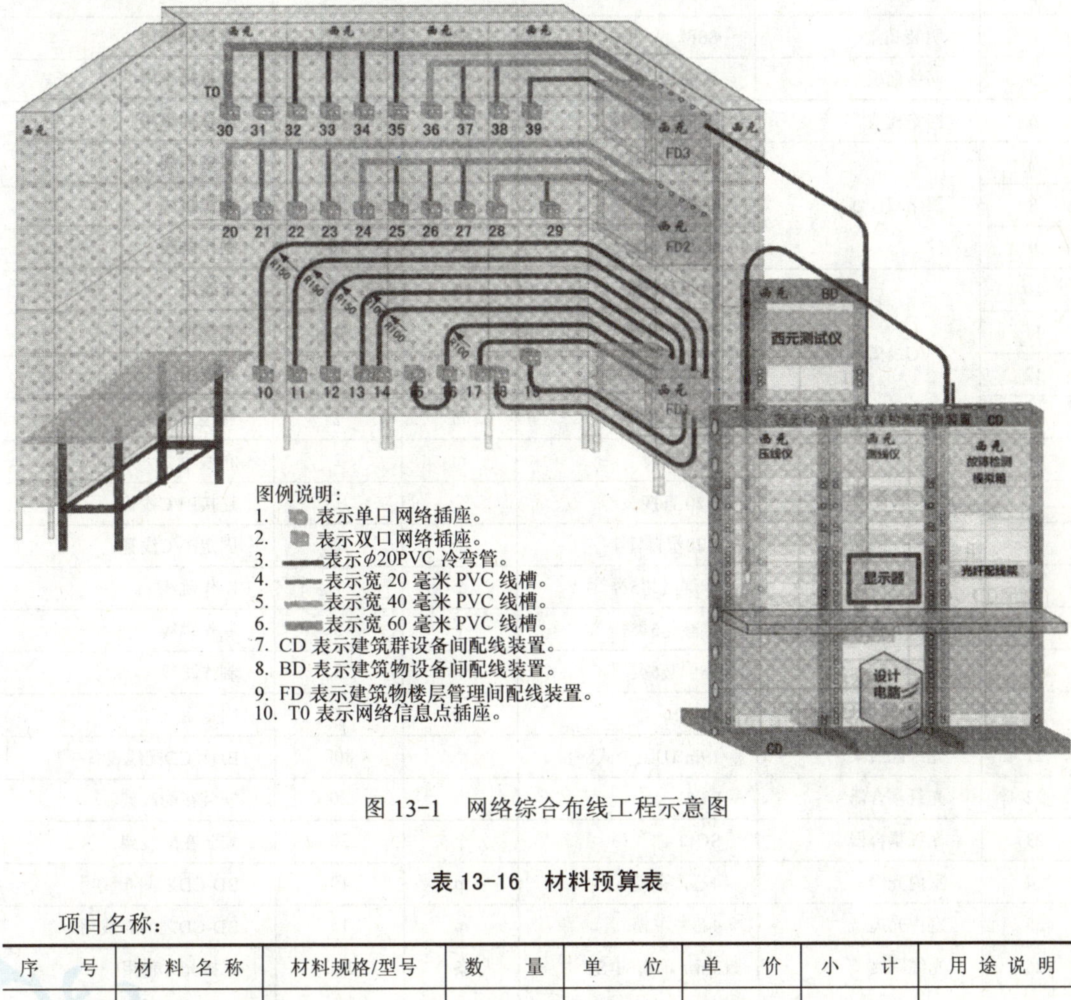

图 13-1 网络综合布线工程示意图

表 13-16 材料预算表

项目名称：

序号	材料名称	材料规格/型号	数量	单位	单价	小计	用途说明
1							
2							
3							
直接材料费合计							

编制人：（只能签署参赛机位号） 时间：

评判要点：

1）材料名称、规格型号正确。
2）数量合理，单价和计算正确。
3）用途说明完整。
4）编制人、时间完整。

表 13-17　网络综合布线工程常用材料的名称、规格/型号和参考价格表

序号	材料名称	材料规格/型号	单位	单价/元	用途说明
1	网络机柜	19in 6U	台	600	楼层管理间
2	网络配线架	19in 1U 24口	台	300	网络配线
3	理线环	19in 1U	个	100	理线
4	明装底盒	86型	个	3	信息插座用
5	网络面板	双口	个	4	信息插座用
6	网络模块	超5类　RJ45	个	15	信息插座用
7	网络双绞线	超5类，4-UTP	m	2	网络布线
8		屏蔽超5类	m	5	制作跳线
9		非屏蔽6类	m	10	制作跳线
10	PVC线槽/配件	60×22线槽	m	15	布线用
11		39×18 线槽	m	4	布线用
12		39×18 线槽堵头	个	1	布线用
13		20×10 线槽	m	2	布线用
14	PVC线管/配件	ϕ20 线管	m	2	布线用
15		ϕ20 直接头	个	1	连接PVC线管
16		ϕ20塑料管卡	个	2	固定PVC线管
17	RJ45水晶头	非屏蔽超5类	个	1	制作跳线
18		屏蔽超5类	个	5	制作跳线
19		非屏蔽6类	个	8	制作跳线
20	螺钉+螺母+垫片	M6×16	套	1	固定用
21	光纤配线架	19in 1U组合式8+8	个	800	BD、CD配线设备
22	光纤耦合器	ST口	个	20	安装在配线架
23	光纤耦合器	SC口	个	20	安装在配线架
24	室内光缆	4芯，多模	m	10	BD-CD之间布线用
25	室内光缆	4芯，单模	m	15	BD-CD之间布线用
26	光缆跳线	3m，单模ST-ST	条	100	熔接光纤使用
27	光缆跳线	3m，多模SC-SC	条	100	熔接光纤使用
28	光纤保护套管	单芯	包	30	熔接光纤使用
29	L形支架		个	5	固定PVC线管
30	线扎		包	20	理线使用

参考答案见表 13-18。

表 13-18　××项目材料预算表

序　号	材料名称	材料规格/型号	数　量	单　位	单价/元	小　计	用途说明
1	网络机柜	19in 6U	3	台	600	1800	楼层管理间
2	网络配线架	19in 1U 24口	3	台	300	900	网络配线
3	理线架	19in 1U	3	个	100	300	理线
4	明装底盒	86型	30	个	3	90	信息插座用
5	网络面板	双口	30	个	4	120	信息插座用
6	网络模块	超5类　RJ45	57	个	15	855	信息插座用
7		超5类，4-UTP	300	m	2	600	网络布线
8	网络双绞线	屏蔽超5类	2	m	5	10	制作跳线
9		非屏蔽6类	2	m	10	20	制作跳线
10		60×22线槽	4	m	15	60	垂直布线用
11	PVC线槽/配件	39×18 线槽	11	m	4	44	水平布线用
12		39×18 线槽堵头	2	个	1	2	
13		20×10 线槽	4	m	2	8	水平布线用
14		ϕ20 线管	30	m	2	60	布线用
15	PVC线管/配件	ϕ20 直接头	30	个	1	30	连接PVC线管
16		ϕ20塑料管卡	60	个	2	120	固定PVC线管
17		非屏蔽超5类	26	个	1	26	制作跳线
18	RJ45水晶头	屏蔽超5类	4	个	5	20	制作跳线
19		非屏蔽6类	8	个	8	64	制作跳线
20	螺钉+螺母+垫片	M6×16	200	个	0.5	100	固定用
21	光纤配线架	19in 1U组合式8+8	2	个	800	1600	BD、CD配线设备
22	光纤耦合器	ST口	16	个	20	320	安装在配线架
23	光纤耦合器	SC口	16	个	20	320	安装在配线架
24	室内光缆	4芯，多模	5	m	10	50	BD-CD之间布线用
25	室内光缆	4芯，单模	5	m	15	75	BD-CD之间布线用
26	光缆跳线	3m，单模ST-ST	8	条	100	800	熔接光纤使用
27	光缆跳线	3m，多模SC-SC	8	条	100	800	熔接光纤使用
28	光纤保护套管	单芯	32	个	2	32	熔接光纤使用
29	L形支架		1	个	10	10	固定PVC线管
30	线扎		1	包	20	20	
31	直接材料费合计					9256	

编制人：××机位号　　　　　　时间：××年××月××日

第14章 综合布线系统工程招投标

14.1 综合布线系统工程的招标

14.1.1 工程项目招标的基本概念

1. 什么是综合布线系统工程招标

综合布线系统工程招标通常是指需要投资建设综合布线系统的单位（一般称为招标人），通过招标公告或投标邀请书等形式邀请具备承担招标项目能力的系统集成施工单位（一般称为投标人）投标，最后选择其中对招标人最有利的投标人进行工程总承包的一种经济行为。

综合布线系统工程招标也可以委托工程招标代理机构来进行。

2. 招标人

招标人是指提出招标项目、进行招标的法人或者其他组织。

3. 招标代理机构

招标代理机构是指依法设立、从事招标代理业务并提供相关服务的社会中介组织。

招标代理机构应当具备下列条件：

1）有从事招标代理业务的营业场所和相应资金。

2）有能够编制招标文件和组织评标的相应专业力量。

3）有符合《中华人民共和国招标投标法》第37条第3款规定条件，可以作为评标委员会成员人选的技术、经济等方面的专家库。

4. 招标文件

招标文件一般由招标人或者招标代理机构根据招标项目的特点和需要进行编制。

招标文件应当包括以下内容：

1）招标项目的技术要求：主要包括综合布线系统的等级、布线产品的档次和配置量等的要求。

2）招标项目的商务要求：主要包括投标人资格审查标准、投标报价要求、评标标准以及拟签订合同的主要条款等。

3）招标项目需要划分标段、确定工期的，招标人应当合理划分标段、确定工期，并在招标文件中载明。

4）招标文件不得要求或者标明特定的生产供应者以及含有倾向或者排斥潜在投标人的其他内容。

5）招标人对已发出的招标文件进行必要的澄清或者修改的，应当在招标文件要求提交投标文件截止时间至少十五日前，以书面形式通知所有招标文件收受人。该澄清或者修改的内容为招标文件的组成部分。

6）招标人应当确定投标人编制投标文件所需要的合理时间，依法必须进行招标的项目，自招标文件开始发出之日起至投标人提交投标文件截止之日止，最短不得少于二十日。

14.1.2 工程项目招标的方式

综合布线系统工程项目招标的方式主要有以下 4 种：

1．公开招标

公开招标，也称无限竞争性招标，是指招标人或招标代理机构以招标公告的方式邀请不特定的法人或者其他组织投标。

2．竞争性谈判

竞争性谈判，是指招标人或招标代理机构以投标邀请书的方式邀请 3 家以上特定的法人或者其他组织直接进行合同谈判。一般在用户有紧急需要，或者由于技术复杂而不能规定详细规格和具体要求时采用。

3．询价采购

询价采购，也称货比三家，是指招标人或招标代理机构以询价通知书的方式邀请 3 家以上特定的法人或者其他组织进行报价，通过对报价进行比较来确定中标人。询价采购是一种简单快速的采购方式，一般在采购货物的规格、标准统一、货源充足且价格变化幅度小时采用。

4．单一来源采购

单一来源采购，是指招标人或招标代理机构以单一来源采购邀请函的方式邀请生产、销售垄断性产品的法人或其他组织直接进行价格谈判。单一来源采购是一种非竞争性采购，一般适用于独家生产经营、无法形成比较和竞争的产品。

14.1.3 工程项目招标的程序

一个完整的工程项目招标程序一般为：

项目报建→招标申请→市招投标中心送审→编制工程标底和招标文件→发布招标公告或投标邀请书→投标人资格审查→招标会→制作标书→开标→评标→定标→签定合同。

1．发布招标公告或投标邀请书

发布招标公告或投标邀请书时应注意以下两点：

1）招标人或招标代理机构可以根据招标项目本身的要求，在招标公告或者投标邀请书中，要求潜在投标人提供有关资质证明文件和业绩情况，并对潜在投标人进行资格审查。

2）招标人或招标代理机构在招标公告或投标邀请书中，不得以不合理的条件限制或者排斥潜在投标人，不得对潜在投标人实行歧视待遇。

2．开标

开标应当在招标文件预先确定的时间和地点公开进行，由招标人主持，邀请所有投标人参加。开标时，由投标人或者其推选的代表检查投标文件的密封情况，也可以由招标人委托的公证机构检查并公证；经确认无误后，由工作人员当众拆封，宣读投标人名称、投标价格和投标文件的其他主要内容。开标过程应当记录，并存档备查。

3．评标

评标由招标人依法组建的评标委员会在严格保密的情况下进行。评标委员会由招标人的代表和有关技术、经济等方面的专家组成，成员人数为 5 人以上单数，其中技术、经济等方面的专家不得少于成员总数的 2/3。

评标委员会按照招标文件确定的评标标准和方法，对投标文件进行评审和比较；评标委员会完成评标后，向招标人提出书面评标报告，并推荐合格的中标候选人。招标人根据评标委员会提出的书面评标报告和推荐的中标候选人确定中标人。招标人也可以授权评标委员会直接确定中标人。

4．定标

中标人确定后，招标人应当向中标人发出中标通知书，并同时将中标结果通知所有未中标的投标人。中标通知书对招标人和中标人具有法律效力。中标通知书发出后，招标人改变中标结果的，或者中标人放弃中标项目的，应当依法承担法律责任。

5．签定合同

招标人和中标人应当自中标通知书发出之日起三十日内，按照招标文件和中标人的投标文件订立书面合同。同时，招标人应当自确定中标人之日起十五日内，向有关行政监督部门提交招标投标情况的书面报告。

中标人应当按照合同约定履行义务，完成中标项目。不得向他人转让中标项目，也不得将中标项目肢解后分别向他人转让。

14.2 综合布线系统工程项目的投标

14.2.1 工程项目投标的基本概念

1．什么是综合布线系统工程投标

综合布线系统工程投标通常是指系统集成施工单位（一般称为投标人）在获得了招标人工程建设项目的招标信息后，通过分析招标文件，迅速而有针对性地编写投标文件，参与竞标的一种经济行为。

2. 投标人及其资格

投标人是响应招标、参加投标竞争的法人或者其他组织。

投标人应当具备承担招标项目的能力，并且具备招标文件规定的资格条件，投标人的资质证明文件应当使用原件或投标单位盖章的复印件。一般投标人需要提交的资质证明文件包括：

1）投标人的企业法人营业执照副本。

2）投标人的企业法人组织代码证。

3）投标人的税务登记证明。

4）系统集成资质证书。

5）施工资质证明。

6）ISO 9000 系列质量保证体系认证证书。

7）高新技术企业资质证书。

8）金融机构出具的资信证明。

9）产品厂家授权的分销或代理证书。

10）产品鉴定入网证书。

11）投标人认为有必要的其他资质证明文件。

两个以上法人或者其他组织可以组成一个联合体，以一个投标人的身份共同投标。

14.2.2 分析招标文件

招标文件是编制投标文件的主要依据，投标人必须对招标文件进行仔细研究，重点注意以下几个方面：

1）招标技术要求，该部分是投标人核准工程量、制定施工方案、估算工程总造价的重要依据，对其中建筑物设计图样、工程量、布线系统等级、布线产品档次等内容必须进行分析，做到心中有数。

2）招标商务要求，主要研究投标人须知、合同条件、开标、评标和定标的原则和方式等内容。

3）通过对招标文件的研究和分析，投标人可以核准项目工程量，并且制定施工方案，完成了投标文件编制的重要工作。

14.2.3 编制投标文件

投标人应当按照招标文件的要求编制投标文件，并对招标文件提出的实质性要求和条件作出响应。

投标文件的编制主要包括以下几个方面：

1）投标文件的组成：施工方案、施工计划、开标一览表、投标分项报价表、资质证明文件、技术规格偏离表、商务条款偏离表、项目负责人与主要技术人员介绍、机械设备配置情况以及投标人认为有必要提供的其他文件。

2）投标文件的格式：投标人应该按照招标文件要求的格式和顺序编制投标文件，并且装订成册。

3）投标文件的数量：投标人应该按照招标文件规定的数量准备投标文件的正本和副本，一般正本一份，其余为副本。在每一份投标文件上注明“正本”或“副本”字样，一旦正本和副本有差异，以正本为准。同时，投标人还应将投标文件密封，并在封口启封处加盖单位公章。

4）投标文件的递交：投标人应当在招标文件要求提交投标文件的截止时间前，将投标文件送达投标地点。招标人收到投标文件后，应当签收保存，不得开启。投标人少于3个的，招标人应当依照法律规定重新招标。

5）投标文件的补充、修改和撤回：投标人在招标文件要求提交投标文件的截止时间前，可以补充、修改或者撤回已提交的投标文件，并书面通知招标人。补充、修改的内容为投标文件的组成部分。

编制投标文件时的注意事项：

1）投标文件一般由熟悉综合布线系统工程招投标过程的人员编制。

2）投标文件的内容应尽量丰富详细，贴近事实。

3）投标文件的编制应当遵循诚实信用的原则，在产品选择、施工方式等方面要做到实事求是。

4）投标文件中要尽可能多地提供投标人的技术实力、工程案例、商业信誉等资质证明文件，以体现整体实力。

5）投标文件中的施工计划应当在保证响应招标文件要求的前提下，尽量降低成本，提高利润。

14.2.4 工程项目投标的报价

1．工程项目投标报价的内容

1）工程项目造价的估算：一般可以根据项目工程完成的信息点数来估算工程的总造价。例如，每个信息点的造价为300元，如果有2000个信息点，则可估算工程的总造价为60万。

2）工程项目投标报价的依据：工程项目投标报价应当对项目成本和利润进行分析，并且参照厂家的产品报价及相关行业制定的工程概、预算定额，充分考虑综合布线系统的等级、布线产品的档次和配置量等因素。

3）工程项目投标报价的内容：包括主要设备、工具和材料的价格、项目安装调试费、设计费、培训费等，并且给出优惠价格和工程总价。

2．工程项目投标报价的要求

1）投标人不得相互串通投标报价，不得排挤其他投标人的公平竞争，损害招标人或者其他投标人的合法权益。

2）投标人不得与招标人串通投标，损害国家利益、社会公共利益或者他人的合法权益。不得以向招标人或者评标委员会成员行贿的手段谋取中标。

3）投标人不得以低于成本的报价竞标，也不得以他人名义投标或者以其他方式弄虚造假，骗取中标。

14.3 网络综合布线工程技术实训室项目的招投标

本节结合网络综合布线工程技术实训室项目招投标的特点，重点对网络综合布线工程技术实训室项目招标文件编制和投标文件制作过程中应注意的一些问题和技巧进行简单介绍。

14.3.1 网络综合布线工程技术实训室项目招投标的基本概念

网络综合布线工程技术实训室项目招标是指需要建设网络综合布线工程技术实训室的单位（一般称为招标人），通过招标公告或投标邀请书等形式邀请网络综合布线工程技术实训设备生产厂家或经销商（一般称为投标人）投标，最后选择其中对招标人最有利的投标人达成交易的一种经济行为。网络综合布线工程技术实训室项目招标也可以委托招标代理机构来进行。

网络综合布线工程技术实训室项目的招标人为全国大学、高职和中职院校、职业培训机构等，投标人为全国各网络综合布线工程技术实训设备生产厂家或其授权的经销商。

14.3.2 网络综合布线工程技术实训室项目招标文件的编写

网络综合布线工程技术实训室项目的招标文件由大学、职业院校或职业技能培训机构根据需要进行编制，也可以委托专业的招标代理机构编制。

网络综合布线工程技术实训室要达到建设目的，采购到满足教学和实训要求的设备，就必须在招标技术文件中对所需实训设备的规格、结构、功能等进行详细描述。因此，网络综合布线工程技术实训室项目的招标技术文件一般由实训室的使用单位（网络技术专业教研室或实训中心等）编制。招标商务文件一般由招标执行机构（学院设备科或招标代理机构）根据《中华人民共和国招标投标法》进行编制。

网络综合布线工程技术实训室使用单位在编制招标技术文件对实训设备进行描述时，主要考虑以下因素：

1）实训设备必须能够进行网络综合布线设计和工程技术实训。

2）实训设备必须具有很好的重复实训性，保证多批学生进行多次实训。

3）实训设备要有较长的使用寿命，提高学校资金的利用效率。

4）实训设备必须保证整班学生能够进行分组实训，相同实训项目，实训结果必须相同，并且每组实训难易程度相同。

5）实训设备最好能够进行无尘操作，重点突出工程技术实训。

6）实训设备扩展功能强大，增加器材后，可以扩展其他实训项目。

7）实训设备为模块化设计，可以根据学院教室尺寸进行灵活调整。

如某学校计算机网络专业根据教学和实训需要，在充分考虑各项因素后，编写网络综合布线工程技术实训室项目招标技术要求如下：

1．带显示系统的网络配线实训装置 12 台

1）设备结构：安装有带显示系统的网络压接线实验仪 1 台，网络跳线测试仪 1 台，配线架 2 个，110 跳线架 2 个，理线环 2 个，零件/工具盒 1 个，地弹式 RJ45 网络插座、RJ11 语音插座和 220V 电源插座各 1 个，2 人/台同时实训。产品长 0.6m，宽 0.53m，高 1.8m，型号 KYPXZ-01-05。

2）设备功能：

- 能够进行网络双绞线配线和端接实训，每台设备每次端接 6 根双绞线的两端，每根双绞线两端各端接线 8 次，每次实训每人端接线 96 次，每芯线端接有对应的指示灯显示压接线端接连接状况和线序，能够直观判断网络双绞线的跨接、反接、短路、断路等故障。
- 能够制作和测量 4 根网络跳线，对应指示灯显示两端 RJ45 接头的压接线端接连接状况和线序，能够直观判断铜缆的跨接、反接、短路、断路等故障。
- 能与网络配线架、通信跳线架组合进行多种压接线和端接实训，以及仿真机柜内配线和端接。
- 能够模拟配线和端接常见故障，如跨接、反接、短路、断路等。
- 实训设备必须具有 5 000 次以上的端接实训功能。
- 能够搭建多种网络链路和测试链路的平台。

2．全钢结构的网络综合布线实训装置 1 套

1）设备结构：全钢结构，由 12 模块组成 12 个角的“丰”字形结构，每个角 4 人，满足 48 人同时实训。同时或者交叉模拟网络综合布线工程的 12 个工作区、12 个设备间、12 个垂直、12 个水平、12 个管理等子系统实训。根据实训室尺寸和教学需要，要求产品外形尺寸：长 7.92m，宽 2.64m，高 2.6m。每个模块尺寸：长 1.2m，宽 0.24m，高 2.6m。设备型号 KYSYZ-12-1233 适合任意楼层安装。

2）设备功能：

- 具有网络综合布线设计和工程技术实训平台功能。
- 保证全班 40～50 名学生同时实训，满足 12 组学生（每组 4～5 人）同时或者交叉进行综合布线工程 6 个子系统实训功能。
- 能够同时开展 12 个工作区子系统、12 个设备间子系统、12 个垂直子系统或 12 个水平子系统等项目的实训功能。
- 综合布线实训设备必须为全钢结构，预设 100mm×100mm 或 80mm×80mm 间距的各种网络设备、插座、线槽、机柜等安装螺孔，实训过程必须保证无尘操作，重点突出工程技术实训。
- 保证实训次数 5 000 次以上，实训设备 10 年以上使用寿命。
- 实训一致性好，相同实训项目，实训结果必须相同，并且每组实训难易程度相同。
- 具有搭建多种网络永久链路、信道链路和测试链路的平台功能。
- 综合布线实训装置外形尺寸必须为长 7 920mm，宽 2 640mm，高 2 600mm，适合教室安装。

14.3.3 网络综合布线工程技术实训室项目投标文件的编制

网络综合布线工程技术实训室项目投标文件一般由符合招标文件资格要求，具有供货和安装调试能力并且已购买标书，准备参加投标竞争的各网络综合布线工程技术实训室生产厂家或授权经销商编制。

标书制作是保证竞标成功的重要环节，网络综合布线工程技术实训室项目投标文件除了按照招标文件规定的内容、格式、顺序、数量、时间、地点进行编制和递交外，还应当注意以下几个方面：

1）认真研究招标技术文件，并且制作投标技术方案。投标技术方案对招标技术文件要求的实训室功能、组成、实训项目等实质性内容必须完全响应。

2）投标人为贸易公司时，一般需要提供产品生产厂家的项目授权书原件。

3）投标项目涉及专利产品时，一般需要提供专利权人出具的专利产品使用/销售授权书原件和专利证书的复印件。

4）由于实训设备一般为教学或实训专用产品，为了保证用户正确使用和维护，投标文件中最好能够提供详细的培训计划。

5）对于投标人可以提供的实训教材、光盘、课件、培训等软性资源，都应在投标文件中提及并加以说明。

为了使读者能够详细了解网络综合布线工程技术实训室项目招投标的具体步骤，下一节将以某职业技术学院网络综合布线工程技术实训室项目招投标为例来进行说明。

14.4 网络综合布线工程技术实训室项目招投标实例

14.4.1 青岛职业技术学院网络综合布线工程技术实训室改造项目招标文件

1. 招标文件封面（略）

2. 目录

第一部分　投标邀请函
第二部分　投标人须知
第三部分　项目需求及技术要求
第四部分　合同一般条款
第五部分　合同特殊条款
第六部分　开标、评标和定标
第七部分　合同授予
第八部分　附件

3. 第一部分　投标邀请函

山东中钢招标有限公司（以下简称招标公司）受青岛职业技术学院的委托，对其网络综合布线工程技术实训室通用设备采购项目及其相关服务以国内公开招标的方式进行政府采购。欢迎符合条件的合格投标人参加投标。

1）项目编号：SDSITC-0185006。

2）项目名称：网络综合布线工程技术实训室通用设备。

3）项目内容：带显示系统的网络配线实训装置6台、全钢结构的网络综合布线实训装置1套、配套实训工具一批、配套实训消耗材料一批、桥架改造、地面和电源改造，本项目作为一个包进行采购。

4）对投标人的要求：

① 具有独立法人资质，注册资金必须在100万元以上。

② 具备履行合同所需的财务、技术和生产供货能力。

③ 提供的资格、资质文件和业绩情况均真实有效，具有良好的商业信誉，在以往的商业活动中无违法、违规、违纪、违约行为。

④ 货物制造厂家的投标授权书原件（投标人为贸易公司/代理商时提供）。

⑤ 项目涉及到的专利产品，必须提供专利权人的产品销售授权书原件和专利证书复印件。

5）招标文件售价：每套200元人民币，售后不退（如欲邮购另加邮费50元人民币，招标公司对邮寄过程中的遗失或延误不负责任）。

6）如未注册为青岛市政府采购供应商的，请及时登录青岛政府采购网站，按通知要求办理注册手续，注册供应商才具有购买采购文件的资格。

7）招标文件发售时间、地点（以下均为北京时间）：自2008年06月24日起至自2008年07月17日，每天上午9:00～11:30，下午14:00～17:00在青岛市福州北路1号政府采购市场1楼大厅发售（节假日除外）。

8）踏勘现场安排：本项目定于2008年07月10日上午10:00在青岛职业技术学院北门门口集合统一组织踏勘现场。

9）需对本招标文件提出询问，请于自2008年07月02日9:00前与招标公司联系（技术方面的询问请以信函或传真的形式提出）。

10）递交投标文件时间和地点：自2008年07月18日下午13:40～14:30在青岛市福州北路1号政府采购市场2楼1号开标室。

11）递交投标文件截止时间和开标时间：2008年07月18日下午14:30。逾期收到的投标文件恕不接受。

12）投标和开标地点：青岛市福州北路1号政府采购市场2楼1号开标室。

13）联系方式：（略）

山东中钢招标有限公司
2008年06月23日

4．第二部分　投标人须知

（1）定义

1）“用户”系指青岛职业技术学院。

2）“投标人”系指参与投标的独立企业法人。

3）“评标委员会”系指根据《中华人民共和国招标投标法》的规定，由专家和用户组成，确定中标人的临时组织。

4）“中标人”系指由评标委员会综合评审确定的对招标文件做出实质性响应较强，综合竞争实力最优，取得与用户签订合同资格的投标单位。

5）“招标机构”系指山东中钢招标有限公司。

（2）招标文件说明

1）适用范围：本招标文件仅适用于本次投标邀请函中所叙述的项目。

2）招标文件的澄清或修改：招标代理机构对招标文件必要的澄清或修改的内容必须在提交投标文件的截止时间前，以书面形式通知所有已领取招标文件的投标人；澄清或修改的内容作为招标文件的组成部分。

3）招标文件的澄清：各潜在投标人对招标文件如有疑问，可要求澄清，要求澄清的潜在投标人应在投标截止时间15日前按投标邀请函载明的联系方式以书面形式（包括信函、传真）通知到招标代理机构。招标代理机构将视情况确定采用适当方式予以澄清或以书面形式予以答复，并在其认为必要时，将不标明查询来源的书面答复发给所有购买招标文件的各潜在投标人。

4）所有参加投标报价的投标人递交的投标文件将按有关规定予以存档，无论中标与否，投标人递交的一切投标材料均不予退还。

5）本次招标的所有程序与做法，均适用《政府采购货物和服务招标投标管理办法》。

6）本次招标不接受联合体投标。

（3）投标文件的编写

投标人应按招标文件的要求准备投标文件，并保证所提供的全部资料的真实性、准确性及完整性，以使其投标对招标文件作出实质性响应，否则其资格有可能被评标委员会否决。

1）投标文件的组成。

资格、资质证明文件：

① 投标函（见附件格式）。

② 企业法人营业执照副本复印件（需加盖公司公章）。

③ 投标单位基本情况表（见附件格式）。

④ 法定代表人授权委托书（见附件格式）及全权代表的身份证复印件。

⑤ 产品代理或销售资格证书、产品质量认证证书、技术合格证书、产品检测报告、产品样册等。如国家规定需许可生产经销的，则还应提供许可证。

⑥ 税务登记证、资信证明文件的复印件。

⑦ 本次投标不接受各种形式的联合投标单位。

⑧ 打分表中要求提供的及投标人认为需要提交的其他相关证明文件。

投标报价表：

① 投标报价一览表（见附件格式）。

② 报价货物数量、价格表（见附件格式）。

③ 技术偏离表（见附件格式）。

商务文件：

① 有完成同类项目的经验，提供2005年01月01日以后类似项目经营业绩一览表（包括用户名称、金额、联系人、联系电话、合同）。

② 商务情况表（格式附后）。

③ 打分表中要求提供的及投标人认为需加以说明的其他内容。

2）投标文件的密封和标记。

① 投标人应准备 7 份打印的投标文件，1 份正本和 6 份副本。每份投标文件必须装订成册。在每一份投标文件上注明“正本”或“副本”字样。一旦正本和副本有差异，以正本为准。

② 投标人应将招标文件密封，并在封口启封处加盖单位公章。

③ 为方便唱标，请投标人另外准备一式两份“投标报价一览表”，单独密封在一个信封内与投标文件同时提交。

3）投标文件的递交。

① 递交投标文件的截止时间：按第一部分“招标邀请函”的规定。

② 招标过程中招标文件有实质性变动的，招标机构将书面通知所有的投标人。

③ 本次招标过程中，各投标人只有一次报价的机会，且为含税全包价。

④ 如果报价表大写金额与小写金额不一致，以大写金额为准；单价与总价如有出入，以单价合计为准。

（4）合格的投标人

符合以下条件的投标人即为合格的投标人：

1）在中华人民共和国工商管理部门注册具有企业法人资格，并具备招标文件所要求的资格、资质。

2）提供的资格、资质证明文件真实有效。

3）向山东中钢招标有限公司购买了招标文件并登记备案。

4）在以往的招标活动中没有违纪、违规、违约等不良行为。

5）遵守《中华人民共和国招标投标法》、《中华人民共和国政府采购法》及其他有关的法律法规的规定。

（5）投标文件的有效期

自提交投标文件之日起 90 日内。

（6）投标费用

各投标人自行承担所有参与招标的有关费用。

（7）保证金

1）投标人在递交投标文件的同时，需提交人民币 5 000 元的投标保证金，没有交纳保证金的投标人，投标文件不予接受。

2）保证金以支票、汇票、现金的形式交纳（不接受现金支票、承兑汇票以及银行保函等）。

3）未中标投标人的保证金，在公布中标结果后无息退还。中标者的投标保证金在签订合同且验收合格后一周内无息退还。

4）投标人发生第二部分第 8 项中所列情况的（第 1）、3）项除外），其保证金将被没收。

（8）无效的投标

1）未按本部分《报价文件的编写》的要求（密封、签署、盖章）提供报价文件。

2）提供的有关资格、资质证明文件不真实，提供虚假投标材料的。

3）未向招标机构交纳足额投标保证金的。

4）公开唱标后，投标人撤回投标，退出招标活动的。

5）投标人串通投标的。

6）投标人向招标机构、用户、专家提供不正当利益的。

7）中标人不按规定的要求签订合同。

8）法律、法规规定中不允许的其他情况。

投标人有上述行为之一的，招标机构将严格按照《中华人民共和国招标投标法》、《中华人民共和国政府采购法》及有关法律、法规、规章的规定行使其权力。给招标机构造成损失的，招标机构有索赔的权利；给用户造成损失的，应予以赔偿。

（9）中标服务费（略）

5. 第三部分　项目需求及技术要求

（1）项目概况

对网络综合布线工程技术实训室进行改造。本次改造要在充分利用实训室原有设备、工具和材料的基础上，再采购一批实训设备。改造后的实训室必须包括以下 4 个功能区域：网络配线和端接实训区、网络综合布线工程技术实训区、网络测试和光纤熔接实训区、工具器材存放保管区。能够满足 40～50 人同时进行网络配线和端接、网络综合布线 6 个子系统工程技术实训以及网络测试和光纤熔接技术实训。改造后的实训室应当从工程应用的角度出发，重点突出综合布线工程技术实训，体现“零”距离就业思想。

（2）功能要求

改造后的网络综合布线工程技术实训室必须具备以下功能。

1）网络综合布线工程技术中的配线和端接实训功能。

① 能够进行 6 根双绞线压接两端，每根每端压接 8 次，每人压接 96 次，每次压接有对应的指示灯显示压接线端接连接状况和线序，能够直观判断铜缆的跨接、反接、短路、断路等故障。

② 能够制作和测量 4 根网络跳线，对应指示灯显示压接线端接连接状况和线序，能够直观判断铜缆的跨接、反接、短路、断路等故障。

③ 能与网络配线架、通信跳线架组合进行多种压接线和端接实训，仿真工程机柜内配线和端接。

④ 能够搭建多种网络链路和测试链路的平台。

2）网络综合布线 6 个子系统工程技术操作和实训功能。

① 保证全班学生同时实训，满足 12 组学生（每组 4～5 人）同时或者交叉进行综合布线工程 6 个子系统实训。能够同时开展 12 个工作区子系统、12 个设备间子系统、12 个垂直子系统、12 个水平子系统等项目的实训，并且每组实训项目的难易程度相同。

② 综合布线实训设备必须为全钢结构，必须预设 100mm×100mm 或 80mm×80mm 间距的各种网络设备、插座、线槽、机柜等安装螺孔。实训过程必须保证无尘操作，重点突出工程技术实训。

③ 保证实训次数 5 000 次以上，实训设备 10 年以上使用寿命。

④ 实训一致性好，相同的综合布线实训设计项目，实训结果必须相同。

⑤ 综合布线实训装置扩展功能强大，增加设备后能够扩展为电视监控系统、报警系统、可视门禁系统等智能化管理系统实训平台等。

3）综合布线 6 个子系统工程应用演示功能。

4）综合布线材料现场制作和加工功能。

5）网络链路分析和测试功能。同时提供多个网络测试分析链路平台。

6）光纤熔接技术实训功能。

7）强大的扩展功能。

增加器材后（注：本次招标不需要增加），可以扩展以下实训项目：

① 智能化管理系统工程技术实训平台功能。

② 监控报警和可视门禁工程技术实训平台功能。

③ 消防工程技术实训平台功能等。

（3）对网络综合布线工程技术实训室的改造要求

1）改造后的网络综合布线工程技术实训室需增加以下设备：网络综合布线工程技术实训室改造必须在充分利用实训室原有的网络交换机、网络测试仪、光纤熔接机和工具材料等的基础上，增加以下设备、工具和材料：

① 带显示系统的网络配线实训装置 6 台。

产品结构：产品长 0.6m，宽 0.53m，高 1.8m。安装有带显示系统的网络压接线实验仪 1 台，网络跳线测试仪 1 台，配线架 2 个，110 跳线架 2 个，理线环 2 个，零件/工具盒 1 个，地弹式 RJ45 网络端口、RJ11 语音端口和 220V 电源端口各 1 个，2 人/台同时实训。

实训功能：

- 压接 6 根网络双绞线两端，每根每端压接 8 次，每人压接 96 次，每次压接对应指示灯显示。
- 制作和同时测量 4 根网络跳线，对应指示灯显示。
- 实验装置可以与网络配线架、通信跳线架等器材组合成多种网络永久链路或者信道进行网络压接线和端接工程技术实训，掌握工程机柜内的复杂配线和端接技术。
- 实验仪指示灯直观显示每次压接线的线序和电气连接情况，通过指示灯能够直接判断铜缆压接的跨接、反接、短路、断路等常见故障。
- 具有搭建多种网络链路和测试链路的平台功能。

② 全钢结构的网络综合布线实训装置 1 套（由 12 个模块组成）。

产品结构：全钢结构，由 12 模块组成 12 个角的“丰”字形结构，每个角 4 人，满足 48 人同时实训。同时或者交叉模拟网络综合布线工程的 12 个工作区、12 个设备间、12 个垂直、12 个水平、12 个管理等子系统，并模拟建筑群子系统。根据实训室尺寸和教学需要，产品外形尺寸：长 7.92m，宽 2.64m，高 2.6m。每个模块尺寸：长 1.2m，宽 0.24m，高 2.6m。适合任意楼层安装。

实训功能：

- 全班同时实训。满足 12 组学生（每组 3～4 人）同时或者交叉进行综合布线 6 个子系统实训。
- 无尘操作，重点突出工程技术实训。实训装置预设了 100mm×100mm 或 80mm×80mm 间距的各种网络设备、插座、线槽、机柜等安装螺孔。
- 实训过程为无尘操作，重点突出工程技术实训。
- 保证实训次数 5 000 次以上，实训设备 10 年以上使用寿命。
- 实训一致性好，相同的综合布线实训设计项目，实训结果相同。
- 扩展功能强大，增加设备后能够扩展为电视监控系统、报警系统、可视门禁系统等智能化管理系统实训平台等。

- 可以设计和安装永久链路、信道链路等多种布线路由，作为网络链路测试的平台。

③ 配套实训工具（共 11 种，配套工程技术实训）。

- 手工锯、十字头螺钉旋具、活扳手、2m 钢卷尺、ϕ20 弯管器各 14 个。钢锯条 4 盒，1.5m 人字梯 3 个，正反转可调速的电动起子 3 把，ϕ8 钻头 20 个。
- 线管存放架 1 套。长 1.8m，高 1.8m，4 层棚板。
- 防滑垫 4 个，长 1 200mm，宽 800mm，厚 2mm，防滑和保护不锈钢台面。

④ 配套实训消耗材料（共 27 种，配套工程技术实训）。

- 39×18PVC 线槽 60m。阴角、阳角、直角、三通、堵头各 24 个，可重复拆卸。
- 20×10PVC 线槽 60m。阴角、阳角、直角、三通、堵头各 24 个，可重复拆卸。
- ϕ40 PVC 线管 60m。弯头、直接头、三通各 24 个，带ϕ6 孔的 40 管卡 200 个。
- ϕ20 PVC 线管 60m。弯头、直接头、三通各 24 个，带ϕ6 孔的 20 管卡 200 个。
- 专用三角支架 60 个，长度 125mm×125mm，带多功能安装孔。
- 专用十字螺钉 2 000 个，M6×16。
- ϕ3 防水钢缆 50m，ϕ6 U 形卡 48 个，塑料线扎 4 包。

⑤ 配套《网络综合布线系统工程技术实训教程》。

实训教程中详细列出每项实训目的、实训要求、实训设备和材料及工具，以及实训步骤、实训报告要求及实训相关知识等内容，方便老师安排实训内容和时间。

⑥ 配套《网络综合布线 PPT 教学课件》。图文并茂，指导教学实训，方便老师备课。

⑦ 配套《网络综合布线实训指导 VCD 光盘》。以影音形式指导实训，方便教学。

⑧ 配套《网络综合布线教学挂图》8 幅。综合布线工程常用设备、器材介绍。

⑨ 提供 GB 50311—2007《综合布线工程设计规范》和 GB 50312—2007《综合布线工程验收规范》两个国家标准。

2）对原有金属桥架、地面、电源的改造和原有设备的利用：

① 金属桥架改造。学院教室原有桥架：学院教室原有宽 200mm，高 100mm 镀锌金属桥架 23m，沿墙三边安装。

桥架改造要求：拆除原有桥架、现场切割、开孔、增加 100mm×200mm 水平三通 4 个，100×200 水平直角 2 个（同时利用学院原有 2 个），表面刷漆成为同一个颜色后，重新安装在实训装置顶部，作为水平布线实训使用。

② 地面改造。教室尺寸：长 11.7m，宽 7.8m，面积 91m^2。

改造方式：拆除原有抗静电地板，铺设 800mm×800mm 防滑瓷砖，包括踢脚线。

③ 前门门扇改造。将前门门扇锯短 40～50mm 后，重新安装。

④ 电源插座改造。在教室两边安装 5 个 220V/16A 电源插座，将电源通过顶部引入布线实训装置，并且安装电源插座，1 个/角，共 17 个。负责将现有 UPS 输出电源引到北侧实训室的配电箱。

⑤ 能够利用原有的网络测试仪和光纤熔接机设备。

⑥ 能够利用原有的网络机柜、工具柜。

⑦ 能够利用原有的网络配线架、通信跳线架和 5 对连接块。

⑧ 能够利用原有的网络插座、模块、缆线等器材。

（4）实训项目要求

改造后的网络综合布线工程技术实训室必须能够完成以下实训项目：

1）网络配线实训项目。

① 网络压接线实验仪配线端接实训。

② 网络压接线实验仪+ RJ45 配线架组合压接线实训。

③ 网络压接线实验仪+ RJ45 配线架+110 通信跳线架组合压接线实训。

2）网络跳线制作和测试实训项目。

① 制作 4 根网络跳线，进行测试。

② 网络跳线测试仪+ RJ45 配线架组合压接线和测试实训。

③ 网络跳线测试仪+ RJ45 配线架+110 通信跳线架组合压接线和测试实训。

3）综合布线——垂直子系统的安装和布线实训。

① 实训前进行垂直子系统的规划和设计，计算和领取实训材料和工具。

② 各种 PVC 线管在竖井内或建筑物墙面垂直固定、穿线、楼板穿越、接头连接和缆线布线。

③ 各种 PVC 线槽在墙面垂直固定、穿线、楼板穿越、接头连接和缆线布线。

④ 各种钢缆的垂直固定和数据缆线的捆扎和固定。

4）综合布线——水平子系统的安装和布线实训。

① 实训前进行水平子系统的规划和设计，计算和领取实训需要的材料和工具。

② 各种 PVC 线管、线槽在墙面的水平固定、穿线、接头连接和数据电缆布线。

③ 各种 PVC 线管、线槽在墙面用三脚架水平固定、穿线、接头连接和数据电缆布线。

④ 各种 PVC 线槽用吊杆水平固定、穿线、接头连接和数据电缆布线。

⑤ 各种 PVC 线管、线槽在地面的水平固定、穿线、接头连接和数据电缆布线。

5）综合布线——设备间子系统的安装方法和技巧实训。

① 实训前进行设备间子系统的规划和设计，计算和领取实训需要的材料和工具。

② 熟悉和掌握设备间常用机柜、线架等各种标准机柜在设备间的布置和安装实训。

③ 设备间机柜内 RJ45 配线架、110 通信跳线架、理线环安装实训。

④ 设备间机柜内进线、配线、跳线、理线等配线实训。

6）综合布线——工作区子系统的安装和布线实训。

① 实训前进行工作区子系统的规划和设计，计算和领取实训需要的材料和工具。

② 各种单口、双口、多口网络和电话底盒、模块、面板的安装和穿线、压接模块实训。

③ 工作区墙面、地面—底盒之间的线槽、线管的固定。

④ 接口、工作台之间跳线的制作、测试和连接。

7）综合布线——管理间子系统的安装和布线实训。

① 实训前进行管理间子系统的规划和设计，计算和领取实训需要的材料和工具。

② 网络机柜数量、规格的选择，设计和确定安装位置，机柜就位。

③ 设计和确定机柜内服务器、交换机、路由器、防火墙等设备的安装高度和位置，调整安装棚板的位置。进行模拟安装实训。

④ 安装 RJ45 配线架、110 通信跳线架、光纤配线架、理线环等配线器材。

⑤ RJ45 配线架的端接操作实训。

⑥ 110 通信跳线架的端接操作实训。

⑦ 光纤配线架的端接操作实训。

⑧ 机柜理线、标记操作实训。

8）综合布线——建筑物子系统安装和布线实训。

可以模拟一个建筑物管理间到另一个建筑物管理间通过光缆、过墙、熔接盒、耦合器、SC 口尾纤、防火墙、交换机等的实训。

9）网络链路测试实训项目：网络基本连接测试；电缆的认证测试；电缆认证测试标准。

10）光纤熔接和测试实训项目：光缆的基本传输原理和种类；光缆的两端剥线；光缆在熔接盒内的固定；光缆熔接技术实训。

（5）设备采购清单

货物需求一览表，分别见表 14-1～表 14-6。

表 14-1　带显示系统的网络配线实训装置（6 台）

序　号	名　称	产品技术要求和功能描述	数　量
1	带显示系统的网络配线实训装置	**产品结构：** 装有带显示系统的网络压接线实验仪 1 台，网络跳线测试仪 1 台，配线架 2 个，110 跳线架 2 个，理线环 2 个，零件/工具盒 1 个，2 人/台同时实训，能够进行 5 000 次以上的重复压接线实训。配套有地弹式 RJ45 网络端口、RJ11 语音端口和 220V 电源端口。产品外形尺寸为长 0.6m，宽 0.53m，高 1.8m **实训功能：** 压接 6 根网络双绞线两端，每根每端压接 8 次，每人压接 96 次，每次压接有对应指示灯显示 实验装置可以与网络配线架、通信跳线架等器材组合成多种网络永久链路或者信道进行网络压接线和端接工程技术实训，掌握工程机柜内的复杂配线和端接技术 实验仪指示灯直观显示每次压接线的线序和电气连接情况，通过指示灯能够直接判断铜缆压接的跨接、反接、短路、断路等常见故障 制作和同时测量 4 根网络跳线，对应指示灯显示 能够模拟跨接、反接、短路、断路等常见故障 配套实训指导手册，列出每个实训项目的实训目的、实训要求、实训器材、实训步骤、实训报告等要求 配套实训指导视频光盘，演示和指导实训操作 配套实训指导 PPT 课件，方便老师教学和指导 具有搭建多种网络链路和测试链路的平台功能	6 台

表 14-2　全钢结构的网络综合布线实训装置（1 套）

序　号	名　称	产品技术要求和功能描述	数　量
1	全钢结构的网络综合布线实训装置多功能仿真墙模块	**产品结构：** 全钢结构，由 12 模块组成 12 个角的“丰”字形结构，每个角 4 人，满足 48 人同时实训。同时或者交叉模拟网络综合布线工程的 12 个工作区、12 个设备间、12 个垂直、12 个水平、12 个管理间等子系统。根据教学需要和实训室尺寸要求，产品外形尺寸为长 7.92m，宽 2.64m，高 2.6m，型号 KYSYZ-12-1233。适合任意楼层安装 **实训功能：** 全班同时实训。满足 12 组学生（每组 3～4 人）同时或者交叉进行综合布线工程 6 个子系统实训 无尘操作，重点突出工程技术实训。实训装置预设了各种网络设备、插座、线槽、机柜等安装螺孔	12 模块

（续）

序　号	名　称	产品技术要求和功能描述	数　量
1	全钢结构的网络综合布线实训装置多功能仿真墙模块	保证5 000次以上，实训一致性好，使用寿命长 扩展功能强大，能够扩展为电视监控系统、报警系统、可视门禁系统等智能化管理系统实训平台等 配套实训指导手册，列出每个实训项目的实训目的、实训要求、实训器材、实训步骤、实训报告等 配套实训指导视频光盘，演示和指导实训操作 配套实训指导PPT课件，方便老师教学和指导	12模块

表14-3　配套实训工具

序　号	名　称	规　格	产品描述	数　量
1	常用工具	手工锯	1把/角，教师2把。线槽/管裁断用	14把
2		钢锯条	配手工锯使用，手工锯配套	4盒
3		十字头螺钉旋具	1把/角，教师2把，固定和安装螺钉用	14把
4		活扳手	1把/角，教师2把，固定和安装螺钉用	14把
5		2m钢卷尺	1把/角，教师2把，测量长度用	14把
6		ϕ20弯管器	1把/角，教师2把，PVC管折弯成型用	14个
7		1.5m人字梯	4个角一个，登高固定设备用	3个
8		电动起子	4个角一个，开孔固定螺钉	3把
9		ϕ8钻头	电动起子配套，PVC槽/桥架开孔用	20个
10	线管存放架		存放PVC线槽和线管，长1.8m，高1.8m	1个
11	防滑垫		1 200mm×800mm×2mm。防滑和保护台面	4个

表14-4　配套实训消耗材料

序　号	名　称	规　格	产品描述	数　量
1	39×18 PVC线槽和配件	39×18线槽	5m/角。白色PVC槽，可重复拆卸	60m
		39×18阴角	2个/角。90°，可重复拆卸	24个
		39×18阳角	2个/角。90°，可重复拆卸	24个
		39×18直角	2个/角。90°，可重复拆卸	24个
		39×18堵头	2个/角。90°，可重复拆卸	24个
		39×18三通	2个/角。90°，可重复拆卸	24个
2	20×10 PVC线槽和配件	20×10线槽	5m/角。白色PVC槽，可重复拆卸	60m
		20×10阴角	2个/角。90°，可重复拆卸	24个
		20×10阳角	2个/角。90°，可重复拆卸	24个
		20×10直角	2个/角。90°，可重复拆卸	24个
		20×10堵头	2个/角。90°，可重复拆卸	24个
		20×10三通	2个/角。90°，可重复拆卸	24个
3	ϕ40 PVC线管和配件	ϕ40线管	5m/角。白色PVC，可重复拆卸	60m
		ϕ40弯头	2个/角。90°，可重复拆卸	24个
		ϕ40接头	2个/角。直接，可重复拆卸	24个

（续）

序　号	名　称	规　格	产 品 描 述	数　量
3	ϕ40 PVC 线管和配件	ϕ40 三通	2 个/角。90°，可重复拆卸	24 个
		ϕ40 管卡	需二次铣孔，可重复使用	200 个
4	ϕ20 PVC 线管和配件	ϕ20 线管	5m/角。白色 PVC，可重复拆卸	60m
		ϕ20 弯头	2 个/角。90°，可重复拆卸	24 个
		ϕ20 接头	2 个/角。直接，可重复拆卸	24 个
		ϕ20 三通	2 个/角。90°，可重复拆卸	24 个
		ϕ20 管卡	需二次铣孔，可重复使用	200 个
5	连接件	三角支架	5 个/角，多功能支架	60 个
		ϕ3 钢缆	4m/根，端头热收缩管处理	12 个
		ϕ6 U 形卡	4 个/角，固定钢缆	48 个
		塑料线扎	固定钢缆	4 包
6	十字螺钉	M6	可重复拆卸 1 万次	2 000 个

表 14-5　桥架改造

序　号	名　称	规　格	产 品 描 述	数　量
1	桥架改造配件	水平三通	100mm×200mm 水平三通。钢板厚度 1mm	4 个
2	桥架改造配件	水平直角	100mm×200mm 水平直角。钢板厚度 1mm	2 个
3	桥架改造费用	改造成 2m×6m 结构	原有桥架拆除、现场切割、组装，开孔，安装。表面刷漆成为同一个颜色，建议银白色	20m

表 14-6　地面和电源改造

序　号	产 品 名 称	产 品 描 述	数　量
1	拆除原有抗静电地板	教室长 11.7m，宽 7.8m，面积 91m^2	91 m^2
2	铺设瓷砖	铺设 800mm×800mm 防滑瓷砖，包括踢脚线	91 m^2
3	前门门扇改造	将门扇锯短 40～50mm	1 扇
4	电源插座改造	在教室两边安装 5 个 220V/16A 电源插座，将电源引入布线实训装置，并且安装电源插座	17 个

（6）相关要求

1）货物制造厂家的投标授权书原件（投标人为贸易公司时提供）。

2）项目涉及到的专利产品，必须提供专利权人的产品销售授权书原件和专利证书复印件。

3）生产厂家商标注册证书复印件。

4）产品彩页原件 2 份。注：投标厂家必须承诺所提供设备必须达到或超出投标设备所对应的产品样册确定的指标。

5）必须提供配套的实训指导手册，用户需要自己印刷时，必须提供著作权人授权书原件，并且免收著作权费。

6）必须提供 GB 50311—2007《综合布线工程设计规范》和 GB 50312—2007《综合布线工程验收规范》两个国家标准以及 word 电子版。

7）制造厂家必须在该实训室现场免费培训实训指导老师，负责免费颁发《综合布线认证工程师证书》5 个，在制造厂家免费培训 2 名以上校方实训指导老师，并且对学生培训取证提供优惠。

8）该实训室总体要求及布置见附图。

（7）服务相关要求

1）投标要求：本项目为交钥匙工程，所有设施设备、线槽防护等安装相关材料均由中标单位负责提供，所涉及的全部费用包含在投标总报价内。

2）报价人提供的商品的技术规格应该符合标书技术要求。如在《技术规格偏差表》中未明确说明具体偏差，则等同于报价方声明投标设备完全符合标书技术要求。

3）免费送货安装调试，每种类型设备提供 2 个以上名额的人员培训，确保受训人员能够独立熟练的进行操作，能够独立完成基本的维护保养和维修。

4）供应商应具备完善的售后服务体系，有固定的售后服务机构并有能力及时处理所有可能发生的故障。

6．第四部分　合同一般条款（略）

7．第五部分　合同特殊条款（略）

8．第六部分　开标、评标和定标

（1）公开报价

1）开标时间：按本招标文件第一部分《投标邀请函》规定的时间。

2）开标地点：按本招标文件第一部分《投标邀请函》规定的地点。

3）检查招标文件密封情况：由投标人授权代表检查投标文件的密封情况，也可以由招标人委托的公证机构检查并公证，并请各投标人授权代表签字确认。

4）唱标：密封情况经确认无误后，由招标工作人员对投标人的投标文件当众拆封，并宣读《开标一览表》。

（2）评标委员会

山东中钢招标有限公司将根据本项目的特点依法组建评标委员会，其成员由招标人和有关技术、经济等方面的专家组成，成员人数为 5 人以上（含 5 人）的单数；其中，技术、经济等方面的专家不得少于成员总数的 2/3。

评标委员会独立履行下列职责：

1）审查投标文件是否符合招标文件要求，并作出评价。

2）要求投标人对投标文件有关事项作出解释或者澄清。

3）推荐中标候选投标人名单，或者受招标人委托按照事先确定的办法直接确定中标投标人。

4）向招标单位或者有关部门报告非法干预评标工作的行为。

（3）评标原则和评审办法

1）评标原则："公开、公平、公正、择优、效益"为本次招标的基本原则，评标委员会按照这一原则的要求，公正、平等地对待各投标人。同时，在评标过程中遵守以下原则：

① 客观性原则：评标委员会将严格按照招标文件要求的内容，对投标人的投标文件进

行认真评审；评标委员会对投标文件的评审仅依据投标文件本身，而不依靠投标文件以外的任何因素；以招标文件的要求为基础，对有利于招标人的改进的设计方案，在不提高报价的前提下可以考虑或接受。

② 统一性原则：评标委员会将按照统一的原则和方法，对各投标人的投标文件进行评审。

③ 独立性原则：评审工作在评标委员会内部独立进行，不受外界任何因素的干扰和影响，评标委员会成员对出具的专家意见承担个人责任。

④ 保密性原则：评标委员会成员及有关工作人员将保守投标人的商业秘密。

⑤ 综合性原则：评标委员会将综合分析评审投标人的各项指标，而不以单项指标的优劣评定中标人。

2）评审办法：本次招标采用综合评分法，评标委员会成员在最大限度地满足招标文件实质性要求的前提下，按照招标文件中规定的各项因素进行综合评审后，以评审总得分最高的投标人作为预中标人或中标人。

3）评审程序：本次公开招标根据财政部《政府采购货物和服务招投标管理办法》及财库[2007]2号文件的相关规定采用综合评分法进行评标。评标严格按照招标文件的要求和条件进行。通过评定积分办法确定中标人或预中标人；相同积分的选择报价低的投标人；积分与报价均相同的情况下，按技术方案的优劣确定中标人或预中标人。不能满足招标文件中对资质、产品配置、技术性能参数要求的，评委不予考虑或根据实际情况酌情扣分；报价超出采购预算的，不列入报价评分范围内且报价得分为0分。

① 初步评审，确定合格的投标人。符合本招标文件投标邀请函及"第二部分第四条"规定的投标人即为初审合格的投标人。

② 投标文件的澄清。对投标文件中含义不明确、同类问题表述不一致或者有明显文字和计算错误的内容，评标委员会可以书面形式要求投标人作出必要的澄清、说明或者纠正。投标人的澄清、说明或者纠正应当采用书面形式，由其授权的代表签字，并不得超出投标文件的范围或者改变投标文件的实质性内容。

③ 比较与评价。对投标人进行询标答疑后，评标委员会按照招标文件规定的评分方法和标准，对各合格投标人的投标文件进行商务和技术评估，综合比较与评价。

综合评分法的评分因素、分值（各项因素分值之和为100）。

本次招标采用综合评分法，谈判小组成员在最大限度地满足采购文件实质性要求的前提下，按照采购文件中规定的各项因素进行综合评审后，以评审总得分最高的供应商作为成交供应商。

评分标准见表14-7。

表14-7 评分标准

评分项目	价格得分	商务评分	技术评分
权重	30分	25分	45分

具体标准见表14-8。

表 14-8　具体标准

评分项目		分数	评分办法
价格部分 30 分	投标报价	30 分	最终报价等于评标价的为 30 分，投标报价得分=（评标基准价/投标报价）×30。评标价的计算方法：有效标书的最低报价即为评标价。报价超过预算得 0 分，为非有效标书，不列入评标价的计算范围
商务部分 25 分	企业类似业绩经验	10 分	自 2005 年（含 2005 年）以后的合同金额在 50 万以上（含 50 万元）的同类项目销售合同，每项得 2 分；最高得 10 分，加满为止。以合同原件为准，同时报价文件中提供复印件，否则该项不得分
	售后服务	15 分	在满足标书要求的前提下，免费保修时间每提高一年给予 5 分加分，最高加 15 分
技术部分 45 分	技术响应程度	30 分	技术指标完全满足采购文件的要求，各种技术参数、性能及服务质量最优得 28～30 分
			技术指标基本满足采购文件要求有细微偏差得 24～27 分
			技术指标偏离较大的得 15～23 分
			技术指标主要参数不能满足要求的做无效投标处理
		5 分	技术指标优于采购文件的，每项加 1 分，满分 5 分
	设备及服务质量	10 分	在山东省内有常设服务机构，并具备相应的服务能力（提供相关证明材料原件，同时报价文件中提供复印件，否则不得分）得 5 分
			售后服务承诺优于招标文件规定的，给予 1～5 分的加分

对所有合格供应商的最终得分进行排序，确定得分最高的供应商为成交供应商。

注 1：以上商务评分中的企业业绩材料必须于开标前提交原件，没有提交原件的对应项不得分；所有原件应与报价文件同时递交至开标地点，开标后提交的材料不予接受；供应商必须在报价文件中同时附有以上原件的复印件。

注 2：当评审委员会成员数量为 5 人或 5 人以上单数时，评审委员会对每个有效投标人的标书进行打分，在汇总计算各投标人技术评分时，将去掉各评委打分的最高和最低分。

注 3：为有助于对招标相应文件的审查、评比，招标人保留派人对投标人包括（但不限于）类似业绩、技术力量、设备、施工管理、在建或已竣工项目质量、企业信誉等内容进行考察的权利，考察时，投标人应予配合、支持，考察费用由招标人承担。如考察情况与投标文件不符，招标人有权取消中标人的中标资格。

（4）中标通知书

评标结束后，由山东中钢招标有限公司向中标人签发《中标通知书》。

9．第七部分　合同授予

（1）签订合同

《中标通知书》发出后 7 个工作日内，由用户和中标人签订合同。合同签定的内容不能超出招标文件、评标过程中的补充承诺、最终书面投标的实质性内容。

（2）合同格式（附后）

合同一式 4 份，用户、中标人双方签字盖章后生效。用户执两份，中标人、招标机构各执一份。

（3）履约保证金

具体由用户与中标方在合同中约定。

10．第八部分　附件

（1）投标函格式（略）

（2）投标报价一览表（略）

（3）商务情况表（略）

（4）法人代表授权委托书格式（略）

（5）投标人情况表（略）

（6）报价货物数量、价格表（略）

（7）技术偏离表（略）

（8）合同格式（略）

（9）投标人业绩一览表　（仅限 2005 年以来的业绩）（略）

（10）青岛市政府采购项目验收报告单（略）

（11）实训室布局图

根据教学和实训需要，要求改造后的实训室按照以下方式布局：

1）平面布局图如图 14-1 所示。

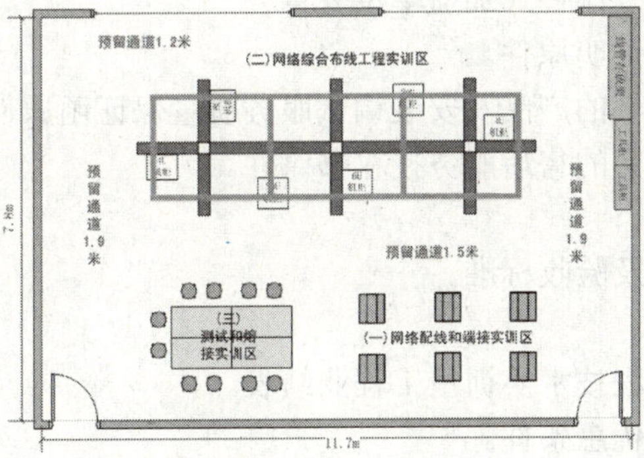

图 14-1　平面布局图

2）立体布局图如图 14-2 所示。

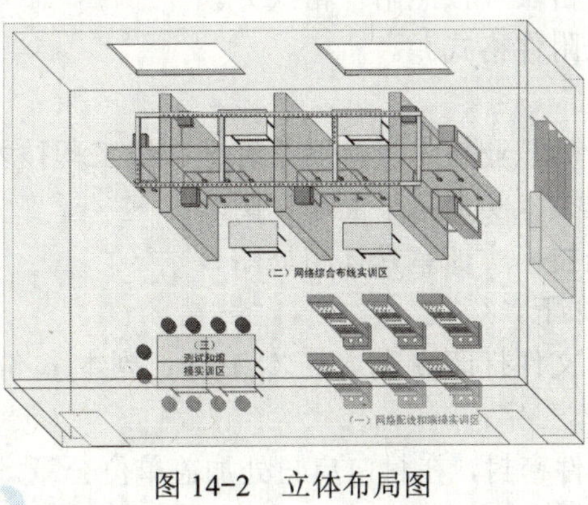

图 14-2　立体布局图

14.4.2 青岛职业技术学院网络综合布线工程技术实训室改造项目投标文件

按照招标文件的要求，结合 2008 年 7 月 10 日踏勘现场情况，青岛职业技术学院网络综合布线工程技术实训室通用设备采购项目投标文件由下列部分组成：

（1）投标文件目录

（2）资格、资质证明文件

1）投标函：按照招标文件附件格式，由投标人法人代表签字并加盖单位公章。

2）企业法人营业执照副本复印件，加盖单位公章。

3）投标单位基本情况表：按照招标文件附件格式，加盖单位公章。

4）法定代表人授权委托书原件及投标代表人的身份证复印件。

5）产品生产厂家出具的投标授权书原件。

6）专利权人出具的专利产品使用/销售授权书原件。

7）专利证书复印件 4 份。

8）生产厂家商标注册证书复印件。

9）产品彩页 2 份。

10）税务登记证副本复印件（加盖单位公章）。

11）银行出具的资信证明原件。

12）产品生产厂家出具的产品及安装调试服务质量保证函原件。

13）产品生产厂家出具的售后服务授权书原件。

14）产品质量承诺书。

15）产品制造、安装及验收标准。

16）售后服务承诺书。

17）网络综合布线工程技术实训室工程业绩表。

18）投标人可给予的优惠条件。

（3）投标报价文件

1）投标报价一览表（按照附件格式）。

2）报价货物数量、价格表（按照附件格式）。

3）技术偏离表（按照附件格式）。

（4）投标技术文件

1）投标技术方案：青岛职业技术学院网络综合布线工程技术实训室改造解决方案。

2）网络综合布线工程技术实训室平面布局图。

3）网络综合布线工程技术实训室立体布局图。

投标文件的递交程序如下。

1）投标人将以上投标文件打印 7 份，正本 1 份，副本 6 份，装订成册，并且在每 1 份上注明“正本”或“副本”字样。

2）将准备好的投标文件密封，在封口启封处加盖单位公章。另外准备一式两份“投标报价一览表”，单独密封在一个信封内，与投标文件同时提交到指定地点。

第15章 综合布线系统工程管理

前面的章节主要介绍了网络综合布线系统各个子系统的概念和工程技术，在本章中，分别从现场管理制度与要求、技术管理、施工现场人员管理、材料管理、安全管理、质量控制管理、成本控制管理、施工进度控制等方面介绍综合布线系统工程管理。

15.1 现场管理制度与要求

施工现场指施工活动所涉及到的施工场地以及项目各部门和施工人员可能涉及到的一切活动范围。对于通信工程，点多线长、施工工期较短，施工经常跨地区、跨省市进行，施工过程中需要与沿线政府、企业、居民沟通，办理相应手续、支付相应赔补费用，现场管理的任务十分繁重。现场管理工作应着重考虑对施工现场工作环境、居住环境、自然环境、现场物资以及所有参与项目施工的人员行为进行管理，应按照事前、事中、事后的时间段，采用制定计划、实施计划、过程检查、发现问题后对问题进行分析、制定预防和纠正措施的程序进行现场管理。施工现场管理的基本要求主要包括以下方面：

1）对现场工作环境进行管理，项目经理部应按照施工组织设计的要求管理作业现场工作环境，落实各项工作负责人；在施工过程中，应严格执行检查计划，对于检查中所发现的问题进行分析，制定纠正及预防措施，并予以实施；对工程中的责任事故应按奖惩方案予以奖惩；施工现场的安全和环境保护工作应按照企业的相关保护条例和施工组织设计的相关要求进行；当施工现场发生紧急事件时，应按照企业的事故应急预案进行处理。由于线路工程、管道工程受外界环境影响较大，影响因素较多，为了保证工程项目的顺利进行，应按照施工组织设计中的工程报建计划，组织现场负责人及时与线路沿线政府部门联系，汇报工程概况，并力争取得政府相关部门的理解与支持。

2）对现场居住环境的管理，项目经理部应根据施工组织设计的要求，对施工驻地的材料放置和伙房卫生进行重点管理，落实驻点管理负责人和工地伙房管理办法、员工宿舍管理办法、驻点防火防盗措施、驻点环境卫生管理办法，教育员工注意火灾时的逃生通道，在外进餐时应注意饮食卫生，以保证施工材料和施工人员的安全。项目经理部应根据施工驻点的情况合理安排驻点场地，布置伙房、宿舍、材料堆放点等。

3）对现场周围环境的管理，要求项目经理部实施施工组织设计中的相关计划，在考虑施工现场周围环境的地形特点、施工的季节、现场的交通流量、施工现场附近的居民密度、施工现场的高压线和其他管线情况、与公路及铁路的交越情况、与河流的交越情况等前提下进行施工作业，对重要环境因素应重点对待。项目经理部应对施工过程中的相关计划的执行情况进行检查，发现问题应及时分析，制定相应的纠正和预防措施，并予以实施。

4）对于现场物资的管理，由于线路工程点多线长，物资管理人员应按照施工组织设计中的分屯计划组织接收工程物资。对于线路和其他专业的通信工程，物资管理人员还应按照施工组织设计的要求进行进货检验，并填写相应的检验记录。在工地驻点的物资存放方面，施工现场物资管理人员应根据施工工序的前后次序放置施工材料，并进行恰当标识，现场物资应整齐码放，注意防火、防盗、防潮。物资管理人员还应做好现场物资的进货、领用的账目记录，并负责向业主移交剩余物资，办理相应手续。对于上述工作的完成情况，项目经理部应在施工过程中进行检查，发现问题时应按相关要求进行处理。

15.2 技术管理

1. 图样审核

在工程开工前，使参与施工的工程管理及技术人员充分地了解和掌握设计图样的设计意图、工程特点和技术要求；通过审核，发现施工图设计中存在的问题和错误，在施工图设计会审会议上提出，为施工项目实施提供一份准确、齐全的施工图样。审查施工图设计的程序通常分为自审、会审两个阶段。

1）施工图的自审：施工单位收到施工项目的有关技术文件后，应尽快地组织有关的工程技术人员熟悉施工图的设计，写出自审的记录。自审施工图设计的记录应包括对设计图样的疑问和对设计图样的有关建议等。

施工图设计审核的内容：施工图设计是否完整、齐全，以及施工图样和设计资料是否符合国家有关工程建设的法律法规和强制性标准；施工图设计是否有误，各组成部分之间有无矛盾；工程项目的施工工艺流程和技术要求是否合理；对施工图设计中的工程复杂、施工难度大和技术要求高的施工部分或应用新技术、新材料、新工艺部分，现有施工技术水平和管理水平能否满足工期和质量要求；明确施工项目所需的主要材料、设备的数量、规格、供货情况；施工图中穿越铁路、公路、桥梁、河流等技术方案的可行性；找出施工图上标注不明确的问题并记录。工程预算是否合理。

2）施工图设计会审：一般由业主主持，由设计单位、施工单位和监理单位参加，四方共同进行施工图设计的会审。由设计单位的工程主设计人向与会者说明拟建工程的设计依据、意图和功能要求，并对特殊结构、新材料、新工艺和新技术提出设计要求。施工单位根据自审记录以及对设计意图的了解，提出对施工图设计的疑问和建议；在统一认识的基础上，对所探讨的问题逐一地做好记录，形成“施工图设计会审纪要”，由业主正式行文，作为与设计文件同时使用的技术文件和指导施工的依据，以及业主与施工单位进行工程结算的依据。

审定后的施工图设计与施工图设计会审纪要，都是指导施工的法定性文件；在施工中既要满足规范、规程，又要满足施工图设计和会审纪要的要求。

图样会审记录是施工文件的组成部分，与施工图具有同等效力，所以图样会审记录的管理办法和发放范围同于施工图管理、发放，并认真实施。

2. 技术交底

为确保所承担的工程项目满足合同规定的质量要求，保证项目的顺利实施，应使所有参与施工的人员熟悉并了解项目的概况、设计要求、技术要求、工艺要求。技术交底是确保工程项目质量的关键环节，是质量要求、技术标准得以全面认真执行的保证。

技术交底的依据：技术交底应在合同交底的基础上进行，主要依据有施工合同、施工图设计、工程摸底报告、设计会审纪要、施工规范、各项技术指标、管理体系要求、作业指导书、业主或监理工程师的其他书面要求等。

技术交底的内容：工程概况、施工方案、质量策划、安全措施、“三新”技术、关键工序、特殊工序（如果有的话）和质量控制点、施工工艺（遇有特殊工艺要求时要统一标准）、法律、法规、对成品和半成品的保护，制定保护措施、质量通病预防及注意事项。

技术交底的要求：施工前项目负责人对分项、分部负责人进行技术交底，施工中对业主或监理提出的有关施工方案、技术措施及设计变更的要求在执行前进行技术交底，技术交底要做到逐级交底，随接受交底人员岗位的不同其内容也有所不同。

15.3 施工现场人员管理

施工现场人员的管理包括：

1）制定施工人员档案。

2）佩带有效工作证件。

3）所有进入场地的员工均给予一份安全守则。

4）加强离职或被解雇人员的管理。

5）项目经理要制定施工人员分配表。

6）项目经理每天向施工人员发出工作责任表。

7）制定定期会议制度。

8）每天均巡查施工场地。

9）按工程进度制定施工人员每天的上班时间。

10）对现场施工人员的行为进行管理，要求项目经理部组织制定施工人员行为规范和奖惩制度，教育员工遵守当地的法律法规、风俗习惯、施工现场的规章制度，保证施工现场的秩序。同时项目经理部应明确由施工现场负责人对此进行检查监督，对于违规者应及时予以处罚。

15.4 材料管理

材料的管理包括：

1）做好材料采购前的基础工作：工程开工前，项目经理、施工员必须反复认真地对工程设计图样进行熟悉和分析，根据工程测定材料实际数量，提出材料申请计划，申请计划应做到准确无误。

2）各分项工程都要控制住材料的使用。

3）在材料领取、入库出库、投料、用料、补料、退料和废料回收等环节上尤其引起重视，严格管理。

4）对于材料操作消耗特别大的工序，由项目经理直接负责。具体施工过程中可以按照不同的施工工序，将整个施工过程划分为几个阶段，在工序开始前由施工员分配大型材料使用数量，工序施工过程中如发现材料数量不够，由施工员报请项目经理领料，并说明材料使用数量不够的原因。每一阶段工程完工后，由施工员清点、汇报材料使用和剩余情况，材料消耗或超耗分析原因并与奖惩挂钩。

5）对部分材料实行包干使用、节约有奖、超耗则罚的制度。

6）及时发现和解决材料使用不节约、出入库不计量、生产中超额用料和废品率高等问题。

7）实行特殊材料以旧换新制度，领取新料时由材料使用人或负责人提交领料原因。材料报废须及时提交报废原因，以便有据可循，作为以后奖惩的依据。

15.5 安全管理

15.5.1 安全控制措施

施工阶段安全控制要点主要包括施工现场防火；施工现场用电安全；低温、雨季施工防潮；机具仪表的保管、使用；机房内施工时通信设备、网络等电信设施的安全；施工过程中水、电、煤气、通信电（光）缆管线等市政或电信设施的安全；施工过程中文物保护；井下作业时的防毒、防坠落、防原有缆线损坏；公路上作业的安全防护；高处作业时人员和仪表的安全等。各安全控制点的控制措施内容如下：

1）施工现场防火措施。施工现场实行逐级防火责任制，施工单位应明确一名施工现场负责人为防火负责人，全面负责施工现场的消防安全管理工作，根据工程规模配备消防员和义务消防员。

临时使用的仓库应符合防火要求。在机房施工作业使用电焊、气割、砂轮锯等时，必须有专人看管。施工材料的存放、保管应符合防火安全要求。易燃品必须专库储存，尽可能采取随用随进，专人保管、发放、回收。

熟悉施工现场的消防器材，机房施工现场严禁吸烟。电气设备、电动工具不准超负荷运行，线路接头要结实、接牢，防止设备线路过热或打火短路。现场材料堆放中，堆放不宜过多，垛之间保持一定的防火间距。

2）施工现场安全用电措施。临时用电和带电作业的安全控制措施应在《施工组织设计》中予以明确。

施工人员进入施工现场后，应组织实施安全教育，安全教育应强调用电安全知识。

施工现场需要临时用电时，操作人员应检查临时供电设施、电动机械与手持电动工具是否完好，是否符合规定要求，安装漏电保护装置，注意防止过电压、过电流、过载及触电等情况发生；接通电源前，应设警示标志；临时用电结束后，立即做好恢复工作。

操作人员遇到带电作业时，应做到：临近电力线施工作业的，应视电力线带电；带安全帽，穿绝缘鞋，带绝缘手套，与电力线，尤其是高压电力线保持安全距离；在交流配电盘（箱、屏）、列柜及其他带电设备上作业时，操作人员应有保护措施，所用工具应做绝缘处理；严格操作规程，保持集中精力；带电施工过程中设专人看管电源闸箱，保持良好联络，随时做好应急准备。

3）低温、雨季施工控制措施。低温季节施工时，施工人员应尽量避免高空作业，必须进行高空作业时，应穿戴防冻、防滑的保温服装和鞋帽；吊装机具在低温下工作时，应考虑其安全系数；光缆的接续机具和测试仪表工作时应采取保温措施，满足其对温度要求；车辆应加装防冻液、防滑链，注意防冻、防滑。

雨季施工时，雷雨天气禁止从事高空作业，空旷环境中施工人员避雨时应远离树木，注意防雷。雨天施工时，施工人员应注意道路状况，防止滑倒摔伤。雨天及湿度过高的天气施工时，作业人员在与电力设施接触前，应检查其是否受潮漏电。山区施工时，工地驻点应选择在地质稳定的高处，避免受洪水、塌方、泥石流的侵袭。施工现场的仪表及接续机具在不使用时应及时放到专用箱中保管；在雨天使用时，应采用帐篷、雨具等防雨工具，避免其受潮。下雨前，施工现场的材料应及时遮盖；对于易受潮变质的材料应采取防水、防潮措施单独存置。雨天行车，车辆应减速慢行，注意防滑。暂时不用的电缆应及时缩封端头，需要充气时应及时充气，以防止电缆受潮、进水。

4）通信设备、网络设备的防护措施。机房内施工电源割接时，应注意所使用工具的绝缘防护，检查新装设备，在确保新设备电源系统无短路、接地等故障时，方可进行电源割接工作，以防止发生设备损坏、人员伤亡事故。

在机房内施工需要用电锤、切割机时，应使用防尘罩降低灰尘排放量，对施工现场的新旧设备应采取防尘措施，保持施工现场清洁；禁止动与施工无关的设备，需要用到机房原有设备时，应当争得机房技术负责人的同意，以机房值班人员为主进行工作，保证通信设备网络的安全。需要拔插机盘时，应佩戴防静电手环。

5）防毒、防坠落、防原有缆线损坏的措施，地下设施的保护，地下作业时的安全措施。施工过程中挖出有害物质时，及时向有关部门报告。有害物质发生泄露造成施工人员急性中毒受到伤害，现场负责人指挥组织抢救，立即向医院求救，并保护好现场，以利于事故的分析和处理。

在人（手）孔（室外井）内工作时，地面上应设专人看守，井口处白天设置井围、红旗，夜间设红灯。施工人员打开人孔后，首先应进行有害气体测试和通风，下人孔前必须确知人孔内无有害气体。在人孔内抽水时，抽水机的排气管，不得靠近人孔口，应放在人孔的下风方向。

下人孔时必须使用梯子，不得踩蹬光（电）缆或电缆托板。人孔内工作时，如感觉头晕呼吸困难，必须离开人孔，采取通风措施。点燃的喷灯不准对着光（电）缆和井壁放置。在焊接光（电）缆时，谨防烧坏其他光（电）缆。凿掏人孔壁、石块硬地及水泥地时，必须带护目眼镜。在人孔内不许吸烟。

开挖土石方，要充分了解施工现场的地形、地貌、地下管线、周围建筑物等情况，确定保护地下管线及其他物品的方案。开挖城市路面时，应当符合施工摸底情况，摸清埋于地下的各类管道和线路，如供水、供电、供气管道和原有的通信线路等。对可能对各类管道和线路产生危害的，开挖前，使用仪器探明危险点，开挖中距危险点较近时，禁止用大型机械工具开挖，暴露后，要采取必要的保护和加固措施，防止对各类管道和线路的损害。

施工过程中挖出文物时，由施工单位做好现场保护，并及时向文物管理部门报告，等候处理。

6）公路上作业的安全防护措施。严格按照批准的施工方案进行施工，服从交警人员的管理和指挥，主动接受询问、交验证件，协助搞好交通安全工作。保护一切公路设施，协调处理好施工与交通安全的关系。

每个施工地点都要设置安全员，负责按公路管理部门的有关规定摆放安全标志，观察过往车辆并监督各项安全措施执行情况，发现问题及时处理。特别是开工前安全标志尚未全部摆放到位和收工撤离收取安全标志时，更要特别注意。在夜间、雾天或其他能见度较差的气候条件下停止施工。所有进入施工地段人员一律穿戴符合规定的安全标志服，施工车辆设有明显标志（红旗等）。

施工车辆按规定路线和地点行驶、停放，只准顺行严禁逆行。施工人员不得以任何方式拦阻车辆。

施工人员在高速公路施工时，穿越公路和上下车应由安检人员统一组织指挥，统一行动。各施工地点的占用场地应符合高速公路管理部门的规定。

每个施工点在当日收工时，必须认真清理施工现场，保证路面及公路其他部位的清洁，不留任何机具、材料、安全标志和一切可能影响车辆通行安全、影响路容路貌的废弃物，保证过往车辆安全。

7）高空、高处作业时的安全措施。高空、高处作业是一项危险性较大的作业项目，容易造成人员、物体坠落。控制措施内容分别如下。

① 高空作业人员必须经过专门的安全培训，取得资格证书后方可上岗作业。安全员必须严格按照操作规程进行现场检查。作业人员应接受书面的危险岗位操作规程，并明白违章操作的危害。

② 作业人员应配戴安全帽、安全带，穿工作服、工作鞋，并认真检查各种劳动保险用具是否安全可靠。高空作业人员情绪不稳定、不能保证精神集中地进行高空作业时应主动报告。高空作业前不准饮酒，前一天不准过量饮酒。

③ 高空作业应划定安全禁区，设置好警示牌。操作时必须统一指挥、统一工作口令。需要上下塔时，人与人之间应保持一定距离，行进速度宜慢不宜快。高空作业用的各种工、器具要加保险绳、钩、袋，防止失手散落伤人。作业过程中禁止无关人员进入安全禁区。在杆子、铁塔上传递物件严禁抛掷，相互传送物品时要用口令呼应。当地气温高于人体体温、遇有6级以上大风、能见度低时严禁高空作业。

④ 高处作业必须确保踩踏物牢靠，作业人员健康状况良好，做好自身安全保护。预防坠物伤害他人。

15.5.2 安全管理原则

安全管理的原则如下：

1）建立安全生产岗位责任制。

2）质安员必须每半月在工地现场举行一次安全会议。

3）进入施工现场必须严格遵守安全生产纪律，严格执行安全生产规程。

4）项目施工方案要分别编制安全技术措施。

5）严格安全用电制度。

6）电动工具必须要有保护装置和良好的接地保护地线。

7）注意安全防火。

8）登高作业时，一定要系好安全带，并有人进行监护。

9）建立安全事故报告制度。

15.6 质量控制管理

质量控制主要表现为施工组织和施工现场的质量控制，控制的内容包括工艺质量控制和产品质量控制。

影响质量控制的因素主要有“人、材料、机械、方法和环境”等五大方面。因此，对这五方面因素严格控制，是保证工程质量的关键。

具体措施如下：

1）现场成立以项目经理为首，由各分组负责人参加的质量管理领导小组。

2）承包方在工程中应投入受过专业训练及经验丰富的人员来施工及督导。

3）施工时应严格按照施工图样、操作规程及现阶段规范要求进行施工。

4）认真做好施工记录。

5）加强材料的质量控制，是提高工程质量的重要保证。

6）认真做好技术资料和文档工作，对于各类设计图样资料仔细保存，对各道工序的工作认真做好记录和文字资料，完工后整理出整个系统的文档资料，为今后的应用和维护工作打下良好的基础。

15.7 成本控制管理

15.7.1 成本控制管理内容

1. 施工前计划

1）做好项目成本计划。

2）组织签订合理的工程合同与材料合同。

3）制订合理可行的施工方案。

2. 施工过程中的控制

（1）降低材料成本

1）实行三级收料及限额领料。

2）组织材料合理进出场。

（2）节约现场管理费

3．工程实施完成的总结分析

1）根据项目部制定的考核制度，体现奖优罚劣的原则。

2）竣工验收阶段要着重做好工程的扫尾工作。

15.7.2 工程的成本控制基本原则

1）加强现场管理，合理安排材料进场和堆放，减少二次搬运和损耗。

2）加强材料的管理工作，做到不错发、领错材料，不丢窃遗失材料，施工班组要合理使用材料，做到材料精用。在敷设缆线时，既要留有适量的余量，还应力求节约，不予浪费。

3）材料管理人员要及时组织使用材料的发放，施工现场材料的收集工作。

4）加强技术交流，推广先进的施工方法，积极采用先进科学的施工方案，提高施工技术。

5）积极鼓励员工“合理化建议”活动的开展，提高施工班组人员的技术素质，尽可能地节约材料和人工，降低工程成本。

6）加强质量控制、加强技术指导和管理，做好现场施工工艺的衔接，杜绝返工，做到一次施工、一次验收合格。

7）合理组织工序穿插，缩短工期，减少人工、机械及有关费用的支出。

8）科学合理地安排施工程序，搞好劳动力、机具、材料的综合平衡，向管理要效益。平时施工现场由1～2人巡视了解土建进度和现场情况，做到有计划性和预见性，预埋条件具备时，应采取见缝插针、集中人力预埋的办法，节省人力和物力。

15.8 施工进度控制

施工进度控制关键就是编制施工进度计划，合作安排好前后作业的工序，综合布线工程具体的作业安排如下：

1）对于与土建工程同时进行的布线工程，首先检查垂井、水平线槽、信息插座底盒是否已安装到位，布线路由是否全线贯通，设备间、配线间是否符合要求，对于需要安装布线槽道的布线工程来说，首先需要安装垂井、水平线槽和插座底盒等。

2）敷设主干布线主要是敷设光缆或大对数电缆。

3）敷设水平布线主要是敷设双绞线。

4）缆线敷设的同时，开始为各设备间设立跳线架，安装跳线面板光纤盒。

5）当水平布线工程完成后，开始为各设备间的光纤及UTP/STP安装跳线板，为端口及各设备间的跳线设备做端接。

6）安装好所有的跳线板及用户端口后，做全面性的测试，包括光纤及UTP/STP，并提供报告给用户。

综合布线系统工程施工组织进度见表15-1。

表 15-1　综合布线系统工程施工组织进度

项　目 \ 时　间	2005 年 4 月															
	1	3	5	7	9	11	13	15	17	19	21	23	25	27	29	30
一、合同签定																
二、图样会审																
三、设备订购与检验																
四、主干线槽管架设及光缆敷设																
五、水平线槽管架设及缆线敷设																
六、信息插座的安装																
七、机柜安装																
八、光缆端接及配线架安装																
九、内部测试及调整																
十、组织验收																

15.9　工程各类报表作用和报表要求

1. 施工进度日志

施工进度日志中可由现场工程师每日随工程进度填写施工中需要记录的事项，具体表格样式见表 15-2。

表 15-2　施工进度日志

组别：　　人数：　　负责人：　　日期：				
工程进度计划：				
工程实际进度：				
工程情况记录：				
时　间	方位、编号	处理情况	尚待处理情况	备　注

2. 施工责任人员签到表

每日进场施工的人员必须签到，签到按先后顺序，每人必须亲笔签名，签到的目的是明确施工的责任人。签到表由现场项目工程师负责落实，并保留存档，具体表格样式见表 15-3。

表 15-3　施工责任人员签到表

项目名称：　　项目工程师：							
日　期	姓名 1	姓名 2	姓名 3	姓名 4	姓名 5	姓名 6	姓名 7

3. 施工事故报告单

施工过程中无论出现何种事故，都应由项目负责人将初步情况填报“事故报告”，具体格式见表 15-4。

表 15-4 施工事故报告单

填报单位：	项目工程师：
工程名称：	设计单位：
地　　点：	施工单位：
事故发生时间：	报出时间：
事故情况及主要原因：	

4. 工程开工报告

工程开工前，由项目工程师负责填写开工报告，待有关部门正式批准后方可开工，正式开工后该报告由施工管理员负责保存待查，具体报告格式见表 15-5。

表 15-5 工程开工报告

工程名称		工程地点	
用户单位		施工单位	
计划开工	年　月　日	计划竣工	年　月　日
工程主要内容：			
工程主要情况：			

主抄： 抄送： 报告日期：	施工单位意见： 签名： 日期：	建设单位意见： 签名： 日期：

5. 施工报停表

在工程实施过程中可能会受到其他施工单位的影响，或者由于用户单位提供的施工场地和条件及其他原因造成施工无法进行。为了明确工期延误的责任，应该及时填写施工报停表，在有关部门批复后将该表存档，具体施工报停表样式见表 15-6。

表 15-6　施工报停表

工程名称		工程地点	
建设单位		施工单位	
停工日期	年　月　日	计划复工	年　月　日
工程停工主要原因：			
计划采取的措施和建议：			
停工造成的损失和影响：			
主抄： 抄送： 报告日期：	施工单位意见： 签名： 日期：	建设单位意见： 签名： 日期：	

6．工程领料单

项目工程师根据现场施工进度情况安排材料发放工作，具体的领料情况必须有单据存档，具体格式见表 15-7。

表 15-7　工程领料单

工程名称			领料单位		
批 料 人			领料日期	年　月　日	
序　号	材料名称	材料编号	单　位	数　量	备　注
1					
2					
3					
⋮					

7．工程设计变更单

工程设计经过用户认可后，施工单位无权单方面改变设计。工程施工过程中如确实需要对原设计进行修改，必须由施工单位和用户主管部门协商解决，对局部改动必须填报“工程设计变更单”，经审批后方可施工，具体格式见表 15-8。

表 15-8　工程设计变更单

<table>
<tr><td>工程名称</td><td></td><td>原图名称</td><td></td></tr>
<tr><td>设计单位</td><td></td><td>原图编号</td><td></td></tr>
<tr><td colspan="2">原设计规定的内容：</td><td colspan="2">变更后的工作内容：</td></tr>
<tr><td colspan="2">变更原因说明：</td><td colspan="2">批准单位及文号：</td></tr>
<tr><td>原工程量</td><td></td><td>现工程量</td><td></td></tr>
<tr><td>原材料数</td><td></td><td>现材料数</td><td></td></tr>
<tr><td>补充图样编号</td><td></td><td>日　期</td><td>年　月　日</td></tr>
</table>

8．工程协调会议纪要

工程协调会议纪要格式见表 15-9。

表 15-9　工程协调会议纪要

<table>
<tr><td colspan="4">日期：</td></tr>
<tr><td>工程名称</td><td></td><td>建设地点</td><td></td></tr>
<tr><td>主持单位</td><td></td><td>施工单位</td><td></td></tr>
<tr><td colspan="4">参加协调单位：</td></tr>
<tr><td colspan="4">工程主要协调内容：</td></tr>
<tr><td colspan="4">工程协调会议决定：</td></tr>
<tr><td colspan="4">仍需协调的遗留问题：</td></tr>
<tr><td colspan="4">参加会议代表签字：</td></tr>
</table>

9. 隐蔽工程阶段性合格验收报告

隐蔽工程阶段性合格验收报告格式见表 15-10。

表 15-10　隐蔽工程阶段性合格验收报告

工程名称：		工程地点：	
建设单位：		施工单位：	
计划开工：	年　月　日	实际开工：	年　月　日
计划竣工：	年　月　日	实际竣工：	年　月　日
隐蔽工程完成情况：			
提前和推迟竣工的原因：			
工程中出现和遗留的问题：			
主抄： 抄送： 报告日期：	施工单位意见： 签名： 日期：	建设单位意见： 签名： 日期：	

10. 工程验收申请

施工单位按照施工合同完成了施工任务后，会向用户单位申请工程验收，待用户主管部门答复后组织安排验收，具体申请表格式见表 15-11。

表 15-11　工程验收申请

工程名称：		工程地点：	
建设单位：		施工单位：	
计划开工：	年　月　日	实际开工：	年　月　日
计划竣工：	年　月　日	实际竣工：	年　月　日
工程完成主要内容：			
提前和推迟竣工的原因：			
工程中出现和遗留的问题：			
主抄： 抄送： 报告日期：	施工单位意见： 签名： 日期：	建设单位意见： 签名： 日期：	

15.10 2010年全国职业院校技能大赛中职组《网络综合布线技术》竞赛分析

1. 竣工资料

根据竞赛任务，编写项目竣工总结报告，要求报告内容清楚和全面，主要包括：①项目概况；②项目任务；③分工安排；④施工过程；⑤现场管理等主要内容。要求报告有封面，项目名称正确，机位号正确，日期正确。

评判要点：

报告中项目概况完整、项目任务明确、分工安排合理、施工过程安全正确、现场管理明确。报告有封面，名称正确，机位号正确，日期正确。

参考答案：

××项目网络综合布线系统竣工总结报告

按照网络综合布线技术技能大赛规定，于××月××日进场开始比赛，到××结束。本次要求完成××项任务，主要包括工程设计部分、工程安装部分、故障测试分析。

主要分工及完成情况如下：

（1）设计部分

由1人完成本试题的设计内容。

1）设计依据：

① GB 50311—2007《综合布线系统工程设计规范》。

② GB 50312—2007《综合布线系统工程验收规范》。

③ 比赛试题要求。

2）完成题目要求内容，包括网络信息点数量统计表、设计和绘制系统图、编制端口对应表、设计安装施工图、编制材料预算表，并按照题目要求保存在本地计算机桌面的文件夹名称为“××机位号-设计文档”中。

（2）工程施工部分

由××人负责该部分的实际操作，其中××人负责配线端接和故障测试分析，××人做布线施工。

主要完成内容：

1）配线端接。

① 完成10根跳线的制作与测试，主要包括：

1根超5类非屏蔽铜缆跳线，T568B-T568B线序，长度600 mm。

1根超5类非屏蔽铜缆跳线，T568A-T568B线序，长度550 mm。

1根超5类屏蔽铜缆跳线，T568B-T568B线序，长度550 mm。

1根6类非屏蔽铜缆跳线，T568B-T568B线序，长度500 mm。

1根6类非屏蔽铜缆跳线，T568A-T568B线序，长度450 mm。

② 完成4组测试链路布线和端接。

③ 完成 6 组复杂永久链路布线和端接。

2）布线施工。

① 完成 CD-BD 建筑群子系统光缆链路布线安装和熔接，包括 1 趟ϕ 20PVC 管铺设、布线和 4 根 4 芯光纤的熔接。

② 完成 BD-FD 建筑物子系统布线安装与端接，包括 1 趟ϕ20 PVC 管铺设和 3 根网线的布线、端接。

③ 完成 FD1 配线子系统布线安装，共计 9 趟ϕ 20 线管的铺设、18 根网线的布线，并完成 10 个信息插座的安装和端接。

④ 完成 FD2 配线子系统布线安装，使用 39mm×18mm 和 20mm×10mm PVC 线槽组合铺设、20 根网线的布线，并完成 10 个信息插座的安装和端接。

⑤ 完成 FD3 配线子系统布线安装，使用 60mm×22mm、39mm×18mm 和 20mm×10mm PVC 线槽、ϕ20 PVC 管组合铺设、19 根网线的布线，并完成 10 个信息插座的安装和端接。

⑥ 完成了 3 个机柜内 24 口网络配线架和理线环的安装及布线端接。

（3）故障测试分析部分

完成 12 个链路的综合布线系统常见故障检测和分析，并填写故障检测分析表。

（4）未完成工作统计

我参赛队完成全部比赛内容。

编制人：××机位号　　　　　　时间：××年××月××日

2. 施工管理

施工安全、分工合理、配合默契、合理用料、现场整洁。

评判要点：

现场注意施工安全，分工合理，相互配合默契，合理用料，整理器材并摆放整齐，清理现场，工具摆放到指定位置。

习　题

1）施工现场管理的基本要求主要包括哪些方面？

2）简述技术交底的内容。

3）施工现场人员的管理包括哪些内容？

4）材料管理包括哪些内容？

5）简述安全管理的原则。

6）如何实施质量控制？

7）工程的成本控制基本原则有哪些？

附录

电工技术

1. 导线的认识与选择

（1）导线类别：裸导线、绝缘导线

裸导线：用铝、铜或钢制成，外面没有包覆层，导电部分能触摸或看到。

绝缘导线：在导线外围均匀而密封地包裹一层不导电的材料，形成绝缘层，防止导电体与外界接触造成漏电、短路、触电等事故发生的电线。

（2）绝缘导线

绝缘导线品种繁多，按绝缘材料划分，主要有塑料绝缘导线和橡胶绝缘导线；按线芯材料划分，有铜芯导线和铝芯导线；按线芯形式划分，有单股和多股绞合导线；按用途划分，有布线和连接两种。

（3）绝缘导线的结构组成

绝缘导线包括主导电线芯、绝缘层、屏蔽层、泄漏孔、保护层，如附图 1 所示。

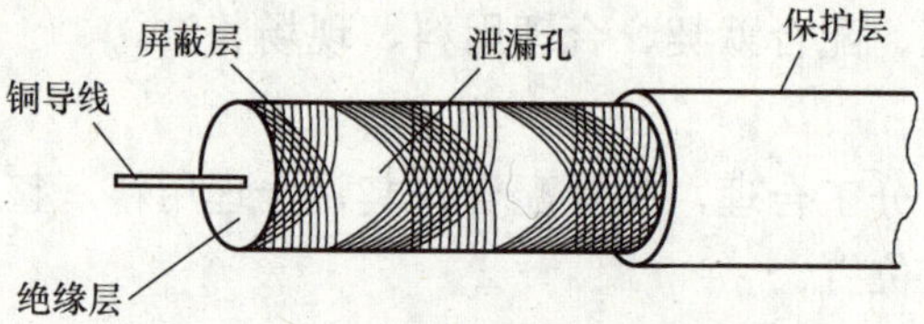

附图 1　绝缘导线结构示意图

常用绝缘导线的型号、名称及主要用途见附表 1。

附表 1　常用绝缘导线的型号、名称及主要用途

型号		名称	主要用途
铜芯	铝芯		
BX	BLX	棉纱编织橡胶绝缘电线	固定敷设，可明敷、暗敷
BXF	BLXF	氯丁橡胶绝缘电线	固定敷设，可明敷、暗敷，尤其适用室外
BXHF	BLXHF	橡胶绝缘氯丁橡胶护套电线	固定敷设，适用于干燥或潮湿场所
BV	BLV	聚氯乙烯绝缘电线	室内、外固定敷设
BVV	BLVV	聚氯乙烯绝缘聚氯乙烯护套电线	室内、外固定敷设
BVR		聚氯乙烯绝缘软电线	同 BV 型，安装要求较柔软时用
RV		聚氯乙烯绝缘软线	交流额定电压 250V 以下日用电器、照明灯头接线、无线电设备等
RVB		聚氯乙烯绝缘平型软线	
RVS		聚氯乙烯绝缘铰型软线	
RVV		聚氯乙烯绝缘聚氯乙烯护套软线	弱电系统最常用的缆线

（4）导线选择的规定与条件

导线选择必须满足发热条件：在最高环境温度和最大负荷的情况下，保证导线不被烧坏，即导线中通过的持续电流始终是允许电流。

导线选择必须满足电压损失条件：保证线路的电压损失不超过允许值。

导线选择必须满足机械强度条件：在任何恶劣的环境条件下，应保证线路在电气安装和正常运行过程中不被拉断。

导线选择必须满足保护条件：保证自动开关或熔断器能对导线起到保护作用。

2. 导线截面积的选择方法

导线的截面积所能正常通过的电流可根据其所需要导通的电流总数进行选择，一般可按照如下顺口溜进行确定：

“10 下五，100 上二，25 35 四三界，70 95 两倍半，穿管温度八九折，裸线加一半，铜线升级算。”

这里解释一下，就是 $10mm^2$ 以下的铝线，平方毫米数乘以 5 就可以了；若是铜线，就升一个档，如 $2.5mm^2$ 的铜线，就按 $4mm^2$ 计算；100 以上的都是截面积乘以 2；$25mm^2$ 以下的乘以 4；$35mm^2$ 以上的乘以 3；70 和 $95mm^2$ 都乘以 2.5。

铜线安全流量：

按上面顺口溜计算的：	GB4706·1 规定值
2.5 mm^2 铜电源线的安全载流量——28A。	16～25A
4 mm^2 铜电源线的安全载流量——35A。	25～30A
6 mm^2 铜电源线的安全载流量——48A。	32～40A
10 mm^2 铜电源线的安全载流量——65A。	40～63A
16 mm^2 铜电源线的安全载流量——91A。	60～88A
25 mm^2 铜电源线的安全载流量——120A。	95～109A

如果是铝线，线径要取铜线的 1.5～2 倍。

如果铜线电流小于 28A，按每平方毫米 10A 来取较安全。

如果铜线电流大于 120A，按每平方毫米 5A 来取。

附表 2 是铜线在不同温度下的线径和所能承受的最大电流表格。

附表 2　铜线在不同温度下的线径和所能承受的最大电流

线径（mm^2）	铜线温度（℃）			
	60℃	75℃	85℃	90℃
	电流/A			
2.5	20	20	25	25
4.0	25	25	30	30
6.0	30	35	40	40
8.0	40	50	55	55
14	55	65	70	75
22	70	85	95	95
30	85	100	100	110
38	95	115	125	130
50	110	130	145	150
60	125	150	165	170
70	145	175	190	195
80	165	200	215	225
100	195	230	250	260

导线线径一般按如下公式计算（适合于电压损失较大时，计算导线截面积）：

铜线：$S=IL/(54.4U')$

铝线：$S=IL/(34U')$

式中 I——导线中通过的最大电流（A）。

L——导线的长度（m）。

U'——允许的电压降（V）。

S——导线的截面积（mm^2）。

说明：

1）U'（电压降）的数值可由整个系统中所用的设备（如探测器）范围分给系统供电用的电源电压额定值综合起来考虑。

2）计算出来的截面积尽量取上一级数值。

铝芯绝缘导线载流量与截面的倍数关系见附表3。

附表3 铝芯绝缘导线载流量与截面的倍数关系

导线截面/mm²	1	1.5	2.5	4	6	10	16	25	35	50	70	95	120
载流量是截面倍数	9	8	7	6	5	4	3.5	3	2.5				
载流量/A	9	14	23	32	48	60	90	100	123	150	210	238	300

3．常用电气设备安全色及安全标志

电源母线L1相为黄色，L2相为绿色，L3相为红色；明设的接地母线、零线母线均为黑色；中性点接于接地网的明设接地线，为紫色带黑色条纹；直流母线正极为赭色，负极为蓝色。

照明配电箱为浅驼色，动力配电箱为灰色或浅绿色，普通配电屏为浅驼色或浅绿色，消防或事故电源配电屏为红色，高压配电柜为浅驼色或浅绿色。

电气仪表玻璃表门上应在极限参数的位置上画有红线。

明设的电气管路一般为深灰色。

高压线路的杆塔上用黄、绿、红3个圆点标出相序。

4．触电的危害及预防触电的基本措施

（1）触电的危害

触电（电击）：指电源通过人体内部，影响到心脏、肺部和神经系统的正常功能。电击可分为直接接触电击和间接接触电击。

按照人体触及带电体的方式和电流流过人体的途径，电击又可分为：单线电击、两线电击、跨步电压电击3类。

一般人体安全电压为36V，安全电流为10mA。电击对人体的危害程度，主要取决于通过人体电流的大小和通电时间的长短。在有防止触电保护装置的情况下，人体允许通过的电流一般为30mA。

（2）预防触电的基本措施

1）在低压设备上工作的基本措施。

① 将需停电的设备各方面电源彻底断开，包括中性线，并取下可熔保险器，在刀闸或开关的操作把手上挂“禁止合闸，有人工作”的标示牌；如需要，可在刀闸或开关两侧装设接地线或现场派人看护。

② 工作前必须用合格的验电笔对停电设备及周围设备验电。

③ 工作中要采用防止误触、误碰临近带电设备的措施和防止短路带电设备的措施。

④ 采取防止误入临近的带电间隔和误登临近带电杆、塔上的措施。

⑤ 禁止用喊话、约时等方式进行停送电。

⑥ 根据现场需要安排指挥和监护人。

⑦ 根据工作需要和现场情况采取其他的安全措施。

2）使用触电危险性较大的电气设备（主要是手持式电动工具、手提照明灯、各种移动式电气设备等）的安全要求：

手持式电动工具必须完好，电源线不得任意加长；与电源连接应用插头连接，不得随意搭接；必须采用高灵敏的漏电保护器进行保护；严禁将 I 类工具的三芯电源线并为二芯使用。

手提照明灯必须采用安全电压并采用合格的灯具和电源线。

使用潜水泵、水磨石机、电风扇等移动式电气设备时，必须检查其绝缘情况，使用中要注意电源线的绝缘好坏，要安装漏电保护，操作者应穿戴好防护用品。

3）发生触电时应采取的措施。

发生触电事故时，在保证救护者本身安全的同时，必须首先设法使触电者迅速脱离电源，然后进行紧急抢救。

低压触电事故，应采用下列方法：

① 立即拉开附近有关的电源开关或拔出插销，断开电源。

② 附近没有有关的电源开关和插销时，如附近有带有绝缘柄的电工钳或带有干燥木柄的斧头，可用于切断电线，也可用绝缘的物品使触电者与带电体脱离。

③ 救护时不能直接用手拉扯触电者的皮肤和鞋。

高压触电事故，应采用下列方法：

① 立即通知有关部门停电。

② 戴上绝缘手套，穿上绝缘鞋，用相应电压等级的绝缘工具按顺序拉开开关。

③ 抛掷裸金属线使线路短路接地，迫使保护装置动作，以切断电源。注意抛掷金属线之前，先将金属线的一端可靠接地，然后抛掷另一端；注意抛掷的一端不可触及触电者和其他人。

④ 要防止触电者脱离电源后摔伤，特别是在高处作业时，应考虑好防摔措施。

4）对触电者进行紧急抢救。

人体触电后，会出现心跳停止、呼吸中断等现象，呈现昏迷状态，这时不应认为是死亡，在设法使触电者迅速脱离电源后，应立即进行紧急抢救。

① 解开妨碍触电者呼吸的紧身衣服。

② 检查触电者的口腔，清理口腔的粘液、异物、假牙等。

③ 立即就地进行人工呼吸、人工胸外按压等紧急抢救。在医务人员到来之前或送往医院途中，决不能无故中断抢救。

④ 及时拨叫 120 救护车或送往医院抢救。

（3）带电作业的基本措施

带电作业应由经验丰富的电工进行。至少两人以上同时工作，设有专责监护人进行监护。

带电作业应使用合格的绝缘工具，工作时应站在干燥的绝缘物上进行。

带电作业时应采取防止相间短路和三单相接地的绝缘措施。采取防止误触、误碰周围低压带电体的措施。

工作时先分清火线、零线，选好工作位置。断开线时，先断开火线，后断开地线；搭接导线时，顺序相反。人体不得同时接触两根线头。

（4）学生实训用电安全常识

1）不能湿手操作实验设备。

2）保持实训设备的干燥。

3）实训前要了解设备电源总开关位置，学会在紧急情况下关闭设备总电源。

4）不能用手或导电物体直接接触或探试电源插座内部。

5）实训时，要先连接好线路再接通电源；在不清楚是否线路已经接通电源的情况下，要用测电笔确认电源已经断开后才能进行接线操作。

6）实训结束后，要先切断电源再拆除线路。

7）插拔电源插头时，不要用力拉拽电线，以防止电线的绝缘层受到破坏而造成触电。

8）发现线头裸露或电源绝缘皮剥落与损坏等情况时要及时更换新线或用绝缘胶布重新包裹好。

9）不要随意拆装实训设备电源插座、线路插头等，如有需要请在专业人士的指导下进行。

5. 导线连接的基本要求

导线连接是电工作业的一项基本工序，也是一项十分重要的工序。导线连接的质量直接关系到整个线路能否安全可靠地长期运行。导线连接的基本要求：连接牢固可靠、接头电阻小、机械强度高、耐腐蚀、耐氧化、电气绝缘性能好。

（1）常用连接方法

常用的连接方法有绞合连接、紧压连接、焊接等。

1）绞合连接。

绞合连接是指将需连接导线的芯线直接紧密绞合在一起。铜导线常用绞合连接。

① 单股铜导线的直接连接。

小截面单股铜导线连接方法如附图 2 所示，先将两导线的芯线线头做 X 形交叉，再将它们相互缠绕 2～3 圈后扳直两线头，然后将每个线头在另一芯线上紧密绕 5～6 圈后剪去多余线头即可。

大截面单股铜导线连接方法如附图 3 所示，先在两导线的芯线重叠处填入一根相同直径的芯线，再用一根截面积约 1.5mm² 的裸铜线在其上紧密缠绕，缠绕长度为导线直径的 10 倍左右，然后将被连接导线的芯线线头分别折回，再将两端的缠绕裸铜线继续缠绕 5～6 圈后剪去多余线头即可。

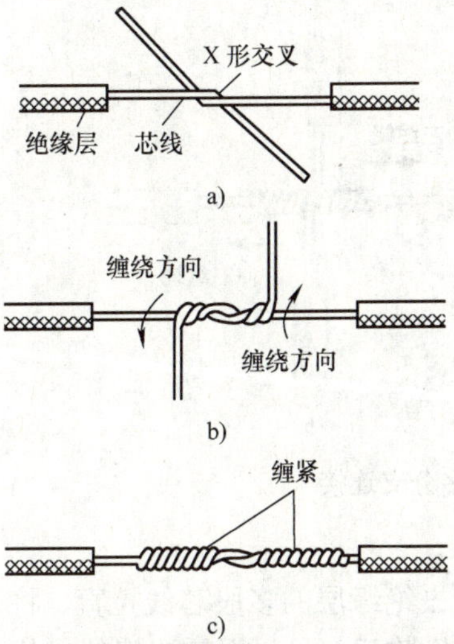

附图 2　小截面单股铜导线连接

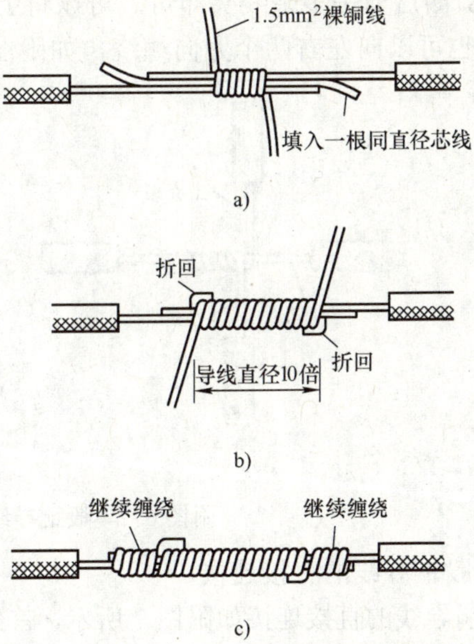

附图 3　大截面单股铜导线连接

不同截面单股铜导线连接方法如附图 4 所示，先将细导线的芯线在粗导线的芯线上紧密缠绕 5～6 圈，然后将粗导线芯线的线头折回紧压在缠绕层上，再用细导线芯线在其上继续缠绕 3～4 圈后剪去多余线头即可。

② 单股铜导线的分支连接。

单股铜导线的 T 字分支连接如附图 5 所示，将支路芯线的线头紧密缠绕在干路芯线上 5～8 圈后剪去多余线头即可。对于较小截面的芯线，可先将支路芯线的线头在干路芯线上打一个环绕结，再紧密缠绕 5～8 圈后剪去多余线头即可。

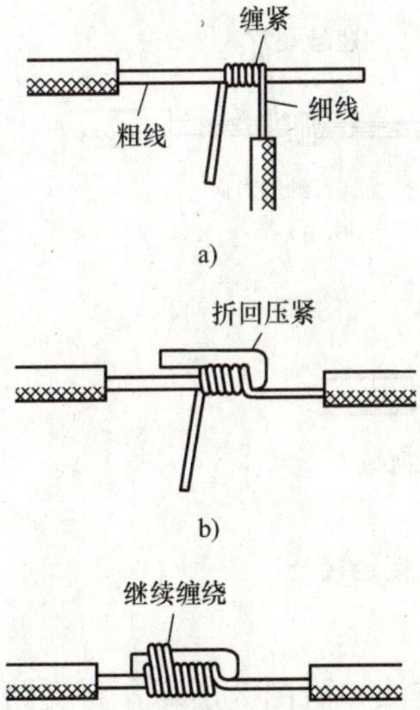

附图 4　不同截面单股铜导线连接

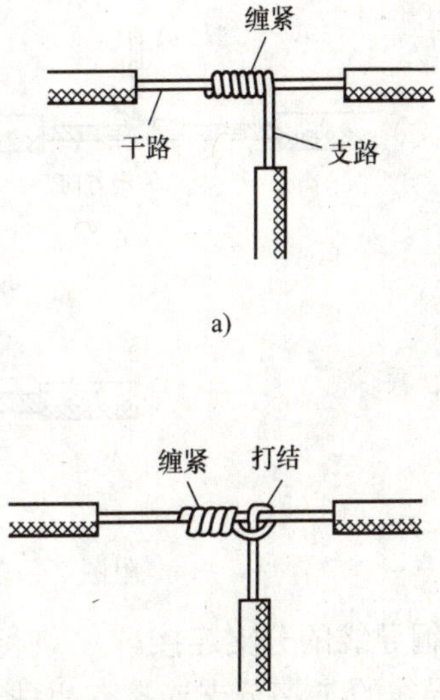

附图 5　单股铜导线的 T 字分支连接

单股铜导线的十字分支连接如附图 6 所示，将上下支路芯线的线头紧密缠绕在干路芯线上 5～8 圈后剪去多余线头即可。可以将上下支路芯线的线头向一个方向缠绕，如附图 6a 所示，也可以向左右两个方向缠绕，如附图 6b 所示。

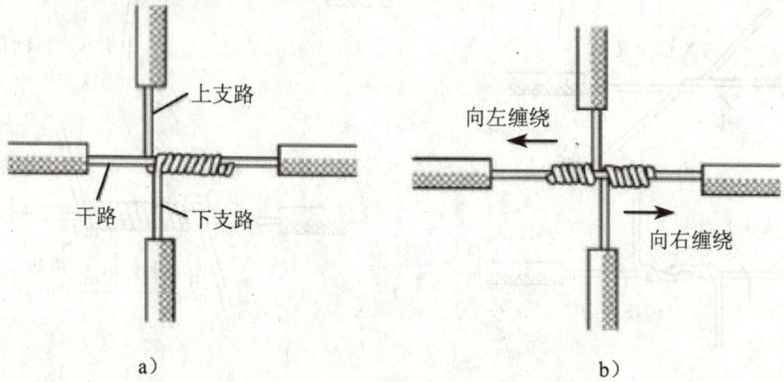

附图 6　单股铜导线的十字分支连接

③ 多股铜导线的直接连接。

多股铜导线的直接连接如附图 7 所示，首先将剥去绝缘层的多股芯线拉直，将其靠近绝缘层的约 1/3 芯线绞合拧紧，而将其余 2/3 芯线成伞状散开，另一根需连接的导线芯线也如此处理。接着将两伞状芯线相对着互相插入后捏平芯线，然后将每一边的芯线线头分为 3 组，先将某一边的第 1 组线头翘起并紧密缠绕在芯线上，再将第 2 组线头翘起并紧密缠绕在芯线上，最后将第 3 组线头翘起并紧密缠绕在芯线上。以同样方法缠绕另一边的线头。

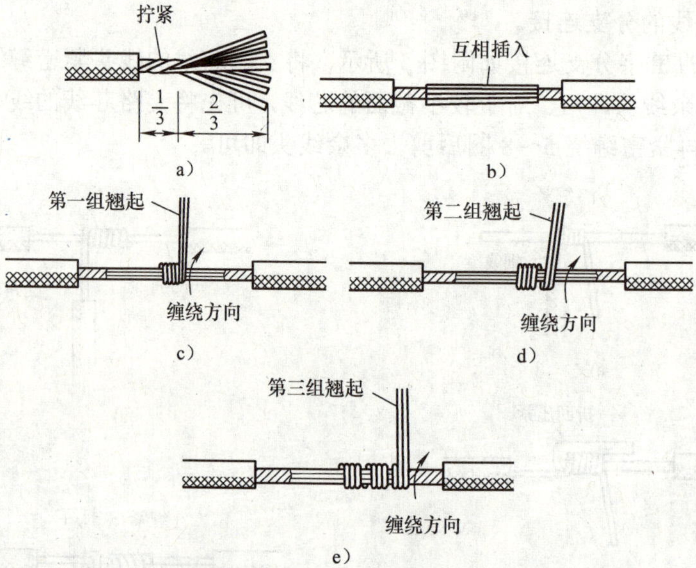

附图 7　多股铜导线的直接连接

④ 多股铜导线的分支连接。

多股铜导线的 T 字分支连接有两种方法，一种方法如附图 8 所示，将支路芯线折弯成 90° 后与干路芯线并行，如附图 8a 所示，然后将线头折回并紧密缠绕在芯线上即可，如附图 8b 所示。

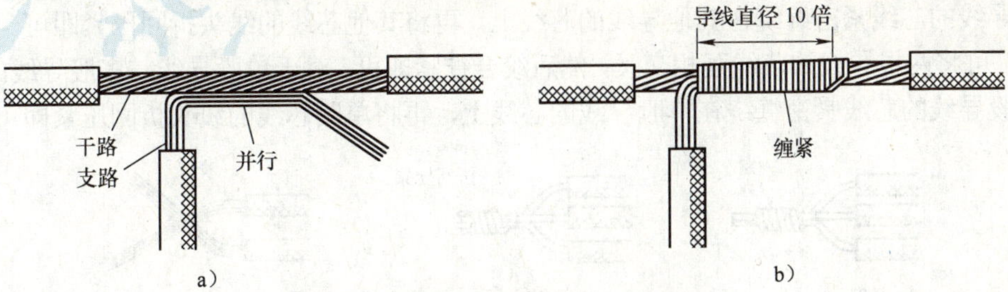

附图 8　多股铜导线的 T 字分支连接 1

另一种方法如附图 9 所示，将支路芯线靠近绝缘层的约 1/8 芯线绞合拧紧，其余 7/8 芯线分为两组如附图 9a 所示，一组插入干路芯线当中，另一组放在干路芯线前面，并朝右边按如附图 9b 所示方向缠绕 4～5 圈。再将插入干路芯线当中的那一组朝左边按如附图 9c 所示方向缠绕 4～5 圈，连接好的导线如附图 9d 所示。

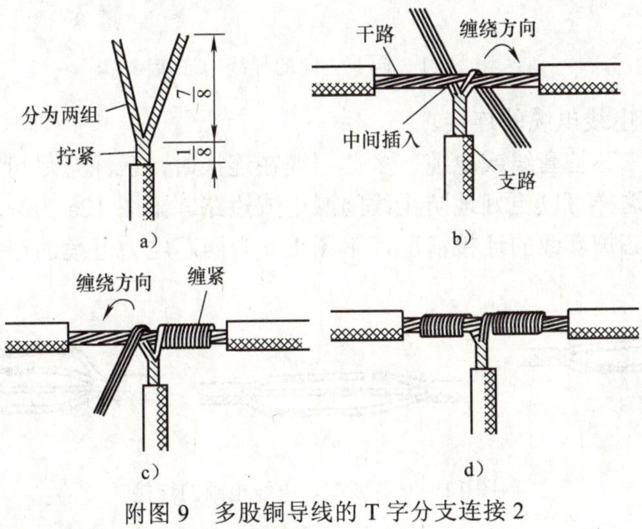

附图 9　多股铜导线的 T 字分支连接 2

⑤ 单股铜导线与多股铜导线的连接。

单股铜导线与多股铜导线的连接方法如附图 10 所示，先将多股导线的芯线绞合拧紧成单股状，再将其紧密缠绕在单股导线的芯线上 5～8 圈，最后将单股芯线线头折回并压紧在缠绕部位即可。

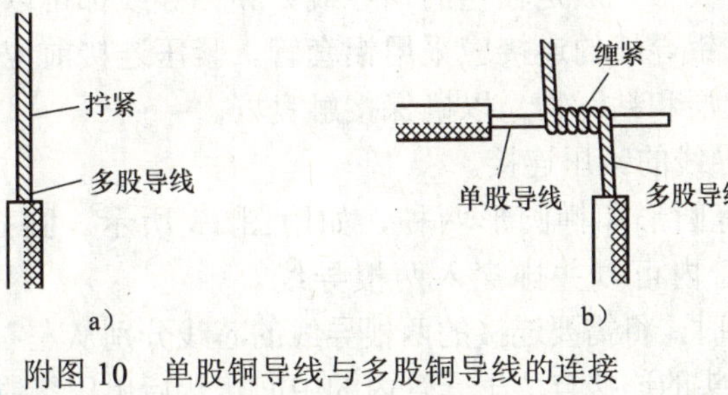

附图 10　单股铜导线与多股铜导线的连接

⑥ 同一方向的导线的连接。

当需要连接的导线来自同一方向时，可以采用如附图 11 所示的方法。对于单股导线，可

附录　电工技术

将一根导线的芯线紧密缠绕在其他导线的芯线上，再将其他芯线的线头折回压紧即可。对于多股导线，可将两根导线的芯线互相交叉，然后绞合拧紧即可。对于单股导线与多股导线的连接，可将多股导线的芯线紧密缠绕在单股导线的芯线上，再将单股芯线的线头折回压紧即可。

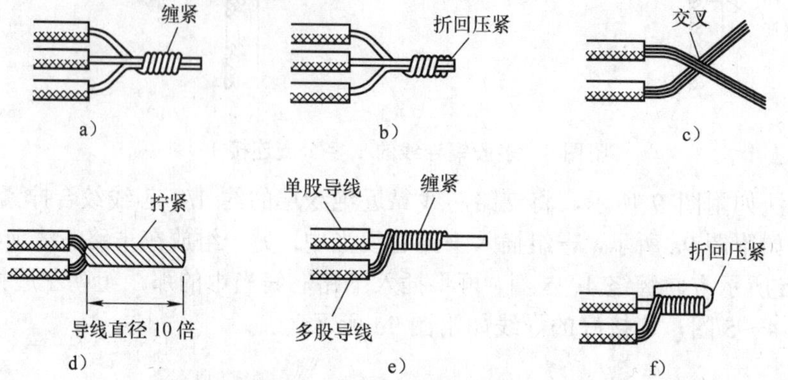

附图 11　同一方向的导线的连接

⑦ 双芯或多芯电线电缆的连接。

双芯护套线、三芯护套线或电缆、多芯电缆在连接时，应注意尽可能将各芯线的连接点互相错开位置，这样可以更好地防止线间漏电或短路。附图 12a 为双芯护套线的连接情况，附图 12b 为三芯护套线的连接情况，附图 12c 为四芯电力电缆的连接情况。

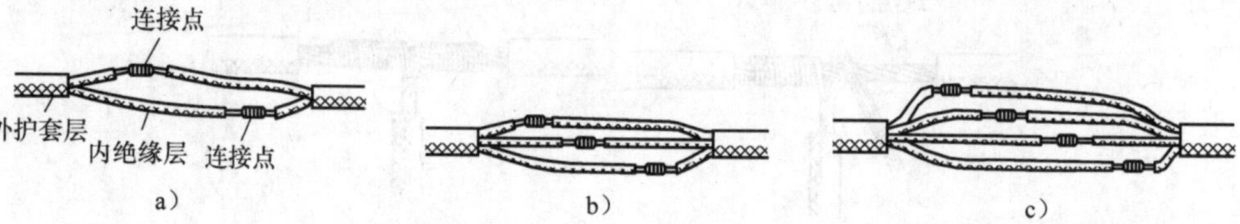

附图 12　双芯或多芯电线电缆的连接

铝导线虽然也可采用绞合连接，但铝芯线的表面极易氧化，日久将造成线路故障，因此铝导线通常采用紧压连接。

2）紧压连接。

紧压连接是指用铜或铝套管套在被连接的芯线上，再用压接钳或压接模具压紧套管使芯线保持连接。铜导线（一般是较粗的铜导线）和铝导线都可以采用紧压连接，铜导线的连接应采用铜套管，铝导线的连接应采用铝套管。紧压连接前应先清除导线芯线表面和压接套管内壁上的氧化层和粘污物，以确保接触良好。

① 铜导线或铝导线的紧压连接。

压接套管截面有圆形和椭圆形两种，如附图 13 所示。圆截面套管内可以穿入一根导线，椭圆截面套管内可以并排穿入两根导线。

圆截面套管使用时，将需要连接的两根导线的芯线分别从左右两端插入套管相等长度，以保持两根芯线的线头的连接点位于套管内的中间。然后用压接钳或压接模具压紧套管，一般情况下只要在每端压一个坑即可满足接触电阻的要求。在对机械强度有要求的场合，可在每端压两个坑。对于较粗的导线或机械强度要求较高的场合，可适当增加压坑的数目。

椭圆截面套管使用时，将需要连接的两根导线的芯线分别从左右两端相对插入并穿出套管少许，然后压紧套管即可，如附图 13b 所示。椭圆截面套管不仅可用于导线的直线压接，而且可用于同一方向导线的压接，如附图 13c 所示；还可用于导线的 T 字分支压接或十字分支压接，分别如附图 13d 和附图 13e 所示。

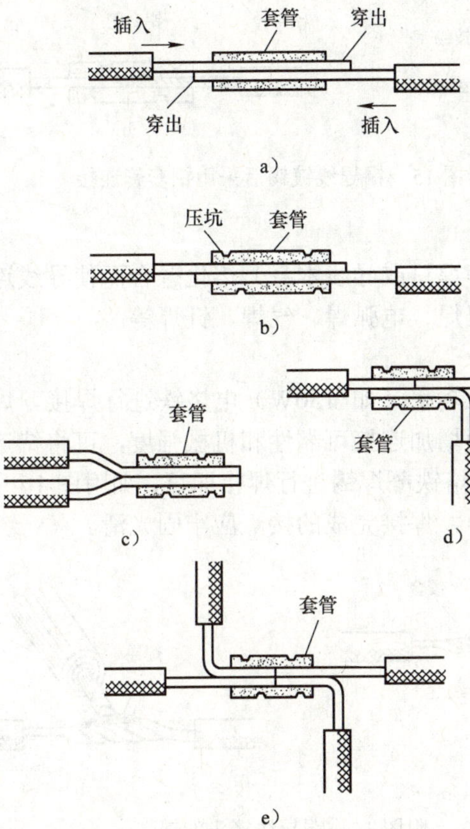

附图 13　铜导线或铝导线的紧压连接

② 铜导线与铝导线之间的紧压连接。

当需要将铜导线与铝导线进行连接时，必须采取防止电化腐蚀的措施。因为铜和铝的标准电极电位不一样，如果将铜导线与铝导线直接绞接或压接，在其接触面将发生电化腐蚀，引起接触电阻增大而过热，造成线路故障。常用的防止电化腐蚀的连接方法有两种。

一种方法是采用铜铝连接套管。铜铝连接套管的一端是铜质，另一端是铝质，如附图 14a 所示。使用时将铜导线的芯线插入套管的铜端，将铝导线的芯线插入套管的铝端，然后压紧套管即可，如附图 14b 所示。

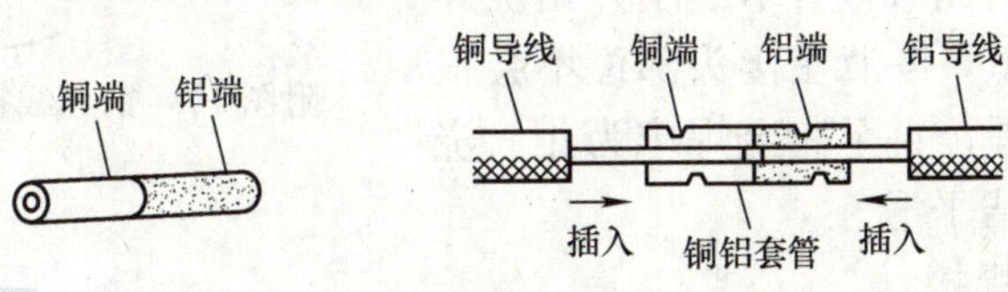

附图 14　铜导线与铝导线之间的紧压连接

另一种方法是将铜导线镀锡后采用铝套管连接。由于锡与铝的标准电极电位相差较小，在铜与铝之间夹垫一层锡也可以防止电化腐蚀。具体做法是先在铜导线的芯线上镀上一层锡，再将镀锡铜芯线插入铝套管的一端，铝导线的芯线插入该套管的另一端，最后压紧套管即可，如附图 15 所示。

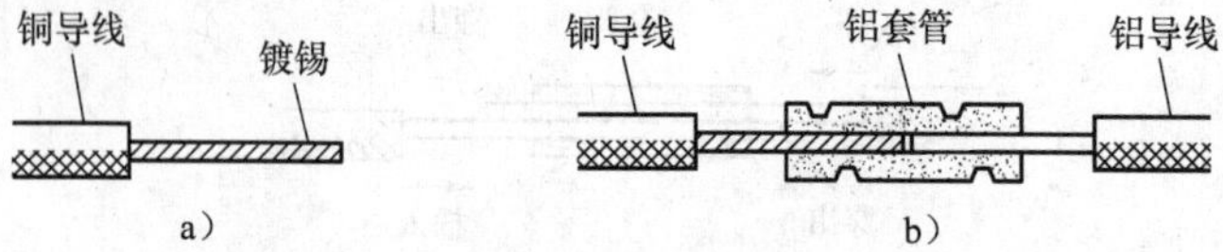

附图 15　铜导线镀锡后采用铝套管连接

3）焊接。

焊接是指将金属（焊锡等焊料或导线本身）熔化融合而使导线连接。电工技术中导线连接的焊接种类有锡焊、电阻焊、电弧焊、气焊、钎焊等。

① 铜导线接头的锡焊

较细的铜导线接头可用大功率（如 150W）电烙铁进行焊接。焊接前应先清除铜芯线接头部位的氧化层和污物。为增加连接可靠性和机械强度，可将待连接的两根芯线先行绞合，再涂上无酸助焊剂，用电烙铁蘸焊锡进行焊接即可，如附图 16 所示。焊接中应使焊锡充分熔融渗入导线接头缝隙中，焊接完成的接点应牢固光滑。

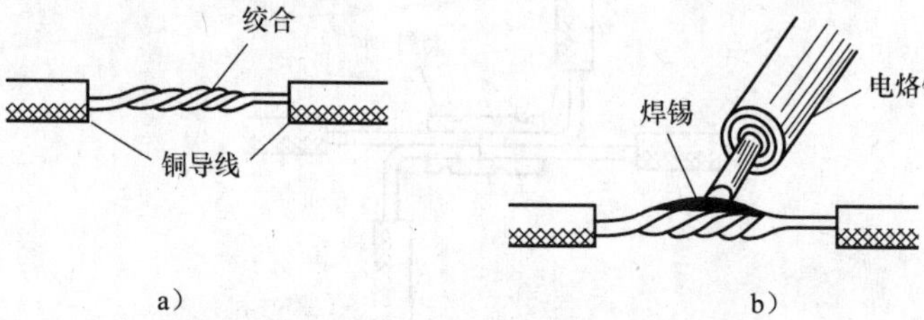

附图 16　铜导线接头的锡焊

较粗（一般指截面面积 $16mm^2$ 以上）的铜导线接头可用浇焊法连接。浇焊前同样应先清除铜芯线接头部位的氧化层和污物，涂上无酸助焊剂，并将线头绞合。将焊锡放在化锡锅内加热熔化，当熔化的焊锡表面呈磷黄色说明锡液已达符合要求的高温，即可进行浇焊。浇焊时将导线接头置于化锡锅上方，用耐高温勺子盛上锡液从导线接头上面浇下，如附图 17 所示。刚开始浇焊时因导线接头温度较低，锡液在接头部位不会很好地渗入，应反复浇焊，直至完全焊牢为止。浇焊的接头表面也应光洁平滑。

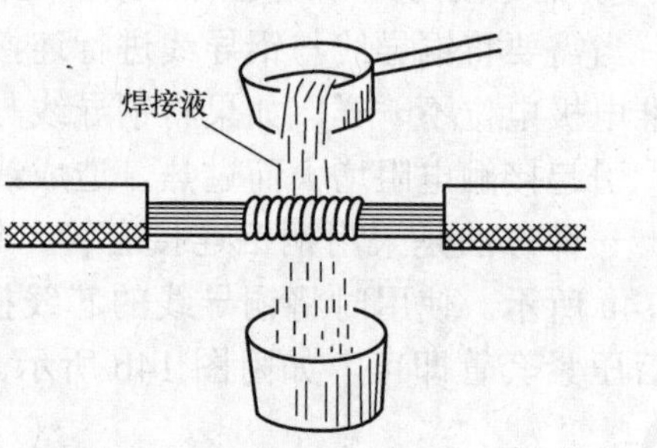

附图 17　铜导线接头浇焊法连接

② 铝导线接头的焊接。

铝导线接头的焊接一般采用电阻焊或气焊。电阻焊是指用低电压大电流通过铝导线的连接处，利用其接触电阻产生的高温、高热将导线的铝芯线熔接在一起。电阻焊应使用特殊的降压变压器（1kVA、初级 220V、次级 6～12V），配以专用焊钳和碳棒电极，如附图 18 所示。

气焊是指利用气焊枪的高温火焰，将铝芯线的连接点加热，使待连接的铝芯线相互熔融连接。气焊前应将待连接的铝芯线绞合，或用铝丝或铁丝绑扎固定，如附图 19 所示。

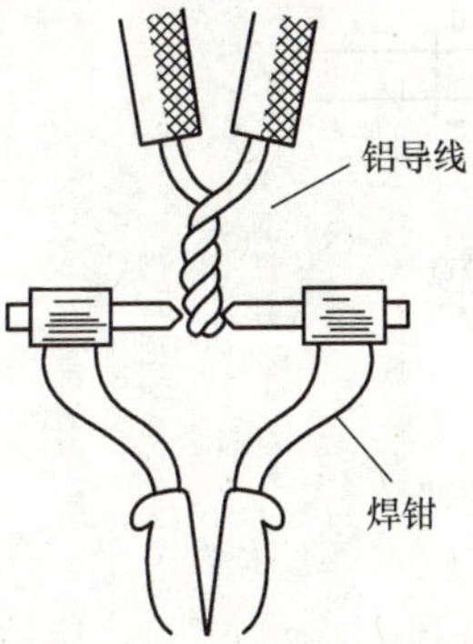

附图 18　铝导线接头的焊接

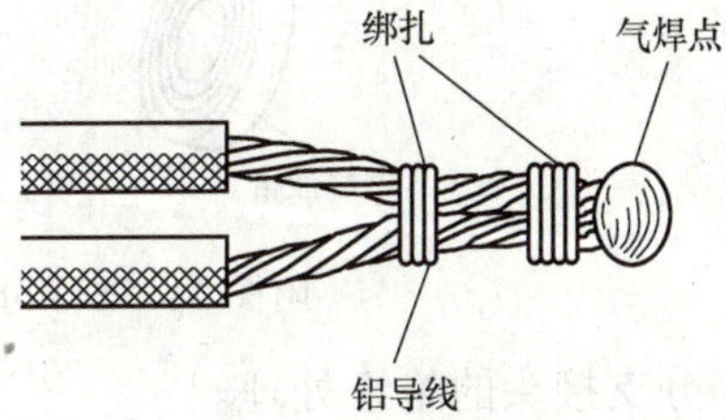

附图 19　气焊

（2）导线连接处的绝缘处理

为了进行连接，导线连接处的绝缘层已被去除。导线连接完成后，必须对所有绝缘层已被去除的部位进行绝缘处理，以恢复导线的绝缘性能，恢复后的绝缘强度应不低于导线原有的绝缘强度。

导线连接处的绝缘处理通常采用绝缘胶带进行缠裹包扎。一般电工常用的绝缘带有黄蜡带、涤纶薄膜带、黑胶布带、塑料胶带、橡胶胶带等。绝缘胶带的宽度一般为 20mm，使用较为方便。

1）一般导线接头的绝缘处理。

一字形连接的导线接头可如附图 20 所示进行绝缘处理，先包缠一层黄蜡带，再包缠一层黑胶带。将黄蜡带从接头左边绝缘完好的绝缘层上开始包缠，包缠两圈后进入剥除了绝缘层的芯线部分，如附图 20a 所示。包缠时黄蜡带应与导线成 55° 左右倾斜角，每圈压叠带宽的 1/2，如附图 20b 所示，直至包缠到接头右边两圈距离的完好绝缘层处，然后将黑胶带接在黄蜡带的尾端，按另一斜叠方向从右向左包缠，如附图 20c 和附图 20d 所示，仍每圈压叠带宽的 1/2，直至将黄蜡带完全包缠住。包缠处理中应用力拉紧胶带，注意不可稀疏，更不能露出芯线，以确保绝缘质量和用电安全。对于 220V 线路，也可不用黄蜡带，只用黑胶带或塑料胶带包缠两层。在潮湿场所应使用聚氯乙烯绝缘胶带或涤纶绝缘胶带。

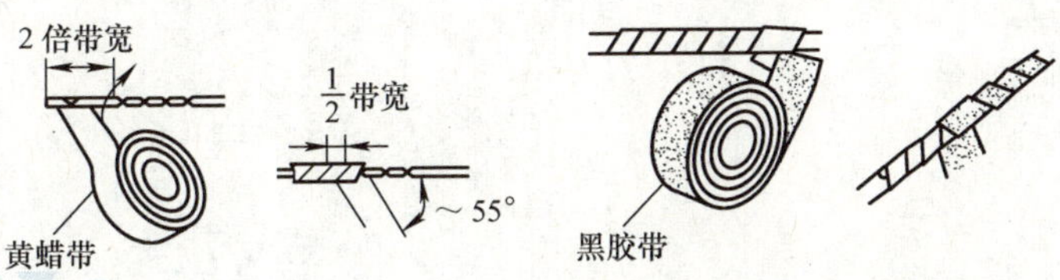

a）　b）　c）　d）

附图 20　一字形连接的导线接头的绝缘处理

2）T 字分支接头的绝缘处理。

导线分支接头的绝缘处理基本方法同上，T 字分支接头的包缠方向如附图 21 所示，走一个 T 字形的来回，使每根导线上都包缠两层绝缘胶带，每根导线都应包缠到完好绝缘层的两倍胶带宽度处。

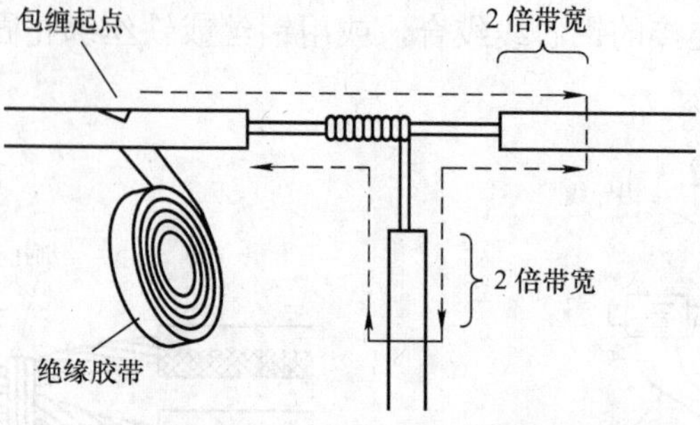

附图 21　T 字分支接头的绝缘处理

3）十字分支接头的绝缘处理。

对导线的十字分支接头进行绝缘处理时，包缠方向如附图 22 所示，走一个十字形的来回，使每根导线上都包缠两层绝缘胶带，每根导线也都应包缠到完好绝缘层的两倍胶带宽度处。

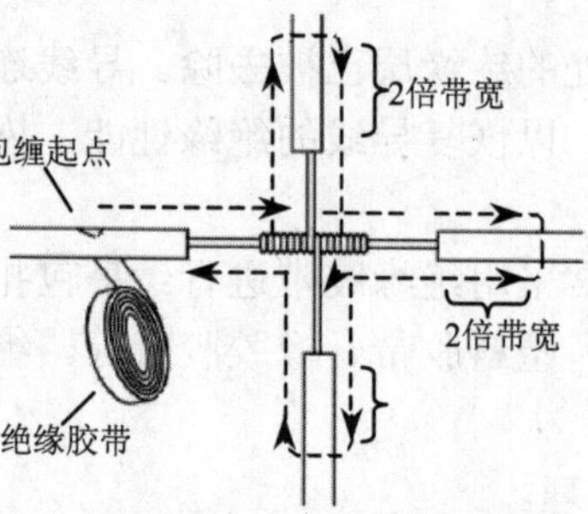

附图 22　十字分支接头的绝缘处理

参考文献

[1] 中华人民共和国信息产业部．综合布线系统工程设计规范[S]．北京：中国计划出版社，2007.

[2] 中华人民共和国信息产业部．综合布线系统工程验收规范[S]．北京：中国计划出版社，2007.

[3] 黎连业．网络综合布线系统与施工技术[M]．3 版．北京：机械工业出版社，2007.

[4] 丁龙刚，王高亮．综合布线与弱电工程[M]．北京：机械工业出版社，2007.

[5] 张宜，等．综合布线系统白皮书[S]．北京：清华大学出版社，2010.

[6] 沈翃．电工技术综合实训[M]．北京：化学工业出版社，2010.